并 行 计 算

张 晔（Y. Zhang）
〔俄罗斯〕D. V. 卢基扬年科（D. V. Lukyanenko） 著

科 学 出 版 社
北 京

内 容 简 介

本书是分布式并行计算的算法设计和消息传递并行编程的入门教程. 书中详细介绍了包括MPI基础知识、求解线性代数方程组的共轭梯度法的并行算法实现、并行程序的效率和可扩展性、进程组和通信器操作、求解三对角线性代数方程组的追赶法、求解偏微分方程的算法并行化方法等相关内容; 还分析了并行程序可扩展性差的主要原因, 为读者提供了全面的并行计算知识体系和解决方案. 本书提供了典型科学计算问题的并行算法与程序设计实例, 并介绍了国际上流行的科学计算软件、工具及平台. 内容从简到繁、循序渐进, 可帮助读者逐步掌握并行计算技能, 解决学习和工作中的问题.

本书可作为计算数学、数学物理和应用数学专业的高年级本科生或研究生的教学用书, 也可供对并行计算感兴趣的学者、研究人员、工程师和开发人员阅读参考.

图书在版编目(CIP)数据

并行计算 / 张晔, (俄罗斯) D.V.卢基扬年科(D. V. Lukyanenko)著. —北京: 科学出版社, 2024.12

ISBN 978-7-03-077682-2

Ⅰ. ①并… Ⅱ. ①张… ②D… Ⅲ. ①并行算法 Ⅳ. ①TP301.6

中国国家版本馆CIP数据核字(2024)第020801号

责任编辑: 李静科 李香叶 / 责任校对: 彭珍珍

责任印制: 张 伟 / 封面设计: 无极书装

科学出版社 出版

北京东黄城根北街16号

邮政编码: 100717

http://www.sciencep.com

北京中石油彩色印刷有限责任公司印刷

科学出版社发行 各地新华书店经销

*

2024年12月第 一 版 开本: 720 × 1000 1/16

2024年12月第一次印刷 印张: 15 1/2

字数: 312 000

定价: 118.00 元

(如有印装质量问题, 我社负责调换)

前　言

当今, 随着科技飞速发展, 数据量不断增长, 对复杂问题的求解需求日益迫切. 并行计算作为应对这一挑战的重要技术, 正逐渐成为各个领域解决大规模计算问题的主要手段之一. 本书便是在这一背景下诞生的, 旨在向读者介绍并行计算的基础理论、实践方法以及应用前景, 推动并行计算技术在我国的广泛应用与发展. 随着计算机硬件技术的飞速进步, 传统的串行计算已经无法满足大规模数据处理和复杂问题求解的需求. 与此同时, 分布式计算、集群计算等并行计算技术应运而生, 通过同时利用多个处理器或计算节点, 将任务分解为多个子任务并行处理, 从而显著提高了计算效率和处理能力. 然而, 并行计算技术的复杂性和难度也给其应用和推广带来了一定挑战, 需要深入理解并掌握其原理与方法. 总之, 在科学计算日趋复杂、计算规模爆发式增长的大背景下, 并行计算技术是实现高性能计算的一种主要方式. 本书系统地介绍了并行计算的基础知识, 包括并行计算的概念、发展历程、基本原理以及常用技术和工具. 在此基础上, 我们还深入探讨了分布式并行计算的算法设计和消息传递并行编程的关键概念与方法, 以及如何利用高等编程语言在 LINUX 机群上建立并行计算平台, 为读者提供了全面的学习和实践指南.

我们将给出几个具有多个计算节点的系统配置示例. 图 1(a) 展示了 2003 年在莫斯科国立大学科学研究计算中心建设的 "Leo" 集群. 早在 2004 年, 本书的作者之一开始熟悉并行编程技术时, 就用它编译了第一个并行程序. 所谓集群实际上是一组网络连接的 16 个系统模块, 每个系统模块包含两个强大的处理器和一个内存. 因此, 该集群是一个*分布式内存系统*, 即每个处理器都有自己的本地随机 (存取) 存储器 (RAM), 但没有共享内存的系统.

超级计算机 "罗蒙诺索夫-2"[7] 就是一套更先进的多处理器系统. 图 1(b) 为这台超级计算机的一个机架, 它总共包含几千个计算节点, 具有非常强大的处理器、RAM 和 GPU 计算节点. 也就是说, 在二十多年后的今天, 用户可以使用在完全不同的技术水平上创建的多处理器系统, 并且具有更复杂的计算节点配置.

第三个例子是普通的个人计算机. 现在, 几乎所有个人计算机都包含多核处理器, 这使得个人计算机系统可以被视为具有共享内存的*多处理内存系统*.

使用这种复杂的计算系统 (并行计算) 解决实际问题的情况变得越来越普遍, 因此需要为多处理器系统编写程序, 与编写在一个处理器 (内核) 上顺序 (即串行)

运行的程序不同, 编写多处理器系统程序的过程要耗时并且困难得多. 因此, 作者希望与读者分享他们多年编写算法的编程经验, 这些算法在使用最常见的并行计算的情况下用于解决多处理器系统的各种问题.

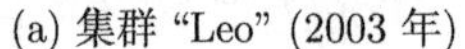

(a) 集群 “Leo” (2003 年)　　(b) 超级计算机 “罗蒙诺索夫-2” (2018 年)

图 1　莫斯科国立大学科学研究计算中心的超级计算机

那么, 本书到底致力于什么呢? 一方面, 本书致力于考虑用基本的并行计算算法来解决数学物理上的计算效率问题; 另一方面, 是实际代码的实现, 这也是本书的主要任务. 这是因为, 即使用于解决问题的并行算法非常简单直观, 但其代码实现也可能包含大量不同的细微差别. 分别介绍这些差别是本书的主要任务. 同时, 在多系统处理器系统下解决问题的能力也代表可以为并行计算的算法进行修改并且找到最有效的代码实现.

所研究算法的程序实现特性主要使用 Python 编程语言和 `mpi4py` 包, 包括各种计算过程交互时使用的 MPI (Message Passing Interface, 消息传递接口) 包. 目前, 使用编程语言 C/C++/FORTRAN 都可以实现该技术. 那么为什么作者选择 Python? 这是因为 Python 可以很容易地用于原形设计模式, 并很方便地进行程序的调试. 这对于那些在并行编程领域刚刚起步的人来说尤其重要. 在这种情况下, 作者专门编写了示例程序, 以便读者可以很轻松地将其转写为 C/C++/FORTRAN 代码. 同样重要的是, 读者可以自由 (免费的) 在带有多核处理器的个人计算机上测试和运行并行程序. 要做到这一点, 读者需要在个人计算机上安装一个 MPI 库 (例如 MPICH 或 OpenMPI), 以及 `mpi4py` 和 `numpy` 库.

另外, 请注意, 上面提到在复杂计算任务中可能需要使用到显卡的情况. 图形显卡本身是一个共享内存的多处理器系统, 其上面的并行程序是使用 CUDA 技术编写的. 然而, 如果我们考虑多个图形显卡 (之间的协同工作), 需要再次使用 MPI 技术, 它允许不同的计算节点与显卡进行交互. 因此, MPI 技术非常受欢迎, 这也是为什么它在本书中占据了关键位置.

本书的第一作者使用本书的部分内容作为深圳北理莫斯科大学 2018 届和

2019 届计算数学与控制系部分学生的寒暑期科研课题. 本书的第二作者也在莫斯科国立大学物理学院数学教研室的专业课程 "并行计算" 中多年采用本书的部分内容.

本书分为 14 章, 难度随课程的推进而增加. 第 1—3 章实现了一种迭代方法求解线性代数方程组 (System of Linear Algebraic Equations, SLAE), 该迭代法需要用到有关矩阵乘法、矩阵转置以及向量的标量积的最简单的并行计算算法. 在这几章中, 读者可以学习和使用 MPI 包中所提供的许多基本函数, 用于实现大多数并行算法. 第 4 章讨论了并行程序的效率和可扩展性. 通过分析在第 3 章中已实现的算法代码, 我们得出结论, 需要对已经实现的并行算法进行大幅修改以便降低计算节点之间的交互开销. 第 5 章考虑了更先进的矩阵向量乘法, 需要使用额外的进程组和通信器. 第 6 章讨论了虚拟拓扑的使用问题, 指出在某些情况下, 虚拟拓扑可以进一步降低计算节点之间的交互开销. 第 7 章考虑了求解三对角矩阵 SLAE 的并行计算方法, 作为算法并行化的一个例子, 该算法的基本串行版本是非并行的, 但经过一定的修改后, 可以实现并行版本. 第 8—10 章研究了求解偏微分方程的算法并行化的基本方法. 在这些方法的代码实现中, 大量使用了本课程中已经学习过的工具 (特别是虚拟拓扑). 第 11—12 章讨论更细节的优化问题——异步操作和延迟交互请求. 这些操作用于修改一些以前编写的程序, 还提高了并行程序实现的效率. 第 13 章介绍了 MPI + OpenMP、MPI + CUDA 和 MPI + CUDA + OpenMP 并行编程混合技术的基础. 第 14 章总结并讨论了并行程序可扩展性差的主要原因.

因此, 运用本书中提到的所有工具, 针对不同问题进行相应的结合, 可以编写出相当有效的并行计算算法的代码. 本书中所有例子对应的程序可以通过扫描封底的二维码获得.

另外, 要指出的是, 我们的目标是写一本教学用书, 而非手册. 也就是说, 我们要讨论和论证读者在实践中可能遇到的主要问题. 在处理这些问题时, 我们希望考虑尽可能多的方法. 从这个角度来说, 本书是一个整体, 所有章节都与之前的章节紧密相关. 因此, 在学习过程中不要跳过某些章节. 根据我们的教学经验, 按照本书的编排次序来学习并行计算这门课是相对合理的.

为了对本书中的任务进行测试计算, 建议使用带有多核处理器的个人计算机. 为了研究程序再利用的效率和可扩展性问题, 我们使用了莫斯科国立大学科学研究计算中心的超级计算机 "罗蒙诺索夫-2", 作者深表感谢.

本书的校正工作由深圳北理莫斯科大学计算数学与控制系的李艺喆、莫利等同学共同完成, 在此表示感谢. 同时感谢科学出版社李静科编辑精心细致的工作.

本书的出版得到了国家自然科学基金 (12171036)、深圳市科技计划 (RCJC20231211090030059)、北京市自然科学基金 (Z210001)、国家重点研发计划青年科

学家项目 (2022YFC3310300) 和深圳北理莫斯科大学经典教材建设的共同资助. 书中的部分章节是在这些项目的资助下完成的, 在此深表感谢!

由于作者水平有限, 书中难免有不妥之处, 希望读者能及时指出, 以便以后纠正 (错误更正请联系本书第一作者, Email: ye.zhang@smbu.edu.cn).

张 晔
深圳北理莫斯科大学
D.V.Lukyanenko
莫斯科国立大学
2024 年 5 月

目　录

第 1 章　MPI 简介 I

作为开始了解 MPI 并行编程技术的第一个并行化问题, 我们将考虑共轭梯度法的一个可能实现, 用于求解一个新稠密的矩阵线性代数方程组:

$$A\,x = b, \tag{1.0.1}$$

这里 A 为一个 $M \times N$ 的矩阵, b 为一个 M 维的列向量.

在解决实际应用问题时, 方程组右侧的向量 b 通常是在实验室中测量得到的. 因此, 由于实验误差, 经典解可能不存在. 但是, 如果输入数据足够多 ($M > N$ 且数据不重复), 则可以用最小二乘法找到该问题的伪解:

$$x = \underset{x \in \mathbb{R}^N}{\operatorname{argmin}} \|Ax - b\|^2.$$

用于找 x 的方法有很多, 这里我们选择了最方便的一种.

因此, 假设 N 维列向量 x 是线性方程组的解, 或者, 在更通俗的情况下, 是方程组 (1.0.1) 的伪解, 可以通过下列迭代算法构造序列 $x^{(s)}$, 并且在 N 次迭代之后得到方程组 (1.0.1) 的期望解 (伪解).

给出初始条件 $p^{(0)} = 0$, $s = 1$ 以及任意的迭代初始值 $x^{(1)}$. 然后重复以下步骤:

$$r^{(s)} = \begin{cases} A^{\mathrm{T}}\big(A\,x^{(s)} - b\big), & s = 1, \\ r^{(s-1)} - \dfrac{q^{(s-1)}}{\big(p^{(s-1)}, q^{(s-1)}\big)}, & s \geqslant 2, \end{cases}$$

$$p^{(s)} = p^{(s-1)} + \frac{r^{(s)}}{\big(r^{(s)}, r^{(s)}\big)},$$

$$q^{(s)} = A^{\mathrm{T}}\big(A\,p^{(s)}\big),$$

$$x^{(s+1)} = x^{(s)} - \frac{p^{(s)}}{\big(p^{(s)}, q^{(s)}\big)},$$

$$s = s + 1.$$

于是, 在经过 N 次迭代之后, 向量 $x^{(N+1)}$ 将会是方程 (1.0.1) 的解 (伪解). 本章和第 2, 3 章将讨论这种线性代数方程组求解的迭代算法的基本并行计算算法及其代码实现. 并且, 在第 5 章和第 6 章中, 我们将考虑解决同一问题的更高级的并行算法. 但是, 这些高级算法将导致更复杂的代码实现. 让我们先从简单的开始. 这个算法需要我们特别注意什么呢? 共轭梯度法的实现包含四个线性代数的运算, 我们将从这些运算的并行实现开始本书.

(1) 两个 N 维向量之间的标量积.

这个运算需要 N 次乘法运算以及 $N-1$ 次加法运算——综合就是 $2N-1$ 次运算. 立刻就可以得到 $2N-1=O(N)$, 其中 $O(N)$ 就是标量积的算法复杂度.

(2) $M \times N$ 维的矩阵与 N 维向量的乘法运算.

为了得到每一个元素, 必须与对应 A 中的向量进行标量积运算, 也就是说总共需要 $M \cdot (2N-1)$ 次运算. 如果矩阵 A 是一个方阵 ($M=N$), 那么该运算的算法复杂度为 $O(N^2)$.

(3) 维数 $N \times M$ 的转置矩阵与维数为 M 的向量之间的乘法.

该运算的算法复杂度与上面的运算是一样的.

(4) 两个维数为 N 的向量之间的乘法.

该运算需要 N 次计算, 也就是说算法复杂度是线性的.

在第 1 章中, 将详细介绍矩阵向量乘法的基本并行算法及其程序实现. 在接下来的第 2 章中, 将讨论并行算法及其标量积的代码, 来实现矩阵与向量以及转置矩阵与向量之间的乘法. 在第 3 章中, 我们将所有这些子问题合并到一个算法中, 并实现共轭梯度法.

1.1　矩阵向量乘法的顺序实现

矩阵向量乘法运算是线性代数运算中最简单的一种, 只需要几行程序代码. 为了达到学习的目的, 我们将相应地实现稍微复杂一点的程序, 并使其接近实际应用问题中最常见的实例.

首先, 在解决实际问题时, 我们经常有一类问题的输入参数需要进行计算. 这些参数通常从辅助文件中读取. 让我们定义矩阵 A 的维数为 $M \times N$, 并从文本文件 `in.dat` 读取它们 (该文件只包含两行, 每行只包含一个数字, 对应 M 和 N).

其次, 我们也将从文件中读取矩阵 A 和向量 x, 假设相关数据是在试验中获得的, 而不是计算出来的. 矩阵 A 的元素将从包含 $M \times N$ 行的 `AData.dat` 文件中读取. 此文件中的每行仅包含矩阵 A 的一个元素, 该文件中矩阵 A 的元素按行记录 (即文件的前 N 行包含矩阵 A 的第一行元素, 然后是第二行元素, 以此类推). 向量 x 包含在文件 `xData.dat` 中.

最后, 计算结果 (向量 b) 也将保存到文件中. 这是因为计算通常在超级计算机系统上进行, 计算结果存储在文件中, 而不是直接显示在屏幕上.

因此, 实现维数为 $M \times N$ 的矩阵 A 乘以 N 维向量 x 的程序的并行计算版本如下.

```
from numpy import empty

f1 = open('in.dat', 'r')
N = int(f1.readline())
M = int(f1.readline())
f1.close()

A = empty((M,N)); x = empty(N); b = empty(M)

f2 = open('AData.dat', 'r')
for j in range(M):
    for i in range(N) :
        A[j,i] = float(f2.readline())
f2.close()

f3 = open('xData.dat', 'r')
for i in range(N):
    x[i] = float(f3.readline())
f3.close()

for j in range(M):
    b[j] = 0.
    for i in range(N):
        b[j] = b[j] + A[j,i]*x[i]

f4 = open('Results.dat', 'w')
for j in range(M):
    f4.write(str(b[j])+'\n')
f4.close()
```

注意 Python 允许使用 `dot` 函数实现在代码行 21—24 中实现的矩阵向量乘法:

```
b = dot(A, x)
```

那么问题来了: 为什么在这个例子中我们以更复杂的方式实现矩阵向量乘法? 答案是: 矩阵向量乘法的这种实现能让我们明确地知道哪些操作是可以彼此独立地执行的. 对于每个索引 j, 计算元素 b_j 可以独立于计算 b_k 的其他值进行, 其中 $k \neq j$. 也就是说, 计算 $b_j (j = 1, 2, \cdots, M)$, 可以并行执行.

因此, 我们得出以下矩阵向量乘法的并行算法.

1.2　矩阵向量乘法的并行算法

将矩阵 A 的所有行分配到计算所涉及的进程之间的块中 (图 1.1). 使用 $A_{\text{part}(k)}$ 表示块, 这里 k 为计算中涉及的过程的索引. 假设每个进程的内存中都有整个向量 x. 参与计算的每个进程将负责处理其自己的矩阵 A 的行集, 并将执行操作 $A_{\text{part}(k)} \cdot x$. 此操作的结果是计算出 $b_{\text{part}(k)}$ 为所需向量 b 的一部分. 参与计算的每个进程都可以独立于其他进程执行此操作, 同时仅使用位于该进程内存中的数据进行操作. 我们再并行实施这些演算. 然后, 如有必要, 需要在任何特定进程上收集不同过程得到的向量 b 的部分.

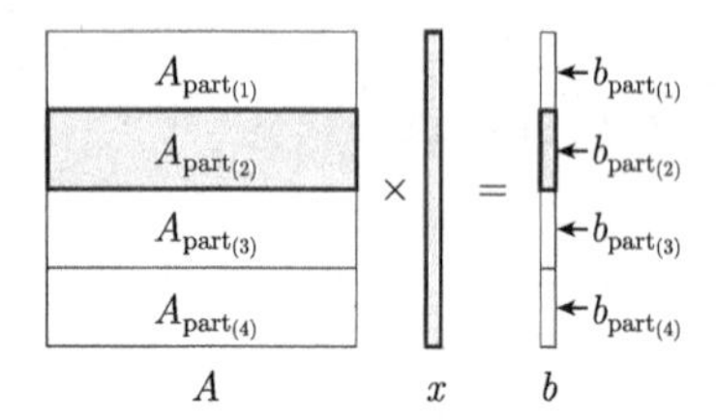

图 1.1　矩阵向量乘法的并行算法

可见, 该算法非常简单直观. 但是, 它的程序实现会包含很多细微差别, 对此的分析是 1.3 节的主要内容.

1.3　矩阵向量乘法并行算法的程序实现

在继续进行矩阵向量乘法并行算法的程序实现之前, 让我们讨论一下在大多数讲义中编写并行版本的程序时所使用的并行编程模型和技术.

1.3.1　并行编程的模型和技术

对于所有算法的程序实现, 我们将使用 SPMD (Single Program, Multiple Data) 编程模型: 所有进程在自己的数据集上执行相同的程序; 进程标识符用于确定程序的哪个部分正在由哪个进程执行.

我们还将使用 Master 程序的组织模型: 其中一个进程 (将之命名为 Master) 接收到任务的输入数据, 分发给其他进程 (将之命名为 Worker) 进行处理, 然后接收结果并进行最终处理.

而且, 正如我们已经提到的, 为了组织不同进程之间的交互, 将使用消息传递接口 (Message Passing Interface, MPI). 进程之间的交互是通过发送和接收消息来进行的.

1.3.2 MPI 基础——一个简单的测试程序

我们假设读者将主要在具有多核处理器的个人计算机上测试和运行本章中讨论的并行程序. 为此, 您需要在计算机上安装 MPI 库之一 (例如, MPICH 或 OpenMPI), 以及带有 mpi4py [2] 和 numpy 包的 Python.

现在让我们编写并运行一个如下的简单程序:

```
1 from mpi4py import MPI
2
3 comm = MPI.COMM_WORLD
4 numprocs = comm.Get_size()
5 rank = comm.Get_rank()
6
7 print(f'Hello from process {rank} out of {numprocs}')
```

如果将此脚本 (程序) 保存为 script.py, 并使用命令在终端中运行它:

```
> mpiexec -n 5 python script.py
```

在 5 个 MPI 进程上, 我们得到以下输出:

```
Hello from process 3 out of 5
Hello from process 0 out of 5
Hello from process 1 out of 5
Hello from process 4 out of 5
Hello from process 2 out of 5
```

那么这个程序做了什么, 我们是如何得到这个输出的呢?

首先, 请注意, 运行命令表明该程序正在 5 个不同的进程上运行, 并且所有这些进程都将执行相同的程序代码 (根据 SPMD 编程模型). 在这种情况下, 所有这些进程将在它们的地址空间中相互独立地工作. 如果每个 MPI 进程在其自己的计算节点上运行, 则地址空间意味着是它自己的内存, 或者如果所有 MPI 进程在同一计算节点 (例如, 个人计算机) 上运行, 则地址空间意味着是它自己的部分内存, 需要 MPI 函数来帮助进程相互交互.

注意 如果以这种方式运行任意顺序程序, 那么所有进程都将执行相同的操作. 但是, 这些进程不会知道其他进程正在执行计算.

因此, mpi4py 包中的第 1 行加载了我们将在本章中广泛使用的 MPI 函数. 这也初始化了程序的 MPI 部分.

C/C++/FORTRAN 用户注意, 在任何并行程序中, 程序的最开始通常会调用 MPI_Init() 函数, 初始化程序的 MPI 部分, 在程序结束时, 调用 MPI_Finalize() 函数, 终止程序 MPI 的一部分. 在 Python 中, 从 mpi4py 包导入 MPI 时会自动调用 MPI_Init() 函数, MPI_Finalize() 函数也会在 Python 代码完成后自动调用.

在第 3 行中, 我们将 comm 对象定义为 MPI.COMM_WORLD 通信器. 目前, 我们将其视为一个对象, 其中包含有关参与计算的所有进程的信息, 即运行程序的所有进程. 稍后, 从第 5 章开始, 我们将介绍并使用其他通信器, 这些通信器由这个主要进程组的子组组成. 这对于实现更有效的并行算法是必要的. 现在, 在第 1 章中, 我们将使用并行程序启动时创建的所有 MPI 进程进行操作.

在第 4 行中, 我们定义了 numprocs, 即与通信器 comm 相关联的进程数量. 现在每个进程都知道程序运行时涉及的进程数量.

在第 5 行中, 我们定义了 rank, 即 comm 通信器中这个进程的编号 (等级、标识符). 现在每个 MPI 进程都知道它的编号, 范围从 0 到 numprocs-1 (包括 numprocs-1). 使用此标识符, 进程将能够相互通信.

在第 7 行中, 调用输出函数, MPI 进程通过该函数显示有关其标识符和参与计算的进程总数的信息.

如果 MPI 进程的数量不超过系统中可用的计算节点 (处理器、内核) 的数量, 那么每个 MPI 进程将在自己的计算节点上启动. 因此, 每个 MPI 进程的输出将在执行时进行. 因此, 来自不同进程的输出不会在它们之间排序. 如果再次运行程序, 不同进程的输出顺序可能会发生变化. 这是并行编程的基本特征之一, 它可能会影响一些并行算法的结果. 例如, 当并行计算大量项的和时, 中间和可能以不同的顺序相加, 这会由各种机器舍入误差而导致不同的结果.

让我们也再次注意一下, 每个 MPI 进程都在自己的地址空间 (即 RAM) 中运行, 这意味着不同进程上的变量值通常是不同的. 在我们的示例中, 不同进程上的 numprocs 值均相同, rank 值不同, 这是并行编程的另一个基本特征, 必须牢记, 在不同进程上同名变量可以对应完全不同的数据!

请注意, 第 1—5 行几乎存在于任何并行程序中, 并且是 "行业内的规矩或标准", 即任何并行程序都是从它们的编写开始的.

至此, 已经编写了第一个测试程序, 现在让我们开始 1.1 节中编写的程序的并行实现.

1.3.3　从文件读取输入参数并分配至各个进程

我们首先从 in.dat 文件中读取数据. 提醒一下, 这个文件只包含两行, 每行只包含一个数字, 即第一行的值 N 和第二行的值 M. 对于测试, 我们将使用一个包含两个相同数字的文件: 20 和 20.

并行版本的程序会在大量的 MPI 进程上运行, 不同的 MPI 进程同时访问这个文件可能会造成同时访问冲突, 从而导致出错. 为了避免这种情况, 我们将使用前面提到的 Master-Worker 程序组织模型: 其中一个进程 (Master) 接收任务输入数据, 并将其分发给其他进程 (Worker) 进行处理. 通常使用 rank = 0 的进程作为 Master 进程.

现在让我们编写并运行以下程序, 其目的是由 Master 进程从 in.dat 文件中读取数据, 并将这些数据分发给其余的 MPI 进程.

```
1  from mpi4py import MPI
2  from numpy import empty, array, int32, float64, dot
3  
4  comm = MPI.COMM_WORLD
5  numprocs = comm.Get_size()
6  rank = comm.Get_rank()
7  
8  if rank == 0 :
9      f1 = open('in.dat', 'r')
10     N = array(int32(f1.readline()))
11     M = array(int32(f1.readline()))
12     f1.close()
13 else :
14     N = array(0, dtype=int32); M = array(0, dtype=int32)
15 
16 print(f'Variable N on process {rank} is: {N}')
```

如果将此脚本 (程序) 保存为 script.py, 并使用命令在终端中运行它.

```
> mpiexec -n 5 python script.py
```

在 5 个 MPI 进程上, 我们得到以下输出:

```
Variable N on process 1 is: 0
Variable N on process 2 is: 0
Variable N on process 0 is: 20
Variable N on process 3 is: 0
Variable N on process 4 is: 0
```

注意 提醒一下, 随着该程序的反复重新启动, 各种 MPI 进程的输出顺序可能会有所不同.

现在让我们弄清楚这个程序代码做了什么, 以及为什么它的工作结果 (输出) 是这样的.

正如我们前面提到的, 第 1、4—6 行是传统的. 第 2 行从 numpy 文件包中导入那些我们需要准备使用 MPI 函数传输的数据的函数.

提醒一下, 每个 MPI 进程执行相同的程序代码, 但每个进程都有自己的地址空间. 第 9—12 行将仅由 rank = 0 的 MPI 进程执行. 剩余的 MPI 进程将不执行这部分代码, 但会在它们的内存中分配 (第 14 行) 一个位置用于包含一个元素的数组, 并用零填充它. 因此, 正如我们前面提到的, 借助进程标识符, 可以控制程序的哪个部分由哪个进程执行.

现在这个结论越来越清晰了. N 和 M 的正确值只包含在标识符 `rank = 0` 的进程上, 其他进程没有读取到这些值, 因此它们不知道值为多少.

任务是将此数据从 `rank = 0` 的进程传输到其他 MPI 进程. 也就是说, 进程需要交换包含相关信息的消息.

1.3.4 进程间消息发送与接收的基本函数: Send 和 Recv

这里发送/接收消息的基本函数 `Send()` 和 `Recv()` 将对我们有所帮助. 为此, 在 1.3.3 小节的程序中, 在第 16 行之前, 添加如下代码:

```
if rank == 0 :
    comm.Send([N, 1, MPI.INT], dest=1, tag=0)
else :
    comm.Recv([N, 1, MPI.INT], source=0, tag=0, status=None)
```

如果在名称 `script.py` 下保存修改后的脚本 (程序), 并使用命令在终端中运行它.

```
> mpiexec -n 5 python script.py
```

在 5 个 MPI 进程上, 我们得到以下输出:

```
Variable N on process 0 is: 20
Variable N on process 1 is: 0
```

请注意, 输出仅由两个 MPI 进程 (`rank = 0` 和 `rank = 1`) 进行. 没有来自其他 MPI 进程的输出. 这与什么有关后面会给出答案.

让我们详细讨论一下 `Send()` 和 `Recv()` 函数以及它们在实际应用中的作用.

注意 让我们首先提出以下重要注意事项. `mpi4py` 包还具有 `send` 和 `recv` 函数 (小写字母). 不同之处在于它们可以传入完全任意的 Python 对象, 而不仅仅是 `numpy` 数组. 但是这样的传输需要在发送消息时将这些对象 “打包” (转换) 为二进制代码, 并在接收消息时将它们转换回对象. 与发送/传输 `numpy` 数组相比, 此类操作需要更多时间. 此外, 使用这些函数将剥夺我们用 C/C++/FORTRAN 轻松重写程序的能力. 正是出于这个原因, 我们将在本书中使用的所有 MPI 函数仅在其大写版本中使用. 同样, 我们将只使用 `numpy` 数组! 只有在这种情况下, 我们才能编写真正高性能的并行程序.

特别是, 正是因为我们正在研究的消息发送/接收函数仅适用于 `numpy` 数组, 所以在第 10 行和第 11 行中, 在 `rank = 0` 的过程中以数组的形式读取了参数 N 和 M. 此外, 在其他过程中, 我们也以一个元素的数组形式 (第 14 行) 在内存中为这些参数准备一个位置.

那么, 让我们看看 `Send()` 和 `Recv()` 函数的语法.

```
comm.Send([buf, count, datatype], dest, tag)
```

这是将带有 tag 标记的数组 buf (由 datatype 的 count 元素组成) 发送到 comm 通信器中编号为 dest 的进程的块捆绑函数 (也称为块通信函数). 发送消息的所有元素必须连续位于缓冲区 buf 中 (这正是使用 numpy 数组提供的内容). 无论相应的接收过程是否已初始化, 操作都会开始. 在这种情况下, 可以将消息直接复制到接收缓冲区或放置在某个系统缓冲区中 (如果由 MPI 提供).

在默认情况下, tag=0. 也就是说, 在 Python 中, 这个参数是可选的.

```
comm.Recv([buf, count, datatype], source, tag, status)
```

这是一个阻止接收来自 comm 通信器中编号为 source 的进程的类型为 data 的消息不超过 count 个元素的缓冲区 buf 的函数, 并在 status 对象中填充传入消息的属性. 如果实际接收到的元素个数小于 count 的值, 那么保证只有接收到的消息元素对应的元素才会在 buf 中发生变化. 如果接收到的消息中的元素个数大于 count, 则会发生溢出错误.

在默认情况下 source=ANY_SOURCE, tag=ANY_TAG 和 status=None. 也就是说, 在 Python 中, 这些参数是可选的.

注意 如果可能有多个这样的消息, 并且它们到达该进程的顺序事先不知道, 则 tag 标识符用于区分到达某个进程和另一个进程的消息. 如果只有一个消息从一个进程发送到另一个进程, 那么只需要确保与相应的 Send() 和 Recv() 函数上的 tag 标识符匹配, 为简单起见, 我们使用 tag=0.

注意 确保函数返回后所有函数参数都被正确重用. 这意味着, 从例如 Send() 函数返回后, 可以使用调用此函数时出现的任何变量, 而不必担心损坏传输的消息. 如果说明 "在手上", 那么这可以改写为从块捆绑函数返回时, 我们可以确定消息已经被传输/接收 (稍后我们将讨论细微差别).

注意 Python 允许不以 [buf, count, datatype] 的形式枚举发送/接收消息的描述, 将自己仅限于 buf 列表的第一个参数, 正如我们已经同意的那样, 在我们的课程中只能是一个 numpy 数组. 在这种情况下, Python 会自动确定该数组的元素数量及其数据类型.

注意 考虑到所描述的简化和可选参数的存在, 我们现在分析的程序代码可以写成以下等效形式:

```
if rank == 0 :
    comm.Send([N, 1, MPI.INT], 1, 0)
else :
    comm.Recv([N, 1, MPI.INT], 0, 0, status=None)
```

或者

```
if rank == 0 :
    comm.Send(N, 1)
else :
    comm.Recv(N)
```

但是, 在我们的课程中, 不会使用任何简化, 也不会省略可选参数. 这是因为在列出所有参数时, Python 实现与 C/C++/FORTRAN 实现最相似. 在这种情况下, 用 C/C++/FORTRAN 重写相应的并行程序将是最容易的.

C 中的等效代码:

```
if (rank == 0) {
   MPI_Send(N, 1, MPI_INTEGER, 1, 0, comm);
}
else {
   MPI_Recv(N, 1, MPI_INTEGER, 0, 0, comm, &status);
}
```

等效 FORTRAN 代码:

```
if (rank == 0) then
    call MPI_Send(N, 1, MPI_INTEGER, 1, 0, comm, ierr)
else
    call MPI_Recv(N, 1, MPI_INTEGER, 0, 0, comm, status, ierr)
endif
```

现在我们可以讨论 Send() 和 Recv() 函数在我们的编程实现中到底做了什么.

```
if rank == 0 :
    comm.Send([N, 1, MPI.INT], dest=1, tag=0)
else :
    comm.Recv([N, 1, MPI.INT], source=0, tag=0, status=None)
```

这些消息传递函数属于所谓的*点对点操作*. 这种交互涉及两个过程, 一个过程是消息的发送者; 另一个过程是消息的接收者. 发送进程必须调用其中一个数据传输函数, 并在运行这两个进程的通信器 (在我们的例子中是 comm 通信器) 中显式地指定接收进程的编号. 接收进程必须调用指定相同通信器的接收函数之一, 在某些情况下, 它可能不知道给定通信器中发送进程的确切编号. 也就是说, 其中一个进程上的每个 Send() 函数都必须对应于另一个进程上的 Recv() 函数. 在这种情况下, MPI 进程将能够交换消息. 因此, 很显然输出中只涉及两个 MPI 进程 (rank = 0 和 rank = 1). 具有 rank = 0 的进程调用 Send() 函数, 它希望使用该函数向具有 rank = 1 的进程发送消息 (从与 numpy 数组 N 相关的内存区域段开始的 1 个 MPI.INT 类型的元素)(由参数 dest = 1 决定). 所有其他进程调用 Recv() 函数, 它们希望从 rank = 0 的进程 (由 source = 0 参数定义) 接收消息并将其写入与 numpy 数组 N 相关的内存区域, 这个内存区域从这个内存段开始, 并且在 1 个元素内. 因此, rank = 0 进程上的 Recv() 函数对应于 rank = 1 进程上的 Recv() 函数. 这些进程可以完成消息的发送/接收, 并移动到负责输出数据的代码行. 但是, 对于 rank = 1 的进程上的 Recv() 函数, rank = 0 的进程上没有相应的 Send() 函数. 结果, 这些进程保留在 Recv() 函数中, 等待 Send() 函数出现在 rank = 0 的进程上. 但那是不可能的. 因此, rank > 1 的进程将永远 "冻结". 我们特别分析这个错误是为了表明在编写并行程序时可能会出现程序看似在运行, 但实际上包含错误的情况 (特别是, 这里的一些 MPI 进程永远 " 冻结"). 这个问题可以通过以下方式解决. 需要添加一个 for 循环, 因此 rank = 0 的进程在向下一个进程发送消息时将调用下一个函数. 也就是说, 为此, 在上一小节中的代码即第 16 行代码前, 必须添加下述代码

```
if rank == 0 :
    for k in range(1, numprocs) :
        comm.Send([N, 1, MPI.INT], dest=k, tag=0)
else :
    comm.Recv([N, 1, MPI.INT], source=0, tag=0, status=None)
```

因此, 如果运行修改后的程序, 则 comm 通信器的所有进程都将包含正确的 N 值. 但是, 这种从 rank = 0 的主进程转发数据到 comm 通信器的其余进程的算法有一个显著的缺点. 每个进程对之间的所有消息发送/接收操作都是按时间顺序进行的. 如果对 Send() 函数的一次调用需要时间 t, 那么为了将数组 N 发送到 comm 通信器的所有进程, 需要花费时间 $t \cdot (\mathrm{numprocs} - 1)$. 也就是说, 在所有进程上完全转发数据的时间是成比例的,

$$\sim \mathrm{numprocs},$$

这意味着它线性地取决于参与计算的过程数量. 通过在所有进程中实现所谓的级联 (树状) 数据转发算法, 可以优化这个过程. 在第一步中, 让 rank = 0 的 Master 进程向 rank = 1 的进程发送数组 N. 因此, 数组 N 将在两个进程上 (请参阅图 1.2). 在第二步中, rank = 0 的进程向 rank = 2 的进程发送消息, rank = 1 的进程向 rank = 3 的进程发送消息. 在第三步中, 4 个进程已经发送消息. 不难计算, 根据第 s 步的结果, 发送的数组将包含 2^s 个流程. 因此, 为了将数据分发到 numprocs 进程, 需要作 $s = \log_2(\mathrm{numprocs})$ 步. 为了将数组 N 发送到 comm 通信器的所有进程, 需要花费时间 $t \cdot \log_2(\mathrm{numprocs})$. 也就是说, 在这种情况下, 通过所有进程完全转发数据的时间与进程数是成比例的.

$$\sim \log_2(\mathrm{numprocs}).$$

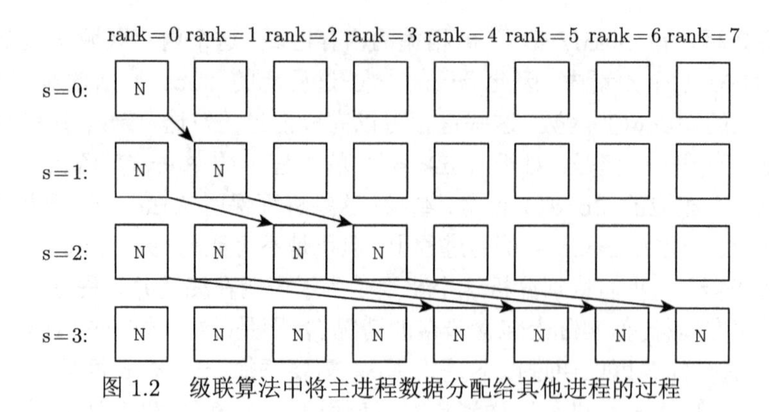

图 1.2　级联算法中将主进程数据分配给其他进程的过程

很明显，这种方法在计算大量进程时会给运行时间带来巨大的收益. 例如，在 numprocs=1024 的情况下，第一个算法给出的时间为 $1023t$，第二个算法给出的时间为 $10t$，即快两个数量级 (快 10^2 一次)$\log_2$(numprocs). 这意味着它的对数取决于参与计算的过程数量. 该算法可以自己实现，也可以使用已有的集成交互进程函数 `Bcast()`.

1.3.5　集体通信函数: Bcast

让我们考虑 `Bcast()` 函数的语法.

```
comm.Bcast([buf, count, datatype], root)
```

该函数将来自 `buf` 数组的 `datatype` 元素从根进程发送到 `comm` 通信器的所有进程，包括发送进程本身. 当函数退出时，根进程的 `buf` 缓冲区的内容将被复制到每个 `comm` 通信器进程的本地缓冲区中. 在所有进程的 `count`, `datatype`, `root` 和 `comm` 都应该相同. 在默认情况下，`root=0`. 也就是说，在 Python 中，这个参数是可选的，假设通信器最常执行主过程 `rank=0`.

因此，修改后的程序将采用以下形式，因此仅由主进程从 `in.dat` 文件中读取的参数 N 和 M 的值将分布在所有进程中.

```
1 from mpi4py import MPI
2 from numpy import empty, array, int32
3
4 comm = MPI.COMM_WORLD
5 numprocs = comm.Get_size()
6 rank = comm.Get_rank()
7
8 if rank == 0 :
9     f1 = open('in.dat', 'r')
```

```
10        N = array(int32(f1.readline()))
11        M = array(int32(f1.readline()))
12        f1.close()
13    else :
14        N = array(0, dtype=int32); M = array(0, dtype=int32)
15
16    comm.Bcast([N, 1, MPI.INT], root=0)
17    comm.Bcast([M, 1, MPI.INT], root=0)
```

接下来 (在本章的后续部分), 我们将继续使用这个特定的程序. 在这个程序中, Bcast() 函数 (第 16 行) 的工作方式如下. 它在来自内存区域的 rank = 0 (由 root = 0 参数定义) 的进程上, 与 numpy 数组 N 相关联, 从该内存段的开始, 依次获取 1 个 MPI.INT 元素, 并将其发送给 comm 通信器的每个进程, 在这些进程上, 它们被写入与 numpy 数组 N 相关联的内存区域. 请注意, Bcast() 函数属于所谓的进程集体通信函数. 因此, 它只有在收到所有请求时才会开始工作.

相应的通信器 (在我们的例子中是 comm 通信器) cessa. 一个常见的错误是, 有时只在 comm 通信器的部分进程上调用此函数. 这导致程序 "挂起", 因为在每个进程中, 程序都在等待类似的运行. 因此, 如果在任何 if-else 中调用此函数, 需要小心.

需要关注以下类型错误. 给定的数组元素的类型在调用适当的函数时必须与 datatype 数据类型的指定保持一致. 如果数据类型不一致, 则可能导致一个隐式错误, 即程序正在运行, 但相关函数在进程之间传递数据不正确.

请注意. 如果可以使用团队流程交互功能, 那么最好使用它们, 因为它们的速度更快.

1.3.6 从文件读取矩阵并分配至各个进程

程序现在 "并行化" 这段代码:

```
f2 = open ('AData.dat','r')
for j in range(M) :
    for i in range(N) :
        A[j,i] = float(f2.readline())
f2.close()
```

我们把 "并行计算" 这个词放在引号里, 因为实际上还没有并行计算. 我们现阶段的目标是根据 Master-Worker 程序组织模型, 从文件读取 rank = 0 的 Master 进程中的矩阵 A, 并将其分发给所有其他进程, 这些进程已经执行并将稍后处理并行计算. 也就是说, 现在我们正在准备各种过程中的数据. 请注意, 我们将在 rank >= 1 的进程中分配矩阵 A. 也就是说, rank = 0 的进程不会参与后续计算. 我们这样做是出于方法学 (教学) 目的, 以便在编写程序的并行版本时考虑尽可能多的技术. 当我们考虑更先进的算法时, 保留运行并行程序的所有进程. 考虑到上述情况, rank = 1, 2, ⋯, numprocs-1 的进程将直接参与计算. 正好是进程的 numprocs-1. 首先, 为了便于程序实现, 我们假设矩阵 A 的行数 M 被 numprocs-1 除. 也就是说, 如果我们进行计算, 例如, 对于 $M = 20$, 只有在 $2, 3, 5, 6, 11, 21$ 的 numprocs 进程数上运行程序才有意义. 自然, 这限制了共性. 稍后 (在本章中), 我们将程序推广到任意 (相互不一致) M 和 numprocs 值的情况. 假设所有 $A_{\text{part}(k)}(k = 1, 2, \cdots, \text{numprocs} - 1)$ 以及矩阵 A 必须由 rank = 0 的进程形成以发送给其他进程, 将具有相同的维度 $M/(\text{numprocs} - 1) \times N$. 现在, 让我们仔细看看下面的程序代码.

```
18 if rank == 0 :
19     f2 = open('AData.dat', 'r')
20     for k in range(1, numprocs) :
21         A_part = empty((M//(numprocs-1), N), dtype=float64)
22         for j in range(M//(numprocs-1)) :
23             for i in range(N) :
24                 A_part[j,i] = float64(f2.readline())
25         comm.Send([A_part, M//(numprocs-1)*N, MPI.DOUBLE],
26                   dest=k, tag=0)
27     f2.close()
28 else :
29     A_part = empty((M//(numprocs-1),N), dtype=float64)
30     comm.Recv([A_part, M//(numprocs-1)*N, MPI.DOUBLE],
31               source=0, tag=0, status=None)
```

让我们立即关注 if-else 设计. 它用于确定哪个过程正在进行哪些工作. 在第 29—31 行中, rank >= 1 的进程为其块 A 分配内存空间 A_{part}, 矩阵 A 调用 Recv() 函数并开始等待. 等什么? 等待带有写入为 Recv() 函数参数的参数消息. 也就是说, 它们期望从 rank = 0 (由 source = 0 参数定义) 的进程中收到一条标识符为 tag = 0 的消息. 当接收到此消息时, 接收到的数据将写入与 numpy 数组 A_part 相关的内存区域, 数组 A_part, 从该内存段的开头开始, 在 M// (numprocs-1)*N 个元素内. 为了以防万一, 让我们提醒您, 确保发送消息和接收消息中的元素数量相同是很重要的. 否则, 这可能会导致错误. 但是 rank = 0 的进程在循环 (第 20 行) 中打开 AData.dat 文件 (第 19 行), 根据需要传输数据的进程数量, 执行以下操作: 为矩阵 A 的子块 A_{part} 准备内存空间 (第 21 行), 从文件中读取下一个 M//(numprocs-1)*N 个元素 (第 22—24 行) 并调用 Send() 函数, 通过该函数将读取的矩阵 A 子块传递给相应的进程 (第 25—26 行). Send() 函数在这里的工作原理如下. 它来自与 numpy 数组 A_part 相关的内存区域, 从该内存段开始, 依次获取 M//(numprocs-1)*N 个元素并将它们发送给具有 rank =

k (由参数 dest = k 定义) 的进程. 为了以防万一, 在 Python 中 (以及在 C/C++ 中), numpy 数组是逐行存储的. 例如, $M \times N$ 维数的矩阵将存储在存储器中, 依次占据 $M \times N$ 个元素. 让我们注意这样一个事实, 在这个实现中, rank = 0 的进程一直在运行, 而 rank >= 1 的大多数进程大部分时间都在等待收到相应的消息. 首先, rank = 0 的进程为 rank = 1 的进程准备数据 (此时所有其他进程都在等待), 然后将数据发送给该进程 (rank = 0 和 1 的进程除外的所有进程都在等待), 以此类推, 在每个进程的循环中. 也就是说, 事实上, 对于一个正式运行的程序, 大多数进程都是空闲的. 在本书中, 我们将反复关注这些问题, 并讨论如何解决这些问题. 请注意. 以防万一, 让我们再次注意常见的错误. 对于 Numpy 数组的不同数据类型和/或 Send() 和 Recv() 函数中的 datatype MPI 类型不匹配, 消息将无法正确传输. 此外, 在描述消息中传输/接收元素数量的 count 值不一致的情况下, 消息可能不会正确传输.

1.3.7 从文件读取向量并分配至各个进程

考虑到已经研究过的材料, 读者已经可以毫无问题地弄清楚下一部分在什么时候做什么:

```
32 x = empty(N, dtype=float64)
33 if rank == 0 :
34     f3 = open('xData.dat', 'r')
35     for i in range(N) :
36         x[i] = float64(f3.readline())
37     f3.close()
38
39 comm.Bcast([x, N, MPI.DOUBLE], root=0)
```

在第 32 行中, 所有进程都为 x 向量分配了内存空间. rank >= 1, Straz 的进程调用 Bcast() 函数 (第 39 行), rank = 0 的进程在调用此命令之前, 首先从文件中读取 x 向量的元素. Bcast() 函数在这里的工作原理如下. 它在来自内存区域的 rank = 0 (由 root = 0 参数定义) 的进程上, 与 numpy 数组 x 相关联, 从这段内存开始, 依次获取 N 个 MPI.DOUBLE 元素, 并将它们发送给 comm 通信器的每个进程, 在这些进程上, 它们被写入与 numpy 数组 x 相关联的内存区域. 注意到具有 rank >= 1 的进程被迫空闲——当 rank=0 的进程读取数据时, 所有其他进程都被迫等待, 既不进行计算, 也不进行数据传输. 出于方法论的目的, 让我们讨论一下这段代码的以下变化:

```
if rank == 0 :
    a = empty(N, dtype=float64)
    f3 = open('xData.dat', 'r')
    for i in range(N) :
```

```
        a[i] = float64(f3.readline())
    f3.close()
    comm.Bcast([a, N, MPI.DOUBLE], root=0)
else :
    x = empty(N, dtype=float64)
    comm.Bcast([x, N, MPI.DOUBLE], root=0)
```

我们想用这个代码显示什么? 首先, 不同进程上的相同数据可以与名称不同的 numpy 数组相关联 (a 在 rank = 0 的进程上; x 在其他进程中). 其次, 我们想表明, 可以在代码的不同部分调用针对不同进程的通信函数 Bcast(). 最主要的是, 这个函数被调用到它运行的通信器的所有进程 (现在是 comm 通信器). 此版本的代码与原始代码的唯一显著区别在于, 现在需要记住, 在不同的进程中, 相同的数据以不同的名称命名. 当然, 这会带来额外的混乱. 因此, 在我们的课程中, 将不再这样做, 但能引起读者的注意很重要.

1.3.8 矩阵与向量的并行乘法

到目前为止, 计算所需的所有数据都已在 rank >= 1 的进程上准备好, 我们可以执行并实现并行计算:

```
b_part = empty(M//(numprocs-1), dtype=float64)
if rank >= 1 :
    for j in range(M//(numprocs-1)) :
        b_part[j] = 0.
        for i in range(N) :
            b_part[j] = b_part[j] + A_part[j,i]*x[i]
```

在这里, 首先, 在每个进程上, 为 numpy 数组 b_part 分配内存空间, 该数组包含相应部分 b_{part} 结果向量 b. 然后所有进程 rank 没有 C (即它们包含矩阵 A 的子块 A_{part}) 将其矩阵块乘以向量 x. 作为对 rank >= 1 的每个过程进行计算的结果, 我们得到了在最终向量 b 中的部分. 为了清楚起见, 我们选择了这种表示形式, 以强调这样一个事实, 即与程序的顺序版本不同, 索引 j 上的 for 循环限制发生了变化——现在每个进程只为自己的行集执行操作. 自然, 需要利用 Python 的优势, 不是在双循环中设计矩阵乘以向量, 而是使用点函数更紧凑地设计矩阵乘以向量. 因此, 这段代码可以以下形式写入

```
40 b_part = empty(M//(numprocs-1), dtype=float64)
41 if rank >= 1 :
42     b_part = dot(A_part,x)
```

现在使用并行编程技术实现矩阵和矢量相乘! 也就是说, 程序实现的主要复杂度来自每个过程的计算准备数据.

注意 考虑到这种更紧凑 (使用 dot 函数) 形式的程序代码没有明确地包含矩阵的行数和列数的信息, 我们特地使用 _part 后缀, 以便在查看程序代码时, 可以更容易理解数组在何处整体参与了计算, 在何处只是部分数组参与了计算. 我们将在整个过程中遵守这一规定.

为了检查程序实施是否正确, 可以这样做. 例如, 为了测试, 使用 $N = 20$ 和 $M = 20$. 如果准备好矩阵 A 和向量 x 的元素, 使产生的向量 b 的元素形成一个从 1 到 20 的自然数序列作为正确计算的结果, 很容易测试程序是否正常工作.

要做到这一点, 可以在程序的末尾添加如下命令:

```
if rank == 2 :
    print(b_part)
```

这一连串的命令应该输出向量 b 相应的部分, 它是由 rank = 2 的过程计算出来的. 仍然要把这个程序 (脚本) 保存为脚本文件, 例如 script.py, 在终端运行它, 命令是

```
> mpiexec -n 5 python script.py
```

在这里指定的启动参数中, 对 5 个 MPI 进程, 确保程序的输出如下:

```
[ 6.  7.  8.  9. 10.]
```

请再次注意, 作为并行计算的结果, 在每个参与计算的进程中, 只得到了结果数组 b_part 的一部分 b_part(即 rank >= 1), 在一个进程中, 甚至在所有进程中, 是否需要将所有这些部分收集到一个数组 b_part 中, 取决于正在实现的算法. 但我们将为训练目的而做, 目的是将所产生的向量的所有部分收集到 rank = 0 的过程的一个向量中.

1.3.9 将不同进程中的数组片段汇集成完整数组

将包含在 rank >= 1 的进程上的 numpy 数组 b_part, 收集到 rank = 0 的进程上的普通 numpy 数组 b 中, 可以用以下编程代码完成.

```
43 if rank == 0 :
44     b = empty(M, dtype=float64)
45     for k in range(1, numprocs) :
46         comm.Recv([b_part, M//(numprocs-1), MPI.DOUBLE],
47                   source=k, tag=0, status=None)
48         for j in range(M//(numprocs-1)) :
49             b[(k-1)*M//(numprocs-1) + j] = b_part[j]
50 else :
51     comm.Send([b_part, M//(numprocs-1), MPI.DOUBLE],
52               dest=0, tag=0)
```

在第 51—52 行, 所有 `rank >= 1` 的进程都调用 `Send()` 函数, 该函数希望将其 b_{part} 向量的一部分 (`numpy` 数组 `b_part`) 传递给 `rank = 0` 的进程 (由 `dest = 0` 定义), 并开始等待. 等待 `rank = 0` 的进程调用相应的 `Recv()` 函数的时刻. `rank = 0` 的进程不能立即进行, 因为它为产生的 `numpy` 数组 `b` 准备了一个内存位置 (第 44 行), 然后在循环 (第 45 行) 中, 在收到来自相应进程 (由参数 `source = k` 决定) 的消息后, 调用函数 `Recv()`. 请注意, `for` 循环严格固定了消息接收的顺序 (首先来自 `rank = 1` 的进程, 然后来自 `rank = 2` 的进程, 等等).

在收到适当的消息后, 收到的数据将从 `numpy` 数组 `b_temp` 相关的内存区域开始被写入. 请注意, 在这个实现中, `b_temp` 数组扮演的是临时数组的角色. 在用接收到的数据填充后, 这些数据被复制 (第 48—49 行) 到 `numpy` 数组 `b` 的相应部分, 并进行移位 `(k-1)*M//(numprocs-1)`, 其中 `k` 是接收信息的进程的编号, 它决定了相应的移位, 而 `M//(numprocs-1)` 是这个移位的步骤.

在这种情况下, 可以更优化地组织所考虑的方案.

首先, 可以在接收到消息后立即将发送的 `numpy` 数组写进位移的 `numpy` 数组 `b` 的相应部分. 要做到这一点, 第 46—49 行必须被以下命令所取代:

```
comm.Recv([b[(k-1)*M//(numprocs-1):], M//(numprocs-1),
           MPI.DOUBLE], source=k, tag=0, status=None)
```

通过这种实现方式, 我们避免了对时间数组的不必要的操作, 从而减少了程序的运行时间.

其次, 有可能不是按固定的 `k` 值序列 (定义参数 `source = k`) 定义的刚性顺序来接收信息, 而是按信息到达 `rank = 0` 进程的顺序. 我们将在 1.3.10 小节中讨论一个适当的优化.

现在我们认为, 所有的数组部分已经从不同的进程中收集到了 `rank = 0` 的进程, 变成了一个单一的 `numpy` 数组 `b`. 现在我们可以将这个数组保存到文件中或者显示出来.

```
if rank == 0:
    f4 = open('Results.dat', 'w')
    for j in range(M) :
        f4.write(str(b[j])+'\n')
    f4.close()

    print(b)
```

1.3.10　使用 Probe 函数优化信息收集

正如我们在 1.3.9 小节已经提到的, `rank = 0` 的进程以严格的顺序接收消息 (首先来自 `rank = 1` 的进程, 然后来自 `rank = 2` 的进程, 以此类推). 但在实践中, 有可能来自例如一个 rank = 3 的进程的消息首先到达. 在目前的实现中, 进程 rank = 0 将不接收消息, 并等待来自一个 rank = 1 的进程的消息. 这导致了更高的消息传递开销 (消息传递需要更长的时间). 但是可以让信息按照它们到达 rank = 0 的进程的随机顺序被接收.

要做到这一点, source 参数必须用预定义的常数 MPI.ANY_SOURCE 来定义. 那么来自任何 rank 的进程的消息都适合接收 (同样, 如果标签消息标识符不重要, 可以用 MPI.ANY_TAG 预定义常量来定义). 但问题是, 如果我们不知道消息来自哪个 rank 的进程, 那么应该把消息写到 numpy 数组的哪个部分? 这是可以弄清楚的. 需要引入结构体 status, 它是在信息接收结束时填写的, 包含以下信息:

- status.Get_source()——信息发送方的进程号;
- status.Get_tag()——信息标识符.

所以第 43—52 行可以改写成如下:

```
status = MPI.Status()

if rank==0 :
    b = empty(M, dtype=float64)
    for k in range(1, numprocs) :
        comm.Recv([b_part, M//(numprocs-1), MPI.DOUBLE],
                  source=MPI.ANY_SOURCE, tag=0, status=status)
        source = status.Get_source()
        for j in range(M//(numprocs-1)) :
            b[(source-1)*M//(numprocs-1) + j] = b_part[j]
else :
    comm.Send([b_part, M//(numprocs-1), MPI.DOUBLE],
              dest=0, tag = 0)
```

与源代码的不同之处在于: ① 在第一行定义了结构体 status; ② Recv() 的结果是用收到的消息的属性填充结构体 status; ③ 使用 status.Get_source() 命令, 定义了 source 消息的来源; ④ 使用产生的 source 值, 定义了将收到的消息写入 numpy 数组 b 的转变.

现在让我们设定一个目标, 当收到消息时, 立即将收到的 numpy 数组写到 numpy 数组 b 的相应部分, 这样就不会在辅助数组上浪费时间了. 在这种情况下, 有以下问题: 当使用状态结构调用 Recv() 时, 不能立即指定与 status 数组 b 相关的那部分内存, 要在其中写入收到的消息. 这是因为结构体 status 只有在我们得到消息后才会被填充.

这就是 MPI 函数 Probe() 的作用. 让我们先研究一下它的语法.

```
comm.Probe(source, tag, status)
```

这个函数用关于预期消息结构的信息填充 status 对象，这些信息来自有锁的通信器 comm 中具有 source 号码的进程的标签标识符. 该函数没有返回，直到有一个具有匹配标识符和信息发送方进程号的消息可供检索.

注意，这个函数只检测到有消息到达 (并填充 status 结构体)，但并没有实际接收. 如果在调用 Probe() 后，用相同的参数调用 Recv() 函数，将收到与调用 Probe() 时收到的消息相同的消息.

在默认情况下，source=ANY_SOURCE, tag=ANY_TAG, status=None. 也就是说，这些参数在 Python 中是可选的.

有了这个函数，我们可以将第 43—52 行修改如下：

```
43 status = MPI.Status()
44
45 if rank==0 :
46     b = empty(M, dtype=float64)
47     for k in range(1, numprocs) :
48         comm.Probe(source=MPI.ANY_SOURCE, tag=0,status=status)
49         source = status.Get_source()
50         comm.Recv([b[(source-1)*M//(numprocs-1):],
51                   M//(numprocs-1), MPI.DOUBLE],
52                   source=source, tag=0, status=None)
53 else :
54     comm.Send([b_part, M//(numprocs-1), MPI.DOUBLE],
55               dest=0, tag = 0)
```

在第 48 行，rank = 0 的进程使用 Probe() 来确定第一个可以接收的消息的参数，在退出这个函数后我们得到了 status 结构体. 在第 49 行，使用该 status 结构体来确定可以接收该消息的进程号. 在第 51 行，使用这个信息和 Recv() 函数，相应的消息被接收并写入 numpy 数组 b 的必要部分.

由于这个程序实现，我们减少了在一个 rank = 0 的进程上收集部分向量 b 时发送/接收消息的开销. 通常来说，这个程序将比原有的程序实现更快.

然而，通过使用更先进的级联算法，有可能在单个进程上非常显著地提高向量 b 的部分收集率，这与我们在本章中早先讨论的算法类似.

在第一步中将 rank = 1 的进程中的 numpy 数组 b_part 发送给 rank = 0 的进程. 对所有其他进程都执行类似的操作. 因此，在消息交换结束时，每对进程中的一个将拥有一个较大的数组 b 的聚合部分. 就是说两倍于原始数据的大数据将被包含在 rank = 0, 2, 4, 6,$\cdots$ 的进程中. 现在我们可以把这些过程分成两组，不难计算出，应该执行 $s = \log_2(\text{numprocs})$ 次这样的代码. 也就是说，在这种情况下，收集全部数组 b 的时间将与下列因式成正比：

$$\sim \log_2(\text{numprocs}).$$

与之相对的是, 在使用我们的算法的情况下, 收集全部数组的时间代价是:

$$\sim \text{numprocs},$$

很明显, 当在大量的进程上进行计算时, 这种方法能带来巨大的时间节省效益.

该算法可以自行实现, 也可以“不必重新发明轮子”, 使用所谓的进程集体通信函数 Gather(), 该函数内部已实现此算法.

1.3.11 集体通信函数 Gather 和 Scatter

我们先看看函数 Gather() 的语法.

```
comm.Gather([sendbuf, scount, stype],
            [recvbuf, rcount, rtype], root)
```

这个函数从 root 进程的 recvbuf 缓冲区的所有 comm 进程的 sendbuf 数组中收集 scount 类型的元素. 每个进程 (包括 root 进程) 将其 sendbuf 缓冲区的内容 (numpy 数组) 发送给 root 进程. 捕获进程将收到的数据按照进程编号的升序存储在 recvbuf 缓冲区中.

在 root 进程中, 所有参数的值都十分重要, (root 可以改字体) 只有 sendbuf, scount, stype 和 root 的值对其他进程有意义. rcount 参数表示不是从所有进程中总共收到的 stype 项目的数量, 而是从每个进程中收到的.

默认 root = 0. 也就是说, 这个参数在 Python 中是可选的, 假设大多数数据收集是由 rank = 0 的主 (Master) 进程完成的.

这个 MPI 函数是 Scatter() 的逆运算.

```
comm.Scatter([sendbuf, scount, stype],
             [recvbuf, rcount, rtype], root)
```

这个函数将 root 进程的 sendbuf 数组中的 scount 个 stype 元素发送到所有 comm 进程的 recvbuf 数组中, 包括 root 进程本身. 我们可以假设数组 sendbuf 被进程的数量分成相等的部分, 每个部分由 scount 个 stype 元素组成.

在 root 进程中, 所有参数的值都是重要的, 而在其他进程中, 只有参数 recvbuf, rcount, rtype 和 root 的值是重要的.

在默认情况下, root = 0. 也就是说, 在 Python 中, 该参数是可选的, 根据这样的假设, 通常是由 rank = 0 的主进程来执行数据收集.

再次强调, Gather() 函数允许将数组的某些部分收集到一个数组中, 而 Scatter() 函数则允许将一个数组分配给多个部分, 前提是这些部分的大小相同. 然而, 在实践中, 最常见的情况是数组的各个部分的大小不相同, 或者是将一个大数组分解为多个大小不同的部分. 特别地, 在我们所考虑的例子中, 需要从所有 rank >= 1 的进程中收集长度相同的数组 M// (numprocs-1), 而从 rank = 0 的进程中, 形式上需要收集长度为零的数组. 值得提醒的是, 由于 MPI Gather() 函数是一个集体通信函数, 因此它必须在通信器 comm 的所有进程上调用, 包括 rank, 尽管我们不需要其数据. 因此, 形式上我们需要收集不同长度的数据.

在这种情况下, 使用我们所考虑的 MPI 函数的变体, 这些函数允许对任意大小的数组中的部分进行操作. 下面我们只描述这些函数与原始函数之间的主要区别.

```
comm.Gatherv([sendbuf, scount, stype],
             [recvbuf, rcounts, displs, rtype], root)
```

这个函数从 sendbuf 数组中收集各种数量的数据. root 进程的 recvbuf 缓冲区中数据的顺序由 displs 数组决定.

rcounts 是一个整数数组, 包含每个进程发送的项目数量的信息 (索引等于发送进程的 ID, 数组大小等于通信器 comm 中的进程数).

displs 是一个整数数组, 包含相对于 recvbuf 数组开头的偏移量 (索引等于发送进程 ID, 数组大小等于通信器 comm 中的进程数).

图 1.3 说明了 rcounts 和 displs 数组的含义. 该图显示了 4 个由 7、7、6 和 3 个元素组成的数组, 它们被组合成一个有 23 个元素的数组.

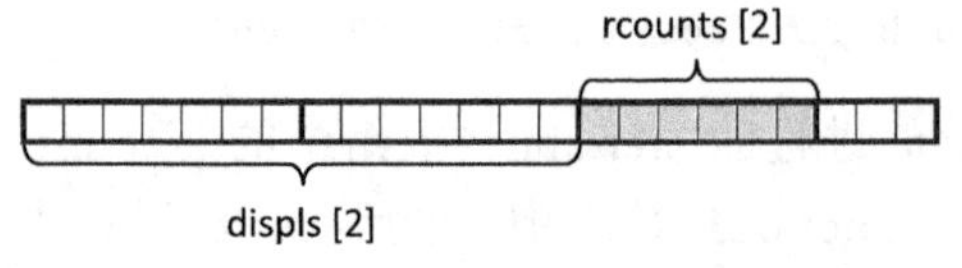

图 1.3 图解 rcounts 和 displs 数组的含义

```
comm.Scatterv([sendbuf, scounts, displs, stype],
              [recvbuf, rcount, rtype], root)
```

该函数从 sendbuf 数组中发送各种数量的数据. 要发送的部分的开头是由 displs 数组定义的.

scounts 是一个整数数组, 包含向每个进程发送的项目数量的信息 (索引等于发送进程的 ID, 数组的大小等于通信器 comm 中的进程数).

displs 是一个整数数组, 包含相对于 sendbuf 数组开头的偏移量 (索引等于发送进程 ID, 数组大小等于通信器 comm 中的进程数).

因此, 为了使用函数 Gatherv() 从所有 rank >= 1 的进程中收集长度为 M//(numprocs-1) 的 numpy 数组 b_part 到 rank = 0 的进程中的一个数组 b 中 (形式上它收集长度为 0 的 numpy 数组 b_part), 我们首先需要准备数组 rcounts 和 displs. 例如, 可以这样做:

```
rcounts = empty(numprocs, dtype=int32)
displs = empty(numprocs, dtype=int32)
rcounts[0] = 0; displs[0] = 0
for k in range(1, numprocs) :
    rcounts[k] = M//(numprocs-1)
    displs[k] = displs[k-1] + rcounts[k-1]
```

然后使用函数 Gatherv():

```
comm.Gatherv([b_part, M//(numprocs-1), MPI.DOUBLE],
             [b, rcounts, displs, MPI.DOUBLE], root=0)
```

我们将在本书中多次使用这些函数.

注意 一开始可能会觉得函数 Gatherv() 和 Scatterv() 的参数 displs 是多余的. 确实, 如果在总数组中, 所有部分是按顺序排列的, 那么为了从包含在不同进程中的部分中收集这个总数组, 或者为了将总数组分配给不同的进程, 只需要知道数组 rcounts(或 scounts), 它定义了每个部分的元素数量. 然而, 到了第 7 章, 当我们深入讨论求解偏导数方程的并行算法时, 将会发现 displs 数组在很多并行算法的高效实现中扮演着至关重要的角色.

1.4 适用于任意数量进程的推广程序

在 1.3 节中, 我们在程序实现中假设矩阵 A 的行数 M 是整数, 可被 (numprocs − 1) 整除. 这个假设严重限制了程序实现的通用性, 但允许我们简化它. 现在让我们考虑一个更普遍的情况, 即这个要求不存在. 在这样做的时候, 如果可能的话, 在可以做的地方优化程序实现.

根据本章学习的材料, 我们可以编写如下程序, 它实现了矩阵与向量的并行乘法 (在这种情况下, 矩阵和向量从文件中读取).

```
1 from mpi4py import MPI
2 from numpy import empty, array, int32, float64, ones, dot
```

```
3
4  comm = MPI.COMM_WORLD
5  numprocs = comm.Get_size()
6  rank = comm.Get_rank()
7
8  if rank == 0 :
9      f1 = open('in.dat', 'r')
10     N = array(int32(f1.readline()))
11     M = array(int32(f1.readline()))
12     f1.close()
13 else :
14     N = array(0, dtype=int32)
15
16 comm.Bcast([N, 1, MPI.INT], root=0)
```

第 1—16 行与之前代码一样: 第 1—2 行导入了我们需要的函数. 在这种情况下, 当向第 1 行输入 MPI 时, 初始化了程序的 MPI 部分.

在代码的第 4—6 行中, 运行此代码的每个 MPI 进程, 可以得知进程总数 numprocs 和它的 rank.

在第 8—12 行中, 进程从 rank = 0 开始, 从 in.dat 文件中读取矩阵 A 的行数 M 和列数 N.

这些数字是以 numpy 数组的形式从文件中读取的, 因为我们正在研究的 MPI 函数仅适用于 numpy 数组.

第 14 行从 rank = 0 开始, 进程为 numpy 数组分配内存空间, 稍后将用值 N 填充该数组.

此外, 第 16 行使用 Bcast() 函数, numpy 数组 N 从 rank = 0 的进程发送到 comm 通信器的所有进程 (也包括发送进程). 因此, 每个进程在 RAM 中都有参数 N 的值.

注意　此程序实现的第一个区别: numpy 数组 M (包含参数 M 的值) 仅存储在 rank = 0 的进程上. 因此, 它不会使用 Bcast() 函数广播到 comm 通信器的所有进程. 现在让我们为 rank = 0 的进程准备辅助数组 rcounts 和 displs. rcounts 数组将包含有关矩阵 A 的行数的信息, 每个进程将负责处理这些信息.

```
17 if rank == 0 :
18     ave, res = divmod(M, numprocs-1)
19     rcounts = empty(numprocs, dtype=int32)
20     displs = empty(numprocs, dtype=int32)
21     rcounts[0] = 0; displs[0] = 0
22     for k in range(1, numprocs) :
23         if k < 1 + res :
24             rcounts[k] = ave + 1
```

```
25            else :
26                rcounts[k] = ave
27            displs[k] = displs[k-1] + rcounts[k-1]
28    else :
29        rcounts = None; displs = None
```

填充这些数组的算法如下:

假设 rank >= 1 的进程直接参与计算, rank = 0 的进程不参与计算. 那么, 它将正式负责处理矩阵 A 的 0 行. 因此, rcounts[0] = 0. 行数均匀分布在其他进程中, 使得行数的最大差异仅达到 1.

例如, 如果 $M = 20$, numprocs = 4, 则

```
rcounts = [0, 7, 7, 6]
displs  = [0, 0, 7, 14]
```

请注意, 我们仅在 rank = 0 的进程上才需要这些数组元素的值. 在其他进程上, 这些值我们并不需要. 但考虑到 rcounts 和 displs 数组将是在所有进程上调用的 Scatter() 和 Gather() MPI 函数的参数, 因此必须正式初始化相应的 Python 对象. 我们在第 29 行执行此操作. 同时, 这种初始化需要最少的计算机资源.

接下来, 我们将为数字 M_part 分配内存空间, 其中将包含运行此程序代码的 MPI 进程的行数的值. 提醒一下, 这个数字形式上必须是一个 numpy 数组.

```
30 M_part = array(0, dtype=int32)
```

再一次, 我们注意到每个 MPI 进程上的 M_part 数组都有自己的值! 回顾我们将在本书中遵循的约定. 如果 M 是矩阵 A 的总行数, 则 M_{part} 仅表示这些行的一小部分, 由对应的 MPI 进程负责.

现在让我们使用 Scatter() 函数用适当的值填充 M_part 数组:

```
31 comm.Scatter([rcounts, 1, MPI.INT],
32              [M_part, 1, MPI.INT], root=0)
```

Scatter() 函数在这里的工作方式如下: 它从 rank = 0 的进程上与 numpy 数组 rcounts 关联的内存区域获取 scount = 1 个元素, 并将它们分发到 comm 通信器的所有进程, 在这些进程上, 此数据被写入与 numpy 数组关联的内存区域 M_part. 由于 rcounts 数组包含有关每个进程将负责处理的矩阵 A 的行数的信息, 因此, 作为 Scatter() 函数的工作的结果, 每个进程将知道其编号 M_{part} 包含在 numpy 数组 M_part. 同时, rank >= 1 的进程将不知道其他进程负责处理多少行. 因为这些信息不会用于后续的计算. 因此, 我们不会采取任何额外措施.

另请注意, 这是在实践中可以使用 Scatter() 函数的少数示例之一, 因为我们可以根据 comm 通信器中的进程数将 rcounts 数组分成相等的部分.

或者, 可以将 Scatter() 函数替换为函数 Scatterv(), 这将给出等效的结果.

```
comm.Scatterv([rcounts , ones(numprocs),array(range(numprocs)),
              MPI.INT], [M_part , 1, MPI.INT], root=0)
```

现在我们修改负责从文件读取矩阵 A 并在通信器 comm 的所有进程上准备其块 A_{part} 的程序代码部分. 是的, 这不是口误. 确实在所有进程上, 尽管只有 rank >= 1 的进程会参与计算. 在 rank = 0 的进程上, 我们也会正式准备一个 numpy 数组 A_part, 它将包含矩阵 A 的一部分, 而这个进程负责处理这部分. 也就是说, 这将是一个由 0 行组成的矩阵部分.

```
33 if rank == 0 :
34     f2 = open('AData.dat', 'r')
35     for k in range(1,numprocs) :
36         A_part = empty((rcounts[k], N), dtype=float64)
37         for j in range(rcounts[k]) :
38             for i in range(N) :
39                 A_part[j,i] = float64(f2.readline())
40         comm.Send([A_part, rcounts[k]*N, MPI.DOUBLE],
41                   dest=k, tag=0)
42     f2.close()
43     A_part = empty((M_part, N), dtype=float64)
44 else :
45     A_part = empty((M_part,N), dtype=float64)
46     comm.Recv([A_part, M_part*N, MPI.DOUBLE],
47               source=0, tag=0, status=None)
```

当前程序实现的差异如下: 首先, 第 36 行为包含 rcounts[k] 行的矩阵准备内存空间. 相同的数字用作 for 循环的限制 (第 37 行). 其次, 在第 40 行, Send() 函数的 count 参数设置为变量值 rcounts[k]*N, 因为发送每个进程的消息现在具有不同的大小. 再次, 增加了第 43 行, 这行的意思是在 rank = 0 的进程上正式定义 numpy 数组 A_part, 即使这个数组由零行组成. 最后, 在第 45 行和第 46 行, 在适当的地方使用了值 M_part. 从文件中读取由 rank = 0 的进程存储的向量 x, 并将其无修改地发送到通信器 comm 的所有进程.

```
48 x = empty(N, dtype=float64)
49 if rank == 0 :
50     f3 = open('xData.dat', 'r')
51     for i in range(N) :
52         x[i] = float64(f3.readline())
53     f3.close()
54 
55 comm.Bcast([x, N, MPI.DOUBLE], root=0)
```

现在是程序的主要部分——b_part 的并行计算:

```
56 b_part = dot(A_part,x)
```

当前编程实现的主要区别在于不再使用 if 语句. 所有进程都会计算它们的 b_{part} 值, 该值存储在 b_part numpy 数组中. 包括正式的"计算"也是由 rank = 0 的进程进行的, "计算"的结果是一个 numpy 数组 b_part, 由零个元素组成.

每个进程计算出它的 b_part 后, 所有这些数组都可以在 rank = 0 的进程上使用 Gatherv() 函数收集:

```
57 if rank == 0 :
58     b = empty(M, dtype=float64)
59 else:
60     b = None
61
62 comm.Gatherv([b_part, M_part, MPI.DOUBLE],
63              [b, rcounts, displs, MPI.DOUBLE], root=0)
```

在这里, 从第 58 行, rank = 0 的进程为 numpy 数组 b 分配内存空间. 在其他进程 (第 60 行) 上, 这个 Python 对象被正式初始化为 None. 这是因为 Python 对象 b 将成为 Gatherv() MPI 函数的参数, 该函数在所有进程上调用. 最后, 在第 62—63 行, 使用 Gatherv() 函数, 将来自通信器 comm 的所有进程的 numpy 数组 b_part 收集到 rank = 0 的进程上的 numpy 数组 b 中 (由 root 参数的值确定). 在每个进程与 numpy 数组 b_part 相关联的内存区域中, 从该内存段开始, 取出 M_part 元素 (注意, 每个进程的这个值都是不同的, 并且与 rcounts [rank] 的值相匹配), 并将这些元素通过消息传递给 rank = 0 的进程. 接收的元素将被写入到 numpy 数组 b 的特定内存区域中, 该区域由数组 rcounts 和 displs 确定. 最后, 将数组 b 保存到文件中, 或将其显示在屏幕上:

```
64 if rank == 0:
65     f4 = open('Results.dat', 'w')
66     for j in range(M) :
67         f4.write(str(b[j])+'\n')
68     f4.close()
69
70     print(b)
```

1.5 优化程序实现的可能方法

1.5.1 一个优化程序的例子

优化程序实现的可能方法很大程度上取决于计算中使用的数据量. 我们考虑一下在本章前面分析的程序代码部分, 它负责在每个 MPI 进程上准备 numpy 数组 A_part:

```
if rank == 0 :
    f2 = open('AData.dat', 'r')
    for k in range(1, numprocs) :
        A_part = empty((rcounts[k], N), dtype=float64)
        for j in range(rcounts[k]) :
            for i in range(N) :
                A_part[j,i] = float64(f2.readline())
        comm.Send([A_part, rcounts[k]*N, MPI.DOUBLE],
                  dest=k, tag=0)
    f2.close()
    A_part = empty((M_part, N), dtype=float64)
else :
    A_part = empty((M_part,N), dtype=float64)
    comm.Recv([A_part, M_part*N, MPI.DOUBLE],
              source=0, tag=0, status=None)
```

让我们将此程序代码替换为以下程序实现:

```
A_part = empty((M_part, N), dtype=float64)
if rank == 0 :
    f2 = open('AData.dat', 'r')
    A = empty((M, N), dtype=float64)
    for j in range(M) :
        for i in range(N) :
            A[j,i] = float64(f2.readline())
    f2.close()
    comm.Scatterv([A, rcounts*N, displs*N, MPI.DOUBLE],
                  [A_part, M_part*N, MPI.DOUBLE], root=0)
else :
    comm.Scatterv([None, None, None, None],
                  [A_part, M_part*N, MPI.DOUBLE], root=0)
```

在简单的测试示例上, 修改后的程序代码的结果将是相同的. 但是有两个重要的细微差别. 一方面, 这部分程序代码的运行时间会大大减少. 这是因为矩阵 A 现在被完整读取 (而不是部分) 并写入 numpy 数组 A, 然后使用 Scatterv() MPI 函数将该数组分布在 comm 通信器的所有进程中. 另一方面, 提醒一下, Scatterv()

函数的运行时间与 $\log_2$(numprocs) 成正比, 而不是原始实现中的 numprocs. 这是一个很大的优势吗? 答案是肯定的, 但前提是它可以被实现. 这是第二个特点. 只有当 `numpy` 数组 `A` 的大小足以完全适合 `rank = 0` 进程的内存时, 才能做到这一点. 如果数组 `A` 太大, 那么我们就别无他法了, 只能使用原始的 `numpy` 准备方法——使用所有进程上的 `A_part` 数组, 尽管这种方法会导致更多的运行时间程序. 注意参数 `None` 的值. 我们这样做是出于方法论的目的, 注意在 `rank >= 1` 的过程中, 相应参数的值并不重要.

1.5.2 消息传递函数: Bsend 和 Rsend

让我们再简短说明一下 `Send()` 和 `Recv()` 函数的特性. `Recv()` 函数块捆绑进程, 直到收到相应的消息. `Send()` 函数实现得更加巧妙. 如果内部 MPI 缓冲区足以发送消息, 则将消息复制到此缓冲区中, 然后进程继续, 退出 `Send()` 函数. 消息的实际发送是在流程进一步工作的背景下发生的. 这可以显著加快程序的速度. 如果内部 MPI 缓冲区不够用, 则进程等待, 直到在另一个进程上调用相应的 `Recv()` 函数. 也就是说, `Send()` 函数的进程退出时间很大程度上取决于程序处理的数据量. `Send()` 函数有几种变体, 特别是 `Bsend()` 和 `Rsend()`.

`Bsend()` 发送带有缓冲的消息, 即预先分配内存中的一个位置 (不是 MPI 缓冲区), 传输的数组将被立即复制到该位置. 然后该进程将立即退出此函数并继续, 而无须等待另一个进程调用 `Recv()`. 消息的实际发送是在流程进一步工作的背景下发生的. 这可以显著加快程序的速度. 缺点: 有必要额外分配内存, 即内存可能不够; 此外, `Recv()` 可能已经被调用, 但消息仍会被复制到辅助缓冲区, 这会增加程序的运行时间.

`Rsend()` 是准备好后发送消息, 消息会立即发送到相应的进程, 无论是否已经调用了 `Recv()` 函数. 如果尚未调用 `Recv()` 函数, 这将导致错误. 例如, 我们在每个 MPI 进程上准备 `numpy` 数组 `A_part` 的实现中, 如果正在处理大量数据, 则可以将 `Send()` 函数替换为 `Bsend()`. 这保证了在调用 `Rsend()` 函数时, 相应的 `Recv()` 函数已经被另一个进程调用. 考虑到时间会花费到发送消息 (进程之间的交互) 的准备工作中, 上述实现方式比使用 `Send()` 要快.

第 2 章 MPI 简介 II

在本章中, 我们将详细讲解向量的标量积以及转置矩阵乘以向量的基本并行算法及其程序实现.

2.1 计算向量标量积的顺序程序

为简单起见, 考虑向量与其自身的标量积的运算. 在这种情况下, 顺序程序可以写得非常紧凑.

```
1  from numpy import arange
2
3  M = 20
4  a = arange(1, M+1)
5
6  ScalP = 0.
7  for  j in range(M) :
8      ScalP = ScalP + a[j]*a[j]
9
10 print('ScalP = ', ScalP)
```

在这里, 在第 3—4 行中, 数组由 20 个元素组成, 这些元素形成从 1 到 20 的自然数序列. 这种向量与自身的标量积 (`ScalP` ≡ `''scalar product''`) 在第 6—8 行中实现, 其结果为 2870.

在讨论并行算法之前, 出于方法论的目的, 为了巩固第 1 章的知识, 让我们做以下步骤. 将此脚本 (程序) 另存为 `script.py`, 并在终端中使用以下命令运行程序.

```
> mpiexec -n 4 python script.py
```

如此处所示, 在 4 个 MPI 进程上运行同一个程序, 我们将得到以下输出:

```
ScalP = 2870.0
ScalP = 2870.0
ScalP = 2870.0
ScalP = 2870.0
```

我们为什么这样做? 提醒一下, 当一个程序运行在一定数量的 MPI 进程上时, 相应的程序 (脚本) 会运行在每个严格执行相应程序代码的 MPI 进程上. 我们所做的意味着在 4 个执行相同操作的 MPI 进程上运行了一个顺序程序. 结果, 我们得到了 4 个相同的结果. 一方面, 所有 MPI 进程并行工作; 另一方面, 这里没有并行计算, 因为每个进程都花费时间解决与其余进程相同的任务. 因此, 本书的目标之一是介绍 MPI 函数的使用, 这些函数允许正在运行的 MPI 进程之间进行交互, 以便一起解决相同的任务, 每个 MPI 进程的处理恰好是一个大型任务的一部分.

请注意, Python 允许使用 dot 函数实现向量的点积 (标量积), 在第 6—8 行中实现 (不过在使用此函数时, 请务必在第 1 行中导入它):

```
ScalP = dot(a,a)
```

那么问题来了: 为什么在这个例子中我们以更复杂的方式实现点积呢? 这里的答案与第 1 章类似问题的答案相同: 这个向量点积的程序实现可以让你明确地看到哪些行为可以相互独立地执行. 对于每个索引 j, 当 $k \neq j$ 时, 乘积 a[j]*a[j] 的计算可以独立于类似加数的计算进行计算. 也就是说, 这些加数的计算可以并行执行.

这样一来, 我们得出以下用于计算向量标量积的并行算法.

2.2 计算向量标量积的并行算法

我们将向量 a 和 b 的所有坐标 (每个都包含 M 个坐标) 在参与计算的进程之间分配 (图 2.1), 将会用 $a_{\text{part}(k)}$ 和 $b_{\text{part}(k)}$ 来表示向量的这些部分. 这里的 k 是参与计算的进程的索引. 每个这样的部分都会有 $M_{\text{part}\,(k)}$ 个元素. 也就是说, 我们将立即假设块的大小不匹配. 但是当

$$\sum_{\{k\}} M_{\text{part}\,(k)} = M$$

计算向量的标量积时出现的加数可以分解如下 (我们给出一个对应于图 2.1的示例, 当计算中只涉及 4 个 MPI 进程时):

$$(a,b) = \sum_{j=1}^{M} a_j \cdot b_j = \sum_{j=1}^{M_{\text{part}\,(1)}} \left(a_{\text{part}\,(1)}\right)_j \cdot \left(b_{\text{part}\,(1)}\right)_j + \cdots + \sum_{j=1}^{M_{\text{part}\,(4)}} \left(a_{\text{part}\,(4)}\right)_j \cdot \left(b_{\text{part}\,(4)}\right)_j.$$

每个参与计算的进程都将对 $(a_{\text{part}\,(k)}, b_{\text{part}\,(k)})$ 做运算. 运算的结果将作为构成最终标量积的一个加数 (图 2.1), 参与计算的每个进程都可以独立于其他进程进行运

算, 同时仅使用位于该进程内存中的数据进行运算, 并行完成这些操作. 然后, 必须在至少一个进程上收集相应的加数 (依靠进程之间的信息交换) 并求和.

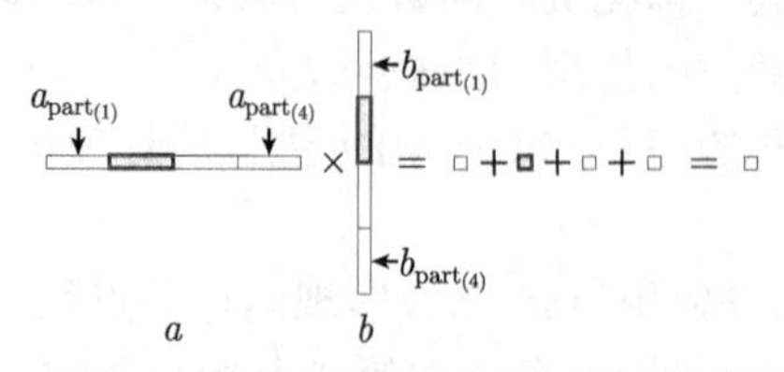

图 2.1 向量标量积乘法的并行算法

2.3 向量标量积并行算法的编程实现

2.3.1 基本代码的实现

我们以与第 1 章相同的方式启动程序.

```
1  from mpi4py import MPI
2  from numpy import arange, empty, array, int32, float64, dot
3
4  comm = MPI.COMM_WORLD
5  numprocs = comm.Get_size()
6  rank = comm.Get_rank()
```

提醒一下, 第 1—2 行导入了我们需要的函数. 在这种情况下, 当导入 MPI (第 1 行) 时, 程序的 MPI 部分被初始化. 由第 4—6 行的工作, 运行此程序代码的每个 MPI 进程都知道: ①计算中涉及的 `numprocs` 进程的总数; ②其标识符 (编号) `rank`.

现在, 在 `rank = 0` 的进程中, 我们准备一个数组 `a`, 其中包含向量 a 的元素:

```
7  if rank == 0 :
8      M = 20
9      a = arange(1, M+1, dtype=float64)
10 else:
11     a = None
```

注意, 我们只需要在 `rank = 0` 的进程上才需要数组 `a` 的元素的值. 在其他进程上, 这些值将是无关紧要的. 但考虑到数组 `a` 将是在所有进程上调用的 `Scatterv()` MPI 函数的参数, 相应的 Python 对象必须在所有进程上正式初始化. 我们在第 11 行对 `rank >= 1` 的进程执行正式初始化.

当前在 `rank = 0` 的进程中准备辅助数组 `rcounts` 和 `displs` (使用与第 1 章中相同的算法填充这两个数组).

```
12 if rank == 0 :
13     ave, res = divmod(M, numprocs-1)
14     rcounts = empty(numprocs, dtype=int32)
15     displs = empty(numprocs, dtype=int32)
16     rcounts[0] = 0; displs[0] = 0
17     for k in range(1, numprocs) :
18         if k < 1 + res :
19             rcounts[k] = ave + 1
20         else :
21             rcounts[k] = ave
22         displs[k] = displs[k-1] + rcounts[k-1]
23 else :
24     rcounts = None; displs = None
```

提醒一下, rcounts 数组包含有关每个进程将处理初始数组 a 元素数量的信息 (即 rcounts[k] 数组的元素是值 $M_{\text{part}_{(k)}}$), 而 displs 数组存储数组的一部分相对于初始位置的偏移量 (通过查看图 1.3, 可以回忆起这里的意思). 特别是考虑到第 1 章—第 3 章使用 Master-Worker 程序组织模型, rank = 0 的进程将不参与计算. 因此, 它将正式负责处理 0 个元素. 因此, rcounts[0] = 0. 对于其他进程, 元素数量是均匀分布的, 使得元素数量的最大差异不超过 1.

为了巩固先前的内容, 将只需要在 rank = 0 的进程运用这些数组元素的值. 对于其他进程, 这些值将是不重要的. 但考虑到 rcounts 和 displs 数组将是在所有进程上调用的 Scatter() 和 Gather() MPI 函数的参数, 我们必须正式初始化相应的 Python 对象. 我们在第 24 行对 rank>=1 的进程进行此操作.

接下来, 我们将为数字 M_part 分配内存空间, 其中将包含运行此程序代码的 MPI 进程处理的元素数量的值. 注意, 这个数字形式上必须是一个 numpy 数组, 因为我们用 Scatter() MPI 函数填充这个数组.

```
25 M_part = array(0, dtype=int32)
26 comm.Scatter([rcounts, 1, MPI.INT],
27              [M_part, 1, MPI.INT], root=0)
```

在这种情况下 (第 25 行), Python 创建了一个维度为 0 的数组, 它被视为一个数字. 我们这样做是因为 Python 中的常规数值类型是不可变对象, 因此只有 numpy.ndarray 数组可以作为参数传递给 MPI 函数. 例如, 在 C 语言中, 可以直接将指针传递给 int 类型.

再一次, 我们注意到每个 MPI 进程上的 M_part 数组都有自己的值, 等于 $M_{\text{part}_{(k)}}$. 让我们也回顾一下我们在本课程中遵循的约定. 如果 M 是向量 a 的元素总数, 那么 $M_{\text{part}_{(k)}}$ 是指相应的 MPI 进程负责处理的元素的数量.

同时再次提醒, M_part ≡ rcounts[rank].

现在将在内存中为数组 a 的一部分准备一个位置, 然后使用 Scatterv() 函数将数组 a 部分发送到不同的进程:

```
28 a_part = empty(M_part, dtype=float64)
29 comm.Scatterv([a, rcounts, displs, MPI.DOUBLE],
30               [a_part, M_part, MPI.DOUBLE], root=0)
```

最后每个进程都将包含数组 a_part, 它是数组 a 的一部分.

提醒一下, 我们使用 Scatterv() 函数 (而不是 Scatter()), 因为数组 a 分布在大小不相等的所有进程中 (特别是 rcounts[0] = 0).

现在给出临时变量 ScalP_temp 用于存储中间计算结果, 它是计算向量一部分与该部分自身的标量积的结果.

```
31 ScalP_temp = empty(1, dtype=float64)
32 ScalP_temp[0] = dot(a_part, a_part)
```

注意 恰好第 32 行包含不同进程上并行的计算. 也就是说, 实际上, 程序中直接负责并行计算的部分正好只有一行! 该程序的其余部分并无并行操作.

因此, 每个进程都完成了各自的并行计算, 现在加数由不同进程获得并存储在这些不同进程上, 所有加数必须至少集中在一个进程上并求和. 首先设定一个目标, 即在 rank = 0 的过程中获得点积的结果.

为此, 我们使用发送/接收消息的函数 Send()/Recv() 实现来自不同进程的 ScalP_temp 的收集.

```
33 ScalP = 0.
34 if rank == 0 :
35     for k in range(1, numprocs) :
36         comm.Recv([ScalP_temp, 1, MPI.DOUBLE],
37                   source=MPI.ANY_SOURCE, tag=0, status=None)
38         ScalP = ScalP + ScalP_temp[0]
39 else :
40     comm.Send([ScalP_temp, 1, MPI.DOUBLE], dest=0, tag = 0)
```

注意 在该程序实现中, rank = 0 的进程以任意顺序接收来自其他进程的 ScalP_temp 值, 随着它们的实际到达顺序依次接收 (由参数 source=MPI.ANY_SOURCE 的值决定). 但是由于加数的相加顺序对我们来说并不重要, 可以不使用 status 结构跟踪消息的来源. 但是, 随着程序的反复重启, 从不同进程接收消息的顺序可能会发生变化, 由于考虑机器舍入误差的不同, 这将导致运行之间的细微差异.

最后, 显示计算结果.

```
41 print(f'ScalP = {ScalP:6.1f} on process {rank}')
```

如果将此脚本 (程序) 保存为 script.py, 并用以下命令在终端中运行它:

```
> mpiexec -n 4 python script.py
```

例如, 如此处所述, 在 4 个 MPI 进程上, 我们将获得以下输出:

```
ScalP =    0.0 on process 2
ScalP =    0.0 on process 1
ScalP =    0.0 on process 3
ScalP = 2870.0 on process 0
```

标量积的计算结果仅保存在 rank = 0 的进程中. 其他进程通过 ScalP 变量输出自己的值, 其中不包含正确的值. 如果我们想将点积的正确值传递给 comm 通信器的所有进程, 那么在第 41 行之前需要使用, 例如 Bcast() 函数:

```
comm.Bcast([ScalP, 1, MPI.DOUBLE], root=0)
```

但在这种情况下, 将第 33 行替换为

```
ScalP = array(0, dtype=float64)
```

由于现在 ScalP 变量将用作 MPI 函数的参数, 这意味着它必须是一个 numpy 数组.

应该注意的是, 用于将中间计算结果发送到 rank = 0 的进程的实现算法有一个明显的缺点：每对进程之间发送/接收消息的所有操作都是按时间顺序进行的. 如果对 Recv() 函数的一次调用需要时间 t, 那么为了收集并汇总所有 rank >= 1 的进程的所有加数, 需要花费时间 $t \cdot (\text{numprocs} - 1)$. 也就是说, 从计算中涉及的所有过程中完全传输数据的时间将与

$$\sim \text{numprocs}$$

成比例. 这意味着, 线性依赖于计算中涉及的进程数量.

但是, 使用更高级的级联算法可以显著提高在单个进程上收集中间结果的速度, 这与我们在第 1 章中所看到的类似.

若第一步中 rank = 1 的进程将其 numpy 数组 ScalP_temp 发送给 rank = 0 的进程. rank = 0 的进程收到此数组后, 将其与自己的 ScalP_temp 数组相加, 从而覆盖包含在 rank = 0 的进程的数组 ScalP_temp 的值. 同时, 所有其他进程执行与这对进程类似的操作. 因此, rank = 0, 2, 4, 6,$\cdots$ 的进程的消息交换结果将包含中间值 ScalP_temp, 其总和仍将给出标量积 ScalP. 但现在这样的加数将减少一半. 现在可以将这些进程分成对并执行相同的操作. 很容易计算出这样的步骤需要做 $s = \log_2(\text{numprocs})$ 次, 这意味着必须花费时间 $t \cdot \log_2(\text{numprocs})$. 也就是说, 在这种情况下, 一个进程中收集中间结果的时间大约与

$$\sim \log_2(\text{numprocs})$$

成比例.

很明显, 当计算大量进程时, 这种方法给运行时间方面带来了巨大的收益.

该算法可以自行实现, 也可以“不必重复造轮子”, 使用进程集体通信函数 Reduce(), 该函数内部已实现较之更完善的算法.

2.3.2 集体通信函数: Reduce 和 Allreduce

那么, 让我们看看函数 Reduce() 的语句.

```
comm.Reduce([sendbuf, count, stype],
            [recvbuf, count, rtype], op, root)
```

此函数对保存在 comm 通信器进程上的 sendbuf 数组的相应元素执行 count 次相互无关的全局运算 op. 对 comm 通信器的所有进程的 sendbuf 数组的第 i 个元素执行 op 操作的结果写入 root 进程的 recvbuf 数组的第 i 个元素.

MPI 提供了一组预定义的全局操作, 它们由以下常量指定:

- MPI.SUM ——元素求和;
- MPI.MAX (MPI.MIN) ——最大 (最小) 元素的计算;
- MPI.PROD ——计算元素乘积;
- MPI.LAND (MPI.LOR)——逻辑 “与” (“或”);
- MPI.MAXLOC (MPI.MINLOC) ——计算最大 (最小) 值和包含该值的进程的标识符 (编号);
- MPI.BAND, MPI.BOR——按位逻辑 “与” 和 “或”.

在默认情况下 root=0, op=MPI.SUM. 也就是说, 在 Python 中, 基于最常用的数据收集是由 rank = 0 的 Master 进程执行 (最常见的运算是求和) 的假设, 这些参数是可选的.

因此, 第 33—40 行可以替换为更高效的程序实现 (同时更紧凑!)

```
ScalP = array(0, dtype=float64)
comm.Reduce([ScalP_temp, 1, MPI.DOUBLE],
            [ScalP, 1, MPI.DOUBLE], op=MPI.SUM, root=0)
```

提醒一下, 由于这个函数是指进程集体通信的函数, 所以它必须在通信器 comm 的所有进程上调用. 这与 ScalP 数组在 rank = 0 的进程中被正式填充为零的事实有关, 尽管该进程不参与计算.

提醒一下, 如果在 rank = 0 的进程上使用 Reduce() 函数计算标量积后, 我们想将该值传递给通信器 comm 的所有进程, 那么可以使用 Bcast() 函数来实现这一点. 但是, 如果我们使用 Allreduce() 函数, 也会得到类似的结果. 让我们学习一下它的语法.

```
comm.Allreduce([sendbuf, count, stype],
               [recvbuf, count, rtype], op)
```

与 Reduce 函数不同, 此函数将每个通信器进程 `comm` 写入数组 `recvbuf` 中.

在默认情况下 `op = MPI.SUM`. 也就是说, 在 Python 中, 这个参数是可选的, 默认最常用的运算为求和.

注意 在功能上, 这个函数的结果等价于 `Reduce()` + `Bcast()` 函数组合的结果. 但是 `Reduce_scatter()` 函数的运行时间要少得多.

因此, 如果我们将第 33—40 行替换为

```
ScalP = array(0, dtype=float64)
comm.Allreduce([ScalP_temp, 1, MPI.DOUBLE],
               [ScalP, 1, MPI.DOUBLE], op=MPI.SUM)
```

那么作为这个函数的结果, 标量积的正确值将出现在通信器 `comm` 的所有进程上.

注意 作为工作的结果, `Reduce()+Bcast()` 函数的组合等效于 `Allreduce()` 函数. 在运行时间方面, `Allreduce()` 函数更快.

2.4 转置矩阵与向量相乘的并行算法

首先需要注意的是, 从数学的角度来看, 矩阵乘以向量和转置矩阵乘以向量是同一个运算. 因此, 首先想到的是转置矩阵, 然后使用第 1 章中讨论的矩阵与向量乘法的并行算法的程序实现. 但是这种方法不合适, 因为当前在共轭梯度法的背景下我们对将转置矩阵乘以向量的操作感兴趣, 并希望作为第 1 章—第 3 章的结果来实现. 由于假设矩阵 A 已经以某种方式存储在内存中 (图 1.1), 我们希望调整 A^{T} 乘以向量的运算, 以避免在内存中为转置矩阵创建额外的数组. 毕竟, 在解决实际应用问题时, 所有进程的可用总内存可能还不够. 因为我们应该解决非常大的问题! 而这些任务, 除了需要大量的计算资源外, 往往还需要大容量的 RAM. 解决方案中线性代数方程组出现一个稠密矩阵的问题尤其如此.

因此, 我们将 $M \times N$ 维的矩阵 A 分为 $A_{\mathrm{part}(k)}$ 个 $M_{\mathrm{part}(k)} \times N$ 维的矩阵 (k 是参与计算的进程的编号), 则根据进程的矩阵 A^{T} 的结构具有图 2.2 中的形式. 以防万一, 我们记

$$\sum_{\{k\}} M_{\mathrm{part}(k)} = M.$$

在计算转置矩阵与向量的乘积时出现的加数可以分为如下几组 (我们给出一个对

应于图 2.2 的计算中只涉及 4 个 MPI 进程时的示例):

$$
\begin{aligned}
A^{\mathrm{T}}x &= \begin{bmatrix} A^{\mathrm{T}}_{\mathrm{part}\,(1)} & A^{\mathrm{T}}_{\mathrm{part}\,(2)} & A^{\mathrm{T}}_{\mathrm{part}\,(3)} & A^{\mathrm{T}}_{\mathrm{part}\,(4)} \end{bmatrix} \begin{bmatrix} x_{\mathrm{part}\,(1)} \\ x_{\mathrm{part}\,(2)} \\ x_{\mathrm{part}\,(3)} \\ x_{\mathrm{part}\,(4)} \end{bmatrix} \\
&= A^{\mathrm{T}}_{\mathrm{part}\,(1)} x_{\mathrm{part}\,(1)} + A^{\mathrm{T}}_{\mathrm{part}\,(2)} x_{\mathrm{part}\,(2)} + A^{\mathrm{T}}_{\mathrm{part}\,(3)} x_{\mathrm{part}\,(3)} + A^{\mathrm{T}}_{\mathrm{part}\,(4)} x_{\mathrm{part}\,(4)} \\
&= b_{\mathrm{temp}\,(1)} + b_{\mathrm{temp}\,(2)} + b_{\mathrm{temp}\,(3)} + b_{\mathrm{temp}\,(4)} = b.
\end{aligned}
$$

从所展示的方案中可以看出, 还需要将向量 x (这里假设它由 M 个元素组成) 拆分为每个都具有 $M_{\mathrm{part}\,(k)}$ 个元素的部分 $x_{\mathrm{part}\,(k)}$. 也就是说, 每个进程必须存储它自己的向量 x 部分 (提醒一下, 在将矩阵乘以向量的并行算法中, 向量 x 必须完整地存储在每个进程上).

这时参与计算的进程将进行矩阵 $A_{\mathrm{part}\,(k)}$ 的转置乘以其向量 $x_{\mathrm{part}\,(k)}$ 的运算. 作为这个运算的结果, 向量 $b_{\mathrm{temp}\,(k)}$ 将被计算出来, 这将是最终加数向量的一项 (图 2.2). 参与计算的每个进程都可以独立于其他进程执行此运算, 同时仅使用位于该进程内存中的数据进行运算. 我们并行地完成这些运算. 然后, 对应的加数应该至少在这一进程中收集起来 (依靠进程之间的消息交换) 并进行求和.

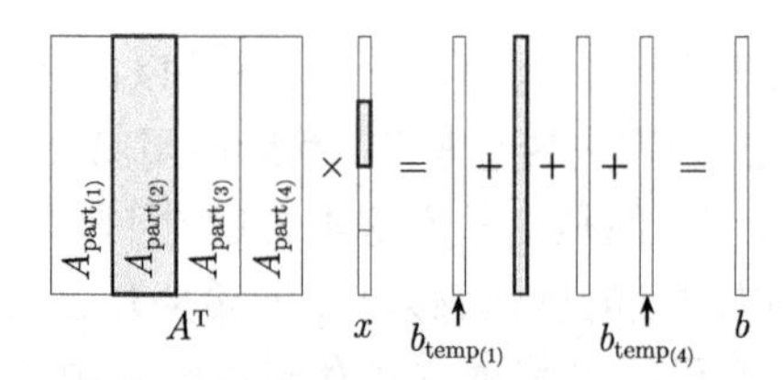

图 2.2 转置矩阵与向量相乘的并行算法

2.5 转置矩阵与向量相乘的并行算法的程序实现

假设使用了第 1 章的结果编写的程序的一部分, 也就是说, 假设我们使用了从文件中读取矩阵 A 的行数和列数 (M 和 N) 以及矩阵本身的程序代码部分. 我们列出因这部分代码运行而包含在各种进程的内存中的数据. 注意, 我们在此不重复相应的程序代码, 不仅是为了避免文本不必要的重复, 而且是为了一个重要的方法学目的. 这样的数据列表有时在编写并行程序的进程中是有用的, 因为在并行编程中, 记住在哪个进程上定义了哪个变量以及它在不同进程上是相同还是不同是非常重要的.

因此, 在进程的内存中, 我们已经有了以下数据:

• comm 对象——MPI (信息传递接口) 进程交互的通信器 (包含在所有进程上并且是相同的);

• 数值 numprocs——comm 通信器中的进程数 (包含在所有进程上并且数值相同);

• 数值 rank——进程 ID(包含在所有进程上, 但取不同的值);

• numpy 数组 N 包含矩阵 A 的列数 (包含在所有的进程上并取相同的值);

• numpy 数组 M 包含矩阵 A 的行数 (仅包含在 rank = 0 的进程上);

• 辅助 numpy 数组 rcounts 和 displs, 如果数据部分不相等, 则它们是数据分发/收集所必需的 (在 rank = 0 的进程上定义, 在其他进程上, 相应 Python 对象的名称仅初始化, 不取任何特定值);

• numpy 数组 M_part 为分配给进程处理的原始矩阵的行数（它在所有进程中均存在, 但大小和数值不同; 此时 M_part ≡ rcounts[rank]);

• numpy 数组 A_part 是原始矩阵的一部分 (该矩阵包含在所有进程上, 但尺寸大小和值不同).

现在让我们继续算法的程序实现. 这里假设第 1—47 行是从第 1 章的最后一个研究过的程序中复制的. 因此, 程序代码行的编号将从第 48 行开始.

正如我们前面讨论的, 没有必要将向量 x 完全保留在所有进程的内存中. 在第 k 个过程的存储中, 有必要仅具有矢量 $x_{\text{part}(k)}$ 的一部分. 每个进程上对应的 numpy 数组 x_part 的准备如下进行.

```
48 if rank == 0 :
49     x = empty(M, dtype=float64)
50     f3 = open('xData.dat', 'r')
51     for j in range(M) :
52         x[j] = float64(f3.readline())
53     f3.close()
54 else :
55     x = None
56
57 x_part = empty(M_part, dtype=float64)
58 comm.Scatterv([x, rcounts, displs, MPI.DOUBLE],
59               [x_part, M_part, MPI.DOUBLE], root=0)
```

在这里, 我们仅在 rank = 0 的进程上为 numpy 数组 x 分配空间 (第 49 行). 但是考虑到数组 x 将是 MPI 函数 Scatterv() 的参数, 它被所有进程调用, 那么相应的 Python 对象应该在通信器的所有进程上正式初始化. rank >= 1 的进程在第 55 行中完成.

在第 50—52 行中, rank = 0 的进程读取向量 x 的元素.

之后, 为包含 M_{part} 元素的 numpy 数组 x_part 分配所有进程 (第 57 行) 的内存空间. 与此同时, 我们再次提醒, M_part $\equiv$ rcounts[rank]. 使用 Scatterv() 函数将 rank = 0 的进程上的 numpy 数组 x 的内容分发到 comm communicator 的所有进程中. 在这种情况下, 每个进程上的分布式数据都写入与 numpy 数组 x_part 相关联的内存区域.

现在每个进程都可以计算自己的向量 $b_{\text{temp}(k)} = A^{\text{T}}_{\text{part}(k)} x_{\text{part}\,(k)}$ (图 2.2).

```
60 b_temp = dot(A_part.T, x_part)
```

正是这行程序代码负责并行计算. 也就是说, 它是并行计算再次包含在代码中的很小的一部分! 程序代码的其余部分是辅助的.

注意　形式上, rank = 0 的进程也进行 "计算". 它将一个维度为 $N \times 0$ 的矩阵 (形式上, 它包含在 numpy 数组 A_part.T 中) 与由零元素组成的向量 (形式上它包含在 numpy 数组 x_part 中) 相乘. dot 函数的工作特点是, 这种 "计算" 的结果是一个由 N 个零组成的一维 numpy 数组. 这个非常重要的特性进一步允许这个数组在使用 Reduce() 函数及其变体时, 与相同维度的其他数组一起进行加法运算.

现在我们可以使用 Reduce() 函数将所有进程的所有加项 $b_{\text{temp}\,(k)}$ 相加, 并在 rank = 0 的进程上的 numpy 数组中获取结果 (向量 b).

```
61 if rank == 0 :
62     b = empty(N, dtype=float64)
63 else:
64     b = None
65
66 comm.Reduce([b_temp, N, MPI.DOUBLE],
67             [b, N, MPI.DOUBLE], op=MPI.SUM, root=0)
```

这里 Reduce() 函数实现加法 (由 op 参数定义) 依靠所有进程的所有 numpy 数组 b_temp (包括形式地来自 rank = 0 的进程), 并将结果 (向量 b) 存储在 rank = 0 (由 root 参数定义) 的进程的 numpy 数组 b 中.

注意　如果希望向量 b 作为程序的结果存储在所有进程的 numpy 数组 b 中, 我们需要将第 61—67 行替换为

```
b = empty(N, dtype=float64)
comm.Allreduce([b_temp, N, MPI.DOUBLE],
               [b, N, MPI.DOUBLE], op=MPI.SUM)
```

注意　有相当常见的情况, 在执行Reduce()操作后, 可能需要使用Scatterv() 函数将相应的数组部分发送给所有进程. 也就是说, 执行 Reduce() + Scatterv() 函数的组合. 但是这种结果意义上的组合相当于函数 Reduce_scatter(), 它工作

得更快. 我们接下来来学习这个函数的语法以及在本章中经常使用的另一个有用函数.

2.5.1 其他集体通信函数

在本章的最后, 我们还将了解两个有用的 MPI 进程集体通信函数, 它们将在后面的内容多次使用.

2.5.1.1 集体通信函数 Reduce_Scatter

我们来熟悉一下函数 Reduce_Scatter( ) 的语法.

```
comm.Reduce_scatter([sendbuf, scount, stype],
                    [recvbuf, rcount, rtype], recvcounts, op)
```

此函数对每个 comm 通信器的进程中包含的 sendbuf 数组的相应元素执行 scount 个独立的全局运算 op. 然后, sendbuf 数组上的 op 运算的结果的各个部分被分别发送到 comm 通信器的所有进程. 每个进程接收的数组部分由写入每个 comm 通信器的进程的 recvbuf 缓冲区的 rcount 个元素组成. recvcounts 数组是一个整数数组, 定义传递给每个进程的元素数 (索引等于接收进程的标识符, 数组的大小等于通信器中的进程数). 因此, 在每个进程上 rcount 应该等于 recvcounts[rank].

在默认情况下, recvcounts=None, op=MPI.SUM.

注意 在功能上, 该函数的结果相当于 Reduce() + Scatterv() 函数组合的结果. 但是 Reduce_scatter() 函数的操作时间明显较少.

我们要注意的是, 这个函数的语法与它在 C/C++/FORTRAN 编程语言中的类似实现有很大的不同.

2.5.1.2 集体通信函数: Allgatherv

让我们熟悉 Allgatherv() 函数的语法.

```
comm.Allgatherv([sendbuf, scount, stype],
                [recvbuf, rcounts, displs, rtype])
```

此函数从 sendbuf 数组收集不同数量的数据. comm 通信器的每个进程的结果缓冲区 recvbuf 中数据的放置顺序由 displs 数组设置.

rcounts 是一个整数数组, 包含有关从每个进程传输的元素数量的信息 (索引等于发送进程的标识符, 数组的大小等于 comm communicator 中的进程数量). 因此, 在每个进程中, scount 应该等于 rcounts[rank].

displs 是一个整数数组, 包含相对于 recvbuf 数组开头的偏移量 (索引等于发送进程的标识符, 数组的大小等于 comm 通信器中的进程数).

与 `Gatherv()` 函数不同, 所有参数在所有进程中都是必不可少的. 因此, 应该定义 `rcounts` 和 `displs` 参数, 并且它们在 `comm` 通信器的所有进程上是相同的 numpy 数组, 而不仅是在 `rank=0` 的进程上. 这是 `Allgatherv()` 函数 Python 实现的一个特性.

注意 在功能上, 该函数的结果相当于函数 `Gatherv()` + `Bcast()` 组合的结果. 但是 `Allgatherv()` 函数的运行时间明显较少.

2.6 阶段总结

作为第 1 章和第 2 章的结论, 我们详细探讨了几个线性代数运算的一些基本并行算法 (矩阵乘以向量、向量的标量积、转置矩阵乘以向量). 当以编程方式实现相应的算法时, 我们熟悉了相当多的基本 API 函数, 使用这些函数可以有效地实现许多应用的并行算法. 在第 3 章中, 我们计划将所有的工作结合在一个程序中, 实现共轭梯度法的并行版本, 用于求解具有稠密矩阵的线性代数方程组. 与此同时, 我们假设读者已经熟悉所使用的 MPI 函数的语法, 因此将省略一些使用 MPI 函数的细节 (我们在第 1 章和第 2 章中重点讨论), 主要关注使用相应函数所获得的结果.

第 3 章　求解线性代数方程组的共轭梯度法的并行算法实现

在前两章中, 我们进行了所有的准备工作, 现在可以基于这些工作来实现共轭梯度法的一种可能的并行化, 用于求解一个线性代数方程组 (假设其系数矩阵为稠密的):

$$Ax - b, \tag{3.0.1}$$

这里 A 是 $M \times N$ 的矩阵, b 是有 M 个分量的向量.

向量 x 是具有 N 个分量的解 (A 是方阵的时候) 或者在一般情况下是方程组 (3.0.1) 的伪解 (当 A 是普通矩阵时), 可以使用以下构建序列 $x^{(s)}$ 的迭代算法找到它. 该序列以 N 步收敛到方程组 (3.0.1) 的解 (或伪解).

我们将设置 $p^{(0)} = 0$, $s = 1$ 和任意初始近似 $x^{(1)}$. 然后将重复执行以下顺序操作:

$$r^{(s)} = \begin{cases} A^{\mathrm{T}}\big(Ax^{(s)} - b\big), & s = 1, \\ r^{(s-1)} - \dfrac{q^{(s-1)}}{\big(p^{(s-1)}, q^{(s-1)}\big)}, & s \geqslant 2, \end{cases} \tag{3.0.2}$$

$$p^{(s)} = p^{(s-1)} + \frac{r^{(s)}}{\big(r^{(s)}, r^{(s)}\big)}, \tag{3.0.3}$$

$$q^{(s)} = A^{\mathrm{T}}\big(Ap^{(s)}\big), \tag{3.0.4}$$

$$x^{(s+1)} = x^{(s)} - \frac{p^{(s)}}{\big(p^{(s)}, q^{(s)}\big)}, \tag{3.0.5}$$

$$s = s + 1.$$

于是, 在经过 N 次迭代之后, 向量 $x^{(N+1)}$ 将会是方程 (3.0.1) 的解 (伪解).

该算法包含以下我们将并行化的计算密集型运算: ① 向量的标量积 (N 算术运算); ② 向量除以数和向量求和 (N 算术运算); ③ 矩阵乘以向量 ($N \times M$ 算术运算), 转置矩阵乘以向量 ($N \times M$ 算术运算). 在前两章中, 我们已经分析了这些运算的并行算法和程序实现方法. 现在直接使用我们的研究成果来并行实现求解方程组 (3.0.1) 的方法.

3.1 共轭梯度法的顺序实现

下面是一个程序的顺序版本的例子, 它旨在尽可能地接近最常见形式的问题求解. 也就是说, 我们将以与第 1 章相同的方式证明.

首先, 在解决实际问题时, 我们通常有一组问题的输入参数, 需要进行计算. 这些参数通常从辅助文件中读取. 让我们使用数字 M 和 N 作为这样的参数, 它们确定矩阵 A 的行数和列数, 并从文件 `in.dat` 中读取它们 (该文件只包含两行, 每行只包含一个数字——第一行为 N, 第二行为 M). 随着算法的复杂化, 从该文件读取的参数数量可能会很容易地改变.

其次, 矩阵 A 和向量 b 也将从文件中读取, 基于这样的假设, 即相应的数据是在一些实验中获得的, 而不是计算的. 矩阵 A 的元素将从 `AData.dat` 中读取, 其中包含 $M \times N$ 行. 此文件的每一行只包含矩阵 A 的一个元素, 而此文件中矩阵 A 的元素是逐行包含的 (即文件的前 N 行包含矩阵 A 的第一行的元素, 然后是第二行的元素, 以此类推). 向量 b 包含在 `bData.dat` 文件中.

这样一来, 程序的顺序版本将采用以下形式:

```
1  from numpy import zeros, empty, dot, arange
2  
3  f1 = open('in.dat', 'r')
4  N = int(f1.readline())
5  M = int(f1.readline())
6  f1.close()
7  
8  A = empty((M,N)); b = empty(M)
9  
10 f2 = open('AData.dat', 'r')
11 for j in range(M) :
12     for i in range(N) :
13         A[j,i] = float(f2.readline())
14 f2.close()
15 
16 f3 = open('bData.dat', 'r')
17 for j in range(M) :
18     b[j] = float(f3.readline())
19 f3.close()
20 
21 def conjugate_gradient_method(A, b, x, N) :
22     s = 1
23     p = zeros(N)
24     while s <= N :
25         if s == 1 :
```

```
26                r = dot(A.T, dot(A,x) - b)
27            else :
28                r = r - q/dot(p, q)
29            p = p + r/dot(r, r)
30            q = dot(A.T, dot(A, p))
31            x = x - p/dot(p,q)
32            s = s + 1
33        return x
34
35    x = zeros(N)
36    x = conjugate_gradient_method(A, b, x, N)
```

在第 1 行我们导入了必要的函数, 第 3—6 行从文件中读取方程组 (3.0.1) 系数矩阵的行数和列数. 在第 8 行, 为方程组 A 的矩阵和右部分的向量 b 划分了内存中的一个位置, 在第 10—14 行, 从文件中读取矩阵 A, 在第 16—19 行, 从文件中读取右部分向量 b. 第 21—33 行定义函数 `conjugate_gradient_method()`, 该函数实现了用于求解线性代数方程组 (3.0.1) 的共轭梯度法的算法. 作为输入, 该函数接收一个包含方程组系数矩阵 A 的数组 `A`、一个包含右部分向量 b 的数组 `b`、一个包含求解 x 的任意初始近似值的数组 `x`, 以及一个定义向量 `N` 中分量数量的数字 N. 作为运行结果, 该函数返回包含方程组 (3.0.1) 的解 (伪解) 的数组 `x`.

注意 当然, 可以省略作为函数的参数的 `N`, 只需在函数的开头添加一个额外的一行:

```
N = len(x)
```

我们决定不这样做, 以便该函数的内置函数完全对应于公式 (3.0.2)—(3.0.5), 并且不包含任何额外的程序代码行.

接下来, 在第 35 行中, 给出一个由零组成的数组作为 x 的初始近似值. 之后, 在第 36 行中调用 `conjugate_gradient_method()` 函数, 该函数将输出线性代数方程组 (3.0.1) 的解 (伪解).

为了控制用于求解线性代数方程组 (3.0.1) 的顺序算法 (串行算法) 的程序实现的正确性, 我们将执行以下操作. 设置: ① 例如, $N = 200$ 和 $M = 300$; ② 维度为 $M \times N$ 的矩阵 A, 其元素由在范围 $[0, 1]$ 内均匀分布的随机变量生成; ③ 模型解 x^{model} 是维度为 N 的向量, 其元素对应于区间 $[0, 2\pi]$ 内的正弦函数值:

$$x_n^{\text{model}} = \sin \frac{2\pi(n-1)}{N-1}, \quad n \in \overline{1, N}.$$

对矩阵 A 和模型解 x^{model} 计算右部分向量 b: $b = A \cdot x^{\text{model}}$. 为了求解带有矩阵和右端项的线性代数方程组 (3.0.1), 我们将运行此程序. 如果程序在多处理器系统上远程运行, 则需要将计算结果保存到文件中, 复制到本地计算机上, 并使用另一个辅助程序绘制图形. 如果测试时使用的是个人计算机, 则可以直接在屏幕上输出解的图形, 并确认我们确实“看到”了正弦函数的结果.

可以使用 matplotlib 软件包来绘制图形, 具体可以在程序中添加以下几行代码.

```
37  from matplotlib.pyplot import figure, axes, show
38
39  fig = figure()
40  ax = axes(xlim=(0, N), ylim=(-1.5, 1.5))
41  ax.set_xlabel('i'); ax.set_ylabel('x[i]')
42  ax.plot(arange(N), x, '-k', lw=3)
43  show()
```

最后得到与图 3.1 所示相同的图像.

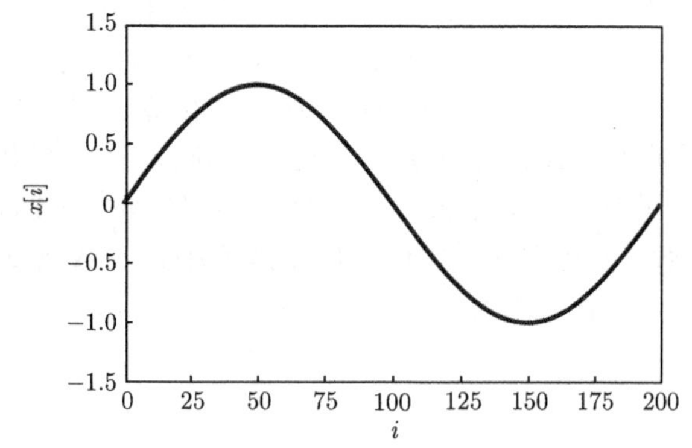

图 3.1 求解矩阵大小为 $N \times M = 200 \times 300$ 的测试问题, 任意的矩阵 A 和模型解为 $\sin\dfrac{2\pi i}{N-1}, i \in \overline{0, N-1}$

3.2 共轭梯度法的并行实现

实际上, 共轭梯度法的并行实现包括两部分: ① 准备用于所有进程计算的数据; ② 程序的计算部分的并行实现 (共轭梯度法).

3.2.1 进程中计算数据的准备

让我们以标准方式启动程序: 导入必要的库和函数, 然后确定程序运行的进程的数量 numprocs, 以及每个进程的标识符 (标号) rank.

```
1  from mpi4py import MPI
2  from numpy import empty, array, int32, float64, zeros, dot
3  #from module import *
4
5  comm = MPI.COMM_WORLD
```

```
6  numprocs = comm.Get_size()
7  rank = comm.Get_rank()
```

注意 在这个程序中, 将使用两个自建的函数: 一个准备辅助数组; 另一个实现共轭梯度法. 根据我们的期望, 这些函数可以包含在程序的主列表中, 也可以将它们放在一个单独的模块中. 在后者的例子中, 需要取消注释该行, 将所需的函数放入其中, 并创建 module.py 文件.

然后 rank = 0 的进程从文件中读取任务参数 N 和 M.

```
8  if rank == 0 :
9      f1 = open('in.dat', 'r')
10     N = array(int32(f1.readline()))
11     M = array(int32(f1.readline()))
12     f1.close()
13 else :
14     N = array(0, dtype=int32)
15
16 comm.Bcast([N, 1, MPI.INT], root=0)
```

在通信器 comm 上的所有进程中都需要有包含在 numpy 数组 N 内的值 N. 因此在第 16 行中它被 MPI 集体通信函数 Bcast() 从 rank = 0 的进程发送至通信器 comm 的所有进程. 这里我们提醒一下, 我们的课程中用到 MPI 函数 numpy 数组. 由于这个原因, 在第 10 行中, 通过 rank = 0 的进程读取 N 的值, 将其转换为 numpy 数组 N, 并且在其余进程 (第 14 行) 上, 在内存中为 numpy 数组分配空间. 但是我们只在 rank = 0 的进程上需要 M 的值, 所以它不会发送到其他进程. 由于该值不参与 MPI 函数的工作, 那么, 实际上, 在第 11 行中以 numpy 数组的形式读取 M 的值是没有必要的. 但这样做是为了一致.

接下来, 需要准备辅助数组 rcounts 和 displs, 这将帮助我们在所有进程之间分配数据或收集. 提醒一下, rcounts 是一个整数数组, 包含有关传输到每个进程 (从每个进程接收) 的元素数量的信息; 同时数组元素的索引等于接收 (发送) 进程的标识符, 并且数组的大小等于 comm 通信器中的进程数. 反过来, displs 是一个整数数组, 其中包含有关相对于从中分配 (收集) 相应数据的数组开头的偏移量的信息; 同时, 索引等于接收 (发送) 过程的标识符. 数组的大小等于 comm 通信器中的进程数. 图 1.3 给出了图解.

由于将有两个这样的数组对, 我们把准备这些数组的算法分配到一个单独的函数中, 这个函数应该包含在一个单独的模块中 (在这种情况下, 不要忘记取消注释第 3 行), 或者在第 16 行之后将这个函数添加到这个程序的代码中.

```
def auxiliary_arrays(M, numprocs) :
    ave, res = divmod(M, numprocs-1)
```

```
    rcounts = empty(numprocs, dtype=int32)
    displs = empty(numprocs, dtype=int32)
    rcounts[0] = 0; displs[0] = 0
    for k in range(1, numprocs) :
        if k < 1 + res :
            rcounts[k] = ave + 1
        else :
            rcounts[k] = ave
        displs[k] = displs[k-1] + rcounts[k-1]
    return rcounts, displs
```

注意 我们在第 1 章中详细讨论了该函数用于构造数组 rcounts 和 displs 的算法. 这里只提示一下, 在第 1 章—第 3 章中, 我们使用 Master-Worker 程序组织模型, 其中 rank = 0 的主进程不参与计算. 因此, 它将正式负责处理 0 元素. 因此 rcounts[0] = 0. 对于其余的进程, 元素数量 M 被均匀分布, 使得任意两个进程上元素数 M_part 的最大差值不超过 1. 但是, 从第 5 章开始, 我们将以这样的方式构建程序: 所有过程都将参与实际计算.

接下来, 在 rank = 0 的过程中, 我们将形成两对辅助数组: rcounts_M + displs_M 和 rcounts_N + displs_N. 后缀 _M 表示相应的数组包含有关元素数量 M 如何在不同进程之间分配的信息. 后缀 _N 表示相应的数组包含有关元素数量 N 如何在不同进程之间分配的信息.

```
17 if rank == 0 :
18     rcounts_M, displs_M = auxiliary_arrays(M, numprocs)
19     rcounts_N, displs_N = auxiliary_arrays(N, numprocs)
20 else :
21     rcounts_M = None; displs_M = None
22     rcounts_N = empty(numprocs, dtype=int32)
23     displs_N = empty(numprocs, dtype=int32)
24
25 comm.Bcast([rcounts_N, numprocs, MPI.INT], root=0)
26 comm.Bcast([displs_N, numprocs, MPI.INT], root=0)
```

有必要注意, rcounts_M + displs_M 数组对的元素的值将仅在 rank = 0 的进程中才需要用到. 在其他进程上, 这些数组是不重要的. 但考虑到 rcounts_M 和 displs_M 数组将是 MPI 函数 Scatterv() 的参数, 它在所有进程上都被调用, 那么相应的 Python 对象应该在 comm 通信器的所有进程上正式初始化. 对于 rank >= 1 的进程, 我们在第 21 行执行此操作. 但是在所有 comm 通信器进程上将需要 rcounts_N + displs_N 数组对的值 (当使用进程 Reduce_scatter() 的集体通信 MPI 函数时). 因此, 在第 22—23 行中 rank >= 1 的进程上, 我们为相应的数组分配内存空间. 然后, 在第 25—26 行中, 通过使用 Bcast() 进程集体通信函数将这对数组从 rank = 0 的进程发送到 comm 通信器的所有进程.

注意 实际上, 可以通过在所有进程上直接生成辅助数组来简化代码, 仅需移除条件操作符 if, 保留第 18—19 行代码 (替代第 17—26 行的代码部分). 这种改进将显著提升程序的运行速度, 因为无须花费时间在进程间通过消息交换来组织交互. 然而, 为了更清晰地讲解 MPI 函数的工作原理, 我们特意未采用这一优化方案, 以便更全面地探讨其实现中的各种细节和可能性.

接下来, 我们将在内存中为 M_part 数组分配位置, 该数组将包含执行此程序代码的 MPI 进程负责处理的矩阵 A 的行数的值. 提醒一下, 形式上这个数字应该是一个 numpy 数组.

```
27 M_part = array(0, dtype=int32)
```

我们再次注意到, M_part 数组在每个 MPI 进程上都有自己的值, 这是我们在本书中遵循的规定之一. 如果 M 是矩阵 A 的总行数, 那么 M_{part} 仅表示相应进程负责处理的这些行的部分数量. 对其他对象使用类似的表示.

现在, 在每个过程中, 我们将 Scatter() 函数用相应的值填充 M_part 数组:

```
28 comm.Scatter([rcounts_M, 1, MPI.INT],
29              [M_part, 1, MPI.INT], root=0)
```

当并行实现共轭梯度法时, 我们还需要 N_{part} 数, 它表示向量 x 的元素数, 在某些情况下 MPI 进程将负责处理这些元素. 为此, 我们可以分配 numpy 数组 N_part 并以相同的方式填充它. 但我们不会这么做. 这是由于在我们的程序实现中, rcounts_N 数组包含在 comm 通信器的每一个进程上. 因此, 我们可以通过这个数组的索引来确定相应的数字: rcounts_N[rank] (即 N_part ≡ rcounts_N [rank]).

接下来, rank = 0 的进程从文件中读取系统矩阵 A, 并将其部分分配给通信器 comm 中的所有其他进程.

```
30 if rank == 0 :
31     f2 = open('AData.dat', 'r')
32     for k in range(1, numprocs) :
33         A_part = empty((rcounts_M[k], N), dtype=float64)
34         for j in range(rcounts_M[k]) :
35             for i in range(N) :
36                 A_part[j,i] = float64(f2.readline())
37         comm.Send([A_part, rcounts_M[k]*N, MPI.DOUBLE],
38                   dest=k, tag=0)
39     f2.close()
40     A_part = empty((M_part, N), dtype=float64)
41 else :
42     A_part = empty((M_part, N), dtype=float64)
```

```
43      comm.Recv([A_part, M_part*N, MPI.DOUBLE],
44                source=0, tag=0, status=None)
```

同时, 块状形式的矩阵 A_{part} 将在通信器 comm 的所有进程上准备好. 即使是在 rank = 0 的进程上, 尽管只有 rank >= 1 的进程将参与实际计算. 在 rank = 0 的进程上, 我们也将形式上准备 numpy 数组 A_part. 它将包含矩阵 A 的一部分. 它也是该进程负责处理该部分. 也就是说, 这将是由 0 行组成的矩阵的一部分.

注意 我们编写的程序是采用单一程序, 多重数据 (Single Program, Multiple Data, SPMD) 风格的: 同一个 Python 程序代码在不同的进程上运行, 但在不同进程中的变量 A_part 不仅指向不同的 numpy 数组, 而且这些数组的大小也不相同.

注意 第 5 章在实现更高级的算法时, 将以这样一种方式组织数据, 即矩阵 A 在 comm 通信器的所有进程中均匀分布, 包括 rank = 0 的进程.

现在, 我们在 rank = 0 的进程中从文件中读取向量 b 的元素, 并在所有进程中将这些数据以部分 b_part 进行分配.

```
45  if rank == 0 :
46      b = empty(M, dtype=float64)
47      f3 = open('bData.dat', 'r')
48      for j in range(M) :
49          b[j] = float64(f3.readline())
50      f3.close()
51  else :
52      b = None
53
54  b_part = empty(M_part, dtype=float64)
55
56  comm.Scatterv([b, rcounts_M, displs_M, MPI.DOUBLE],
57                [b_part, M_part, MPI.DOUBLE], root=0)
```

这段代码的特点在于, 我们利用了 numpy 数组 b 的大小远小于 numpy 数组 A 的特性. 因此, 我们可以将这些数据完全存储在 rank = 0 的进程中, 然后使用函数 Scatterv() 将其分发到所有进程. 最终, 每个通信器 comm 中的进程都将包含一个属于自己的 numpy 数组 b_part. 即使在 rank = 0 的进程中, 也会形式上包含一个虚拟的 numpy 数组 b_part(其为空数组, 内部没有元素).

注意 让我们再次提醒关于 Scatter() 和 Statterv() 函数之间的区别. 第一个函数将数组分配为具有相同长度的部分, 第二个函数分配相同方式 (rcounts 参数负责此操作).

现在我们为方程的迭代求解设置一个零初始值. 我们在 rank = 0 的进程上

设置相应 numpy 数组 x 的元素的值, 然后使用 Scatterv() 函数将其分配在 comm 通信器的所有进程中.

```
58 if rank == 0 :
59     x = zeros(N, dtype=float64)
60 else :
61     x = None
62 
63 x_part = empty(rcounts_N[rank], dtype=float64)
64 
65 comm.Scatterv([x, rcounts_N, displs_N, MPI.DOUBLE],
66               [x_part, rcounts_N[rank], MPI.DOUBLE], root=0)
```

注意 在这种情况下, 可以直接将 x_part 设置为空数组, 以避免进程间的消息传递, 这显然会增加程序的运行时间. 然而, 如果我们知道其他好的初始近似值, 可以通过某种函数来计算, 这种方法则无法实现. 此外, 请注意, 在数组分配给各个进程之后, 可以释放用于存储原始数组的内存, 从而节省资源.

每个进程上计算所需的数据准备好了——它们是 numpy 数组 A_part, b_part, x_part, rcounts_N, displs_N, N. 因此, 我们可以调用 conjugate_gradient_method() 函数.

```
67 x_part = conjugate_gradient_method(A_part, b_part, x_part,
68                                   rcounts_N[rank], rcounts_N,
69                                   displs_N, comm, N)
```

这个函数在并行计算方面是重点, 所以我们将在下一小节中单独分析它. 该函数的运行结果是在每个进程上生成一个 numpy 数组 x_part. x_part 包含了解 x 的一部分. 所有的 numpy 数组 x_part 可以合并为一个包含完整解 x 的 numpy 数组, 例如在 rank = 0 的进程:

```
70 comm.Gatherv([x_part, rcounts_N[rank], MPI.DOUBLE],
71              [x, rcounts_N, displs_N, MPI.DOUBLE], root=0)
```

如果程序在多处理器系统上远程运行, 那么计算结果需要保存到文件中, 且复制到计算机并使用另一个辅助程序绘制. 如果是个人计算机用于测试, 那么我们会立即在屏幕上绘制解的图像.

可以构建图像, 如前所述, 例如, 可以使用 matplotlib 包, 这时我们向程序添加以下代码行:

```
72 if rank == 0 :
73     from matplotlib.pyplot import figure, axes, show
74     from numpy import arange
75     fig = figure()
76     ax = axes(xlim=(0, N), ylim=(-1.5, 1.5))
```

```
77     ax.set_xlabel('i'); ax.set_ylabel('x[i]')
78     ax.plot(arange(N), x, '-k', lw=3)
79     show()
```

现在仔细看程序中我们最感兴趣的工作部分. 这就是 conjugate_gradient_method() 函数, 它实现了求解方程组 (3.0.1) 的共轭梯度法.

3.2.2 计算部分

前面的小节专门描述了准备计算每个进程所需数据的操作. 经过这些操作之后, 每个进程在内存 (地址空间) 中包含以下 numpy 数组: A_part, b_part, x_part, rcounts_N, displs_N, N. 现在我们可以实现 conjugate_gradient_method() 函数的并行版本. 在这组代码文件中, 我们从 1 开始对行编号, 因为我们对这个函数本身就很感兴趣.

因此, 实现用于求解方程组 (3.0.1) 的共轭梯度法 (3.0.2)—(3.0.5) 的并行版本的函数将采用以下形式:

```
1  def conjugate_gradient_method(A_part, b_part, x_part, N_part,
2                                rcounts_N, displs_N, comm, N) :
3
4      x = empty(N, dtype=float64)
5      p = empty(N, dtype=float64)
6
7      r_part = empty(N_part, dtype=float64)
8      p_part = empty(N_part, dtype=float64)
9      q_part = empty(N_part, dtype=float64)
10
11     ScalP = array(0, dtype=float64)
12     ScalP_temp = empty(1, dtype=float64)
13
14     s = 1
15     p_part[:] = zeros(N_part, dtype=float64)
16
17     while s <= N :
18
19         if s == 1 :
20             comm.Allgatherv([x_part, N_part, MPI.DOUBLE],
21                             [x,rcounts_N,displs_N,MPI.DOUBLE])
22             r_temp = dot(A_part.T, dot(A_part, x) - b_part)
23             comm.Reduce_scatter([r_temp, N, MPI.DOUBLE],
24                                 [r_part, N_part, MPI.DOUBLE],
25                                 rcounts_N, op=MPI.SUM)
26         else :
27             ScalP_temp[0] = dot(p_part, q_part)
28             comm.Allreduce([ScalP_temp, 1, MPI.DOUBLE],
```

```
29                               [ScalP, 1, MPI.DOUBLE], op=MPI.SUM)
30                 r_part = r_part - q_part/ScalP
31
32         ScalP_temp[0] = dot(r_part, r_part)
33         comm.Allreduce([ScalP_temp, 1, MPI.DOUBLE],
34                        [ScalP, 1, MPI.DOUBLE], op=MPI.SUM)
35         p_part = p_part + r_part/ScalP
36
37         comm.Allgatherv([p_part, N_part, MPI.DOUBLE],
38                         [p, rcounts_N, displs_N, MPI.DOUBLE])
39         q_temp = dot(A_part.T, dot(A_part, p))
40         comm.Reduce_scatter([q_temp, N, MPI.DOUBLE],
41                             [q_part, N_part, MPI.DOUBLE],
42                             rcounts_N, op=MPI.SUM)
43
44         ScalP_temp[0] = dot(p_part, q_part)
45         comm.Allreduce([ScalP_temp, 1, MPI.DOUBLE],
46                        [ScalP, 1, MPI.DOUBLE], op=MPI.SUM)
47         x_part = x_part - p_part/ScalP
48
49         s = s + 1
50
51     return x_part
```

在第 4—5 行将会为包含整个向量 x 的数组 x 和包含整个辅助向量 p 的数组 p 划分内存. 由于矩阵乘以向量的并行算法是在所有进程上实现的, 内存的分配也要在所有进程上进行.

在所有进程上都会需要辅助向量的部分, 它们会存储在数组 r_part, p_part 和 q_part 中. 在第 7—9 行为这些数组划分内存.

同时在所有进程使用数值 ScalP 和 ScalP_part. 因为这些数字会作为被 MPI-函数传递的数据, 那么在第 11—12 行我们为其以 numpy 数组的形式分配内存, 这些数组包含一个元素.

在第 14 行, 设置共轭梯度法的迭代计数器的初始值.

在第 15 行, 根据共轭梯度法的算法用零填充 p_part 数组.

在第 19 行, 共轭梯度法的主循环开始.

在第 20—25 行实现运算 $A^{\mathrm{T}}(Ax-b)$ 的并行版本 (见公式 (3.0.2)). 在第 20 行通过函数 Allgatherv() 将 comm 通信器所有进程的数组 x_part 收集到一个数组 x. 数组 x 在函数工作后会被包含在所有进程上. 我们需要这个操作, 是因为第 1 章实现的矩阵乘以向量的并行算法中假设每个进程都包含矩阵 A_{part} 的一部分和整个向量 x. 第 22 行正好包含在 comm 通信器的所有进程上并行运行的那些运算. 每个进程和自己那部分的矩阵 A_{part} 进行运算 dot(A_part, x) 结果. 正如我们在第 1 章中详细讨论的那样, 它将是一个包含 $A \cdot x$ 运算产生的向量的一部分的数组. 同时提醒一下, 相应的运算是由 `rank = 0` 的进程虚构地执行的. 接下来, 从生成的数组中减去 `b_part` 数组. 正是如此, 我们已经将数组 `b` 分配在各个进程中. 也就是说, 该运算由每个进程对其数据执行, 因此可以并行. 最后, 生成的数组包含一个向量, 该向量必须在左侧乘以转置矩阵的相应部分, 即运算 $A_{\text{part}}^{\text{T}} \cdot (A_{\text{part}}\, x - b_{\text{part}})$. 这些运算也由每个进程独立于其他进程的运算而进行, 即同时进行. 作为这些运算的结果, 在每个进程的第 22 行中, 我们有一个 `r_temp` 数组. 如果将 `comm` 通信器的每个进程上包含的所有这些数组相加, 那么得到一个数组 `r`, 它将包含 $A^{\text{T}} \cdot \big(A \cdot x - b\big)$ 的运算结果. 但是, 我们不需要在任何进程上使用整个数组. 我们希望这个结果数组分布在所有 `comm` 通信器的进程中. 为此, 在第 23 行中, 我们使用函数 `Reduce_scatter()`. 此函数的结果将是 `comm` 通信器的每个进程上包含的 `r_part` 数组的自身部分.

在第 27—30 行实现了运算 $r - q/(p, q)$ 的并行版本 (见公式 (3.0.2)). 在第 27 行, 计算 `ScalP_temp` 数组的值, 它包含由 p_{part} 向量和 q_{part} 的相应部分计算的标量积的结果. 注意到, 此行包含将在 `comm` 通信器的所有进程上并行的计算. 如果将 `comm` 通信器的每个进程上包含的所有这些数组相加, 那么将得到一个数组 `ScalP`, 该数组包含运算 (p, q) 的结果. 为此, 在第 28 行中, 使用 `Allreduce()` 函数. 此函数的结果将是 `comm` 通信器每个进程上所包含的相同的 `ScalP` 数组. 然后, 在第 30 行, 进行运算 $r_{\text{part}} - q_{\text{part}}/(p, q)$. 向量除以数字的运算和向量的减法运算也是独立于其他进程地在每个进程上实现, 即并行实现. 因此, `comm` 通信器的每个进程都将包含其自己的 `r_part` 数组的重新计算值.

在第 32—25 行实现运算 $p + r/(r, r)$ 的并行版本 (参见式 (3.0.3)). 在第 32—33 行中, 并行地计算标量积 (r, r). 此标量乘积的结果包含在所有 `comm` 通信器进程的 `ScalP` 数组中. 然后, 在第 35 行, 实现 $p_{\text{part}} + r_{\text{part}}/(r, r)$. 向量除以数字的运算和向量的加法运算也是独立于其他进程在每个进程上的实现, 即并行实现. 因此, 每个 `comm` 通信器进程将包含其自己的 `p_part` 数组的重新计算值.

在第 37—42 行实现运算 $A^{\text{T}}\big(A\, p\big)$ 的并行版本 (参见式 (3.0.4)). 与第 20—25 行中的运算类似, 首先 (第 37 行) 通过函数 `Allgatherv()` 实现 `p_part` 数组从所有 `comm` 通信器的进程到一个数组 `p` 中的数据收集. 作为此函数的结果, 数组 `p` 将包含在 `comm` 通信器的所有进程上. 在第 39 行, 每个进程和矩阵 A_{part} 中自己的部分进行运算 `dot(A_part, p)`. 结果将是包含 $A \cdot p$ 运算得到的向量的一部分的一个数组. 然后执行运算 $A_{\text{part}}^{\text{T}} \cdot \big(A_{\text{part}}^{\text{T}}\, p\big)$. 这些运算也是独立于其他进程在每个进程上的实现, 即并行实现. 经过这些运算之后在第 39 行的每个进程上, 我们有一个 `q_temp` 数组. 如果将这些在 `comm` 通信器的每个进程上包含的所有这些数组相加, 那么将得到一个包含运算 $A^{\text{T}} \cdot (A \cdot p)$ 的结果的数组 `q`. 但是, 不需要在任何进程上使用整个数组. 希望这个结果中得到的数组分布在所有 comm 通信器的进程中. 为此, 在第 40 行中, 使用函数 Reduce_scatter(), 它工作的结果是 comm 通信器的每个进程上包含的 q_part 数组的自身部分.

在第 44—47 行实现运算 $x - p/(p, q)$ 的并行版本 (见式 (3.0.5)). 在第 44—45 行, 并行计算标量积 (p, q). 此标量乘积的结果包含在所有 comm 通信器进程上包含的 ScalP 数组中. 然后, 在第 47 行, 实现运算 $x_{\text{part}} - p_{\text{part}}/(p, q)$. 向量除以数字的运算和向量的减法运算也是独立于其他进程在每个进程上的实现, 即并行的实现. 因此, 通信器 comm 的每个进程都包含了重新计算后的 x_part 数组的值.

在第 49 行, 循环计数器每增加 1, 所有描述的运算就会重复一遍.

因此, 我们并行化了所有的计算操作. 与此同时, 我们再次注意到, 并行计算出现在第 22, 27, 30, 32, 35, 39, 44 和 47 行. 代码的其余行进行的是不同进程之间的信息交换.

3.2.3　本章并行算法实现的优缺点分析

在第 4 章中, 我们将详细讨论与并行算法的程序实现效率相关的问题. 然而, 即使是现在, 直观清楚的是, 可以并行化的计算越多, 程序就能写得越高效. 但与此同时, 需要理解程序中始终存在无法并行化的部分.

如果仔细研究程序代码, 可以看到大约一半的程序代码专门用于准备各种进程计算的数据. 而这部分程序本质上是顺序的. 其中, MPI 函数仅用于在各种进程中分发数据以进行后续计算. 一方面, 正是在运行时间方面, 程序的这一部分与程序的计算部分相比可以忽略不计, 前提是我们处理真正的大数据. 另一方面, 我们总是需要找到一种方法, 在可能的情况下, 将所有的运算分开. 因此, 我们想提出一些建议.

在第 1 章中, 我们提到了从文件中读取矩阵 A 的程序实现的不同方法. 但是注意到, 在许多应用问题上, 矩阵 A 对应于某个算子, 这意味着它很可能是已知的用来定义算子的公式. 因此, 有一种计算矩阵 A 的方法, 可以给出一个函数, 而不是从文件中读取矩阵 A, 在所有进程中同时形成矩阵的部分 A_{part}, 而不是从文件中读取数据.

还应该注意的是, MPI 具有所有进程同时从文件中并行读取数据的函数. 我们在课程中不考虑这些函数, 让读者有机会独立研究它们, 因为它们与我们已经研究过的进程集体通信函数非常相似. 这些函数的搜索必须通过关键字 “parallel I/O with MPI” 实现.

但需要注意, 没有关于构建最佳程序实现的通用建议. 具体的方法要根据所解决问题的特点来选择.

与上述有关, 在评估程序实现的效率时, 我们不会查看程序中负责准备各种进程的数据的部分. 我们将只对程序的计算内核感兴趣. 并行化的计算部分包含在 `conjugate_gradient_method()` 函数中. 如果忽略了进程交换消息的 MPI 函数, 在前一小节中讨论的程序实现中, 我们已经对所有的计算过程进行最大化的并行化设计. 因此, 我们期望获得与用于计算的进程 (计算节点/处理器/内核) 的数量成反比的加速比. 在现实中, 加速比会更少 (甚至, 多半少得多). 这是由于 MPI 函数的运行时间可以占用程序总运行时间的很大一部分. 同时, 无论消息传输算法多么有效, 都需要时间, 这就是过程停滞不前的原因. 此外, 如果消息传输算法效率低下 (例如, 通过 `Send()`/`Recv()` 函数而不是集体过程函数), 那么我们可以得到一个程序, 在许多进程中运行的速度甚至比顺序版本还要慢. 这种情况在实践中非常普遍, 因此需要仔细分析并行算法程序执行的效率.

现在我们做一个阶段性总结, 并制定使用 MPI 消息传输技术编写并行程序时的两个主要目标. 第一个目标是尽可能并行化所有操作, 并以这样的方式执行, 即每个进程都加载了尽可能多的计算. 在这种情况下, 花在进程之间传递消息上的时间比例会更小. 第二个目标是最大限度地减少进程之间的消息交换次数, 并确保在消息交换期间传输尽可能少的数据.

在下一节中, 我们将简化程序实现, 以减少不同进程之间的消息交换数量.

3.3 共轭梯度法的简化并行实现

为了减少传输的消息数量, 我们不并行化所有运算. 我们将只并行地实现计算最密集的运算: 矩阵乘以向量和转置矩阵乘以向量的运算. 其余的运算将以顺序的方式实现 (特别是, 计算向量的标量积的运算).

注意 直观地说, 很明显, 占用程序计算内核时间较少的运算——`conjugate_gradient_method()` 函数——将保持非并行化. 关于在什么条件下可以忽略这些操作的并行化, 我们将在第 4 章详细讨论.

3.2 节中讨论的负责准备各种过程的数据的程序部分, 将进行最小的更改. 首先, 代码中负责在所有进程中准备和分配辅助数组对 `rcounts_N` + `displs_N` 的部分可以删除——这些数组将不会在共轭梯度法的简化并行实现中使用. 我们不再指明需要删除的程序代码的具体行. 这是由于即使它们没有被删除, 该程序将仅仅是包含了对不必要的数据进行的准备, 但它不会输出一个不正确的结果. 其次, 向量 x 现在将不是在各个进程上各存储一部分, 而是在每个进程上都整个存储. 因此, 第 58—71 行为

```
if rank == 0 :
    x = zeros(N, dtype=float64)
else :
    x = None
```

```
x_part = empty(rcounts_N[rank], dtype=float64)

comm.Scatterv([x, rcounts_N, displs_N, MPI.DOUBLE],
              [x_part, rcounts_N[rank], MPI.DOUBLE], root=0)

x_part = conjugate_gradient_method(A_part, b_part, x_part,
                                   rcounts_N[rank], rcounts_N,
                                   displs_N, comm, N)

comm.Gatherv([x_part, rcounts_N[rank], MPI.DOUBLE],
             [x, rcounts_N, displs_N, MPI.DOUBLE], root=0)
```

替换为下面的一段代码

```
x = zeros(N, dtype=float64)

x = conjugate_gradient_method(A_part, b_part, x, comm, N)
```

也就是说, 这里在 comm 通信器所有进程上给出了求解 x 的以零数组 x 形式的初始近似值.

另外注意, 对于 conjugate_gradient_method() 函数的修改版本, 其内存 (地址空间) 中的每个进程都必须包含以下 numpy 数组: A_part, b_part, x, N. 现在考虑并行 conjugate_gradient_method() 函数的简化版本. 字符串编号从 1 开始, 因为这个函数本身就很感兴趣.

因此, 用于求解方程组 (3.0.1) 的共轭梯度法的简化并行版本 (3.0.2)—(3.0.5) 的函数将采用以下形式:

```
1  def conjugate_gradient_method(A_part, b_part, x, comm, N) :
2
3      r = empty(N, dtype=float64)
4      p = empty(N, dtype=float64)
5      q = empty(N, dtype=float64)
6
7      s = 1
8      p[:] = zeros(N, dtype=float64)
9
10     while s <= N :
11
12         if s == 1 :
13             r_temp = dot(A_part.T, dot(A_part, x) - b_part)
14             comm.Allreduce([r_temp, N, MPI.DOUBLE],
15                            [r, N, MPI.DOUBLE], op=MPI.SUM)
16         else :
17             r = r - q/dot(p, q)
```

```
18
19          p = p + r/dot(r, r)
20
21          q_temp = dot(A_part.T, dot(A_part, p))
22          comm.Allreduce([q_temp, N, MPI.DOUBLE],
23                         [q, N, MPI.DOUBLE], op=MPI.SUM)
24
25          x = x - p/dot(p, q)
26
27          s = s + 1
28
29      return x
```

在第 3—5 行中, 为数组 r, p 和 q 分配空间, 这些数组将完全包含向量 r, p 和 q. 在所有进程上分配内存空间, 因为 comm 通信器的所有进程都需要这些数组.

在第 7 行中, 设置共轭梯度法的迭代计数器的初始值.

在第 8 行中, 根据共轭梯度法的算法用零填充数组 p.

在第 10 行中, 共轭梯度法的主循环开始.

在第 13—15 行中实现运算 $A^{\mathrm{T}}\big(Ax-b\big)$ 的并行版本 (见公式 (3.0.2)). 第 13 行正好包含了在 comm 通信器上所有进程实现的运算. 每个进程和自己那部分的矩阵 A_{part} 进行运算 dot(A_part, x). 结果将是包含 $A \cdot x$ 运算所得到的向量的一部分的一个数组. 与此同时, 我们还记得相应的运算也由 rank = 0 的进程有效地执行. 接下来, 从得到的数组中减去 b_part 数组. 正是由于这个原因, 我们已经将数组 b 分配在各个进程中. 也就是说, 该运算由每个进程对其数据执行, 因此可以并行. 最后, 生成的数组包含一个向量, 该向量必须在左乘转置矩阵的相应部分, 即执行运算 $A_{\text{part}}^{\mathrm{T}} \cdot \big(A_{\text{part}}\, x - b_{\text{part}}\big)$. 这些运算也由每个进程独立于其他进程的动作进行, 即并行. 作为这些运算的结果, 在每个进程的第 13 行中, 我们有一个 r_temp 数组. 如果我们将 comm 通信器的每个进程上包含的所有这些数组相加, 那么我们得到一个数组 r, 它将包含运算 $A^{\mathrm{T}} \cdot \big(A \cdot x - b\big)$ 的结果. 为此, 在第 14 行中, 我们使用 Allreduce() 函数. 此函数的结果将是一个完全包含在 comm 通信器的所有进程上的数组 r.

在第 17 行我们实现运算 $(r-q)/(p,q)$(见公式 (3.0.2)). 有必要注意两点. 首先, 顺序地实现该运算. 其次, 该运算由每个进程实现. 也就是说, 每个进程执行相同的运算. 结果, 每个进程将包含向量 r 的完整值的重新计算的数组 r.

在第 19 行我们实现运算 $(p+r)/(r,r)$(见公式 (3.0.3)). 再次, ① 此运算顺序地实现; ② 此运算由每个进程实现. 也就是说, 每个进程执行相同的运算. 所以, 每个进程将包含向量 p 的整个值的重新计算的数组 p.

在第 21—23 行中实现运算 $A^{\mathrm{T}}\big(A \cdot p\big)$ 的并行版本 (见公式 (3.0.4)). 每个进程

和自己那部分的矩阵 A_{part} 执行运算 `dot(A_part, p)`. 结果将是一个包含 $A \cdot p$ 运算所得到的向量的一部分的数组. 然后执行运算 $A_{\text{part}}^{\text{T}} \cdot (A_{\text{part}}\, p)$. 这些运算也是由每个进程独立于其他进程的运算进行的, 即并行实现. 作为这些运算的结果, 在第 21 行中, 每个进程中我们都有一个数组 `q_temp`. 如果将 `comm` 通信器的每个进程上包含的所有这些数组相加, 将得到一个数组 `q`, 其中包含 $A^{\text{T}} \cdot (A \cdot p)$ 运算的结果. 为此, 在第 22 行中, 我们使用 `Allreduce()` 函数. 此函数的结果将是在 `comm` 通信器的所有进程上完全包含的数组 `q`.

在第 25 行实现运算 $x - p/(p, q)$(参见公式 (3.0.3)). 再次, ① 此运算顺序地实现; ② 此运算由每个进程实现. 也就是说, 每个进程执行同样的运算. 最终, 每个进程都将包含一个向量 x 的全部值的数组 `x`.

在第 27 行中, 循环计数器加 1, 并且重复所有描述的运算.

因此, 我们只并行化了计算最密集的运算. 与此同时, 我们再次注意到, 并行计算仅出现在第 13 行和第 21 行中. 其余代码行要么执行顺序计算 (第 17、19 和 25 行), 要么进行不同进程之间的消息交换.

下面我们来分析本章所提的简化并行算法实现的优缺点.

从理论的角度来看, 可以说我们已经使得共轭梯度法的程序实现变得更差了, 因为现在有些运算没有并行化. 此外, 这些顺序运算还由每个进程进行重复. 然而, 从实践的角度来看, 可以计算出非并行运算 (向量的标量积、向量的求和与减法、向量除以数字的运算) 需要大约 N 个算术运算. 如果计算准确, $4N-1$ 个算术运算在 $s \geqslant 2$ 时的共轭梯度法的循环的每次迭代是非并行化的. 这个算术运算的数量相当于矩阵在每个进程中部分 A_{part} 的大小, A_{part} 将包含额外的两行. 根据题目的含义 $M > N \gg 1$, 即方程组的矩阵足够大 (提醒一下, 如果矩阵很小, 那么编写并行程序就没有意义了). 事实证明, 每个过程的运行时间将大约增加 $(M_{\text{part}} + 2)/M_{\text{part}}$ 倍. 对于较大的 M, 并且作为大 M_{part} 的结果, 该表达式几乎等于 1, 这意味着程序的顺序运行部分的运行时间是微不足道的. 因此, 顺序方法的缺点是不显著的.

另一方面, 在这个简化的并行实现中, 进程之间的数据交换操作显著减少! 此外, 程序实现本身要简单得多! 因此, 在实践中可能会发现: ① 编写简化程序要容易得多; ② 这个简化程序工作更快.

也就是说, 这个简化的程序实现的目标之一是为了告诉读者, 一切都是相对的. 绝对地并行化所有计算并不总是有益的. 因此, 通常需要创造性地编写并行程序.

第 4 章　并行程序的效率和可扩展性

在第 3 章中, 我们考虑了两个版本的共轭梯度法的并行实现, 用稠密矩阵求解重新定义的线性代数方程组. 在本章中, 我们将研究相对应的实现程序的效率. 最后给出结论, 我们可以在并行问题解决算法或相对应的程序实现中的改进.

4.1　阿姆达尔定律

首先, 让我们定义一下术语. 串行代码的运行时间用 T_1 表示. 这里的下标 1 意味着程序是在一个有 1 个计算节点的系统上执行的. 在一个有 n 个计算节点的系统上, 并行代码的运行时间将用 T_n 表示.

很明显, 如果用程序串行处理的运行时间除以程序并行处理的运行时间, 会得到一个数字, 确定程序并行处理比串行处理快多少倍. 因此, 我们来介绍程序加速比的概念:

$$S_n = \frac{T_1}{T_n}. \tag{4.1.1}$$

如果没有计算的亏损 (即计算节点之间的数据交换是瞬时的), 并且所有计算节点都参与计算, 那么我们希望在这种情况下加速比等于 $S_n = n$. 这种情况是理想的, 加速比被称为线性的. 但如果程序中有些部分不能并行, 就不会如此. 因此通常表示为 $S_n < n$.

让我们用 p 来表示可以并行计算的部分. 则 $(1-p)$ 为串行计算的部分. 当在一个有 n 个计算节点的系统上启动程序时, 程序的并行部分将被加速 n 倍, 两串行部分的运行时间将保持不变. 那么自然就形成了阿姆达尔定律:

$$S_n \leqslant \frac{1}{(1-p)+\dfrac{p}{n}}. \tag{4.1.2}$$

注意　只有在没有计算损耗的情况下, 公式 (4.1.2) 的等号才有可能成立 (计算节点之间的数据交换是瞬时的). 在现实中, 损耗会导致程序的并行部分变慢.

让我们绘制不同 p 值下的理论图形 (见图 4.1). 从图中可以看出, 即使程序中存在少量的串行计算, 其加速比也会受到上限的严格限制.

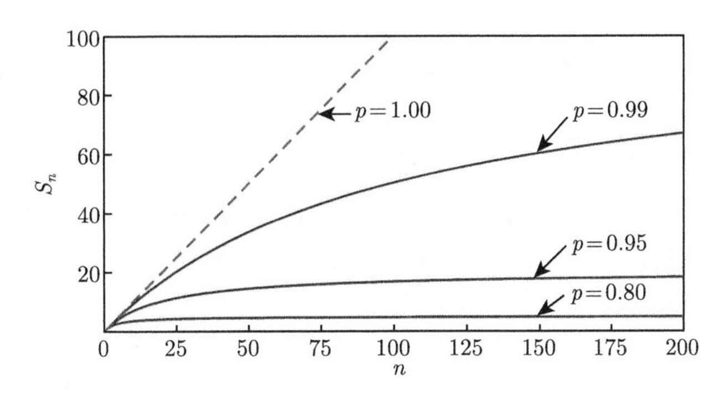

图 4.1 在不同的 p 值下, 并行程序的最大可能速度与计算节点数的函数关系图. 其中横坐标 n 代表计算节点数

事实上

$$S_\infty \leqslant \lim_{n\to\infty} \frac{1}{(1-p)+\dfrac{p}{n}} = \frac{1}{1-p}.$$

因此, 阿姆达尔定律 (Amdahl's law) 定义了随着计算节点数量的增加, 计算系统性能增长的一个极限. 吉恩 • 阿姆达尔 (Gene Amdahl) 在 1967 年发现了并行计算对性能增长的一个简单但不可逾越的限制后, 提出了这一定律. "当一个任务被分成几个部分时, 在并行系统上的总执行时间不能少于最慢的部分的执行时间." 根据这一定律, 通过在多个计算节点上并行执行指令来加速程序的执行速度受到执行其串行部分所需时间的限制.

换句话说, 阿姆达尔定律对使用 n 个计算节点所能获得的加速比 S_n 施加了一个限制. 因此, 其决定了在一个计算系统中增加计算节点数量的可行性.

4.1.1 第 3 章中并行算法的理论分析

让我们估计一下在第 3 章讨论的共轭梯度法的并行实现的最大可能速度.

首先, 让我们简单地回顾在第 3 章中实现算法的公式 (完整的问题陈述在第 3 章, 公式 (3.0.1)—公式 (3.0.5)).

我们需要对每个 $s \in \overline{1,N}$ (即 N 次) 执行以下串行实现, 定义共轭梯度法的一次迭代.

$$r^{(s)} = \begin{cases} A^{\mathrm{T}}\big(Ax^{(s)} - b\big), & s = 1, \\ r^{(s-1)} - \dfrac{q^{(s-1)}}{\big(p^{(s-1)}, q^{(s-1)}\big)}, & s \geqslant 2, \end{cases}$$

$$p^{(s)} = p^{(s-1)} + \frac{r^{(s)}}{\big(r^{(s)}, r^{(s)}\big)},$$

$$q^{(s)} = A^{\mathrm{T}}\big(Ap^{(s)}\big),$$

$$x^{(s+1)} = x^{(s)} - \frac{p^{(s)}}{\left(p^{(s)}, q^{(s)}\right)},$$

共轭梯度法 $s = s + 1$.

我们在第 3 章中以 `conjugate_gradient_method()` 函数的形式在两种情况下实现了这种算法的并行操作: ① 所有的操作都是绝对并行的; ② 只有计算量最大的操作是并行的, 而一些操作仍然是串行的.

在第一种情况下, $p = 1$, 因为所有操作都是并行的. 理论上, 可以等待线性加速. 在实践中, 我们很快就会看到, 由于消耗的存在 (计算节点之间的数据交换需要一定的时间), 这种加速无法实现.

在第二种情况下, 实现共轭梯度法并行操作的简化版本是为了简化程序实施, 并减少进程之间的信息传输的消耗. 让我们回顾一下, 只对矩阵-向量乘法运算和转置矩阵-向量乘法运算进行了并行化. 让我们来计算一下并行化和串行化的算术运算的数量.

注意 就实现它们所需的时间而言, 算术运算并不等同. 完成这些操作所需的 CPU 周期数是不同的. 例如, 如果加法需要 1—3 个周期, 乘法需要 1—7 个周期, 而除法需要 10—40 个周期. 为了简化下面的计算, 我们将假设所有的操作在 CPU 上工作的时间都是相同的. 如果读者愿意, 可以自行完善以下公式.

为了计算每个数量积, 要进行 $(2N-1)$ 次运算. 在每个迭代中, 数量积会出现 3 次 (除了第一次迭代只出现两次), 总共有 $(2N-1) \cdot (3N-1)$ 次运算.

在每个迭代中, 有三个向量加法操作. 如果每个向量由 N 个元素组成, 则需要进行 N 次加法运算. 只有在第一次迭代中, 才是一个具有 M 个元素的两个向量的加法, 而不是具有 N 个元素的向量的加法. 因此, 每个加法运算需要 $N \cdot (3N-1) + M \cdot 1$ 次运算来实现算法.

矩阵-向量乘法运算需要 $M(2N-1)$ 次运算, 转置矩阵-向量乘法需要 $N(2M-1)$ 次运算. 每次迭代时都要进行一次这样的操作, 第一次迭代时要进行两次这样的操作. 我们总共得到 $M(2N-1) \cdot (N+1) + N(2M-1) \cdot (N+1)$ 次运算.

如果我们在第一次迭代时只对矩阵-向量乘法和转置矩阵-向量乘法进行并行化, 那么串行化 (非并行化) 的运算的数量就变成了 $9N^2 - 6N + 1$, 而并行化运算的数量为 $4MN^2 + 3MN - N^2 - N$. 运算的总数为 $4MN^2 + 3MN + 8N^2 - 7N + 1$. 考虑到这一点, 我们得到

$$S_n \leqslant \frac{4MN^2 + 3MN + 8N^2 - 7N + 1}{(9N^2 - 6N + 1) + \dfrac{4MN^2 + 3MN - N^2 - N}{n}}.$$

通过将分数的分子和分母除以 MN^2 并乘以 n, 经过一些算术运算, 我们可以

将这个表达式简化为

$$S_n \leqslant \frac{n\left(1+\frac{3}{4N}+\frac{8}{M}+-\frac{7}{MN}+\frac{1}{4MN^2}\right)}{n\left(\frac{9}{M}-\frac{6}{MN}+\frac{1}{4MN^2}\right)+1+\frac{3}{4N}-\frac{1}{4M}-\frac{1}{4MN}}.$$

只要求解了一个大的线性代数方程组, 不等式右侧的表达式与 n 相差不大 (意味着, M 和 N 是足够大的) 并且 $n \ll M$. 因此, 在上述条件下, 我们可以得到

$$S_n \leqslant n.$$

而这意味着, 即使是在共轭梯度法的简化并行实现的情况下, 只要计算节点之间不存在损耗, 就有可能实现接近线性的速度提升.

4.2 第 3 章中并行算法在程序实现中的实际加速

让我们评估一下实现共轭梯度法的部分程序 S_n 的实际加速比. 也就是说, 我们将研究函数 `conjugate_gradient_method()` 的运行时间, 包括其串行和并行的实现方式.

4.2.1 测量并行程序运行时间的方法

为了计算一个我们感兴趣的函数在其串行实现中的运行时间, 将使用程序包 `time` 中的函数 `time()`, 该函数在调用时返回当前的系统时间, 单位为秒. 让我们保存调用 `conjugate_gradient_method()` 函数前与后的时间. 那么这些时间差将是函数的运行时间.

```
from time import time
time_start = time()
x = conjugate_gradient_method(A, b, x, N)
time_elapsed = time() - time_start
print(f'Time for consecutive algorithm: {time_elapsed} sec.')
```

为了计算该函数并行操作的运行时间, 我们将使用函数 `MPI.Wtime()`, 该函数在被调用时返回当前的系统时间, 单位为秒. 让我们在函数被调用前后保存当进程 `rank = 0` 时的时间, 那么这些时间差将是函数的运行时间.

```
if rank == 0 :
    time_start = MPI.Wtime()
x = conjugate_gradient_method(A_part, b_part, x, N)
if rank == 0 :
    time_elapsed = MPI.Wtime() - time_start
    print(f'Elapsed time is {time_elapsed:.4f} sec.')
```

这种确定函数运行时间的方式是可行的, 因为所有进程几乎同时调用并返回 conjugate_gradient_method(), 而计算部分的运行时间相当长. 然而, 情况并非总是如此, 因此估计一个函数的并行操作的运行时间更准确的方法如下.

```
time_start = empty(1, dtype=float64)
time_elapsed = empty(1, dtype=float64)
time_total = empty(1, dtype=float64)

comm.Barrier()

time_start[0] = MPI.Wtime()

x = conjugate_gradient_method(A_part, b_part, x, N)

time_elapsed[0] = MPI.Wtime() - time_start[0]
comm.Reduce([time_elapsed, 1, MPI.DOUBLE],
            [time_total, 1, MPI.DOUBLE], op=MPI.MAX, root=0)
```

第一, 我们在这里使用聚合通信函数 Barrier(), 它实现了通信域内的所有进程 comm 的同步. 当且仅当这个函数被所有通信进程 comm 调用时, 所有进程才会继续工作, 这样就能确保所有进程在同一时间开始程序的计算部分.

第二, conjugate_gradient_method() 的运行时间是由所有进程 comm 捕获的, 每个进程的 elapsed_time 的值将是不同的. 在集合通信函数 Reduce() 的帮助下, 在所有进程中选择最高的耗时 (参数 op=MPI.MAX), 并写进数组 time_total.

第三, 因为 elapsed_time 和 time_total 是作为 MPI 函数的参数使用的, 所以我们将其定义为 numpy 数组.

4.2.2 测试并行程序所用多处理器系统的特性

首先, 我们需要注意使用多核处理器的计算机进行测试的一个特殊性. 例如, 如果我们使用 4.2.1 小节描述的方法来测试第 3 章分析的并行程序的运行时间, 我们会发现, 它们的运行时间几乎不依赖于用于计算的 MPI 进程的数量 (前提是启动 MPI 进程的数量不超过多核处理器的核数量). 这是由我们用 numpy 包中的 dot() 函数进行运算的特殊性造成的. 我们用 dot() 函数实现所有计算最密集的操作, 这个函数在计算中自动使用多线程, 让多核处理器的所有内核参与计算. 因此, 如果 MPI 进程的数量不够大, 程序的串行和并行版本之间的运行时间几乎没有差别. 但是如果 MPI 进程的数量大大超过了可用于计算的内核数量, 那么并行版本的运行时间甚至会超过该程序串行版本的运行时间. 原因是, 除了直接计算外, 还会在 MPI 进程之间的交互上花费时间. 因此, 使用具有单个多核处理器的个人计算机来测试本书上的并行程序的效率是不具建设性的.

在这方面, 为了测试并行程序的效率, 我们使用了一个真正的多处理系统: 莫斯科国立大学科学研究计算中心的 “罗蒙诺索夫-2” [7] 超级计算机. 有一个专门的部分 `test`, 用于在上面测试任务, 可以启动运行时间不超过 15 分钟 (900 秒) 的程序, 还可以使用多达 15 个计算节点, 每个节点有 14 核 Intel Xeon E5-2697 v3 2.60GHz 处理器和 64GB 内存 (每个节点 4.5 GB).

注意 每个计算节点都配备了 Tesla K40s 显卡, 拥有 11.56 GB 的显存. 在第 13 章中, 我们将讨论如何在计算中利用显卡, 并介绍一些混合并行计算技术的基础知识.

4.2.3 测试计算结果

例 1 将 $N = 10\,000$, $M = 12\,000$ 作为测试参数. 在这种情况下, 需要 $N \times M \times 8$ bit $= 0.89$ GB 内存来储存系统 A 的矩阵. 与解决真正的实际问题时出现的那些问题相比, 这是一个相当 “小” 的问题, 但同时它在单处理器系统上能在合理的时间内得到解决, 这给我们提供了测试程序实现的机会. 对于上述参数, 1 个计算节点上的函数 `conjugate_gradient_method()` 的串行版本运行了约 368 秒. 该程序的并行版本在运行时, 每个 MPI 进程正好与一个计算节点绑定.

注意 当在具有多核处理器的计算机系统上启动程序时, 总是有可能将每个 MPI 进程绑定到一个计算节点 (通常包含一个处理器) 和一个内核. 由此可见, 在启动并行程序的不同方式下, 程序的工作效率 (运行时间) 会有很大的不同. 我们将在课程中再次回到这个问题上, 但现在读者应该牢记这个重要的细微差别.

在图 4.2 显示了函数 T_n 的并行版本的运行时间与参与计算的计算节点数 n 的关系图. 我们为并行算法的程序实现的两种变体: 所有操作完全并行和部分并行, 提供了这种依赖关系的图表. 随着计算节点数 n 的增加, 时间 T_n 一开始就会

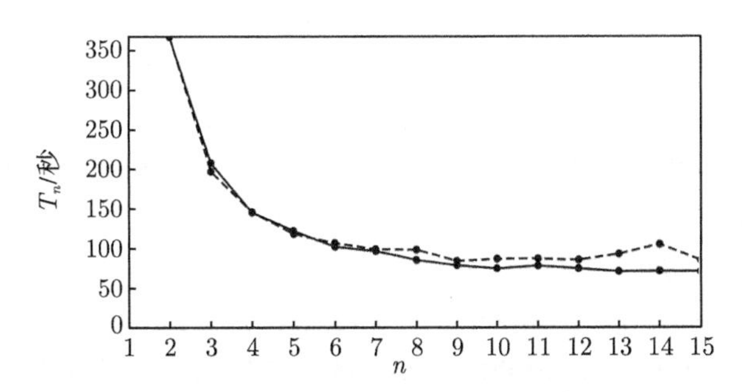

图 4.2 在例 1 的参数设置下, 程序的并行版本的运行时间图取决于计算节点数. 实线对应的是所有操作的并行化的程序版本, 虚线对应的是简化的并行实现. 横坐标 n 代表计算节点数

减少. 这意味着增加节点的数量会产生正确的效果. 这时我们看到, 所有操作完全并行的程序版本比部分并行的版本工作得更快.

利用对函数 T_1 的串行版本的运行时间的估计, 让我们用公式 (4.1.1) 计算出真正的加速比 S_n. 相应的图见图 4.3.

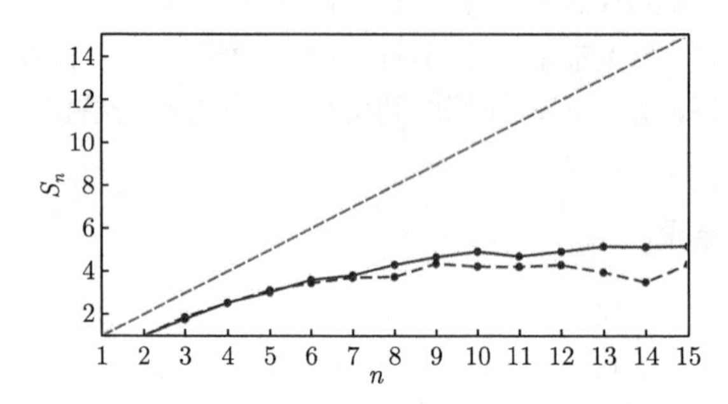

图 4.3 在例 1 的参数设置下, 并行版程序的加速图取决于计算节点的数量. 实线对应的是所有操作的并行化的程序版本, 虚线对应的是简化的并行实现. 横坐标 n 代表计算节点数

注意 由于在我们的程序实现中, $n-1$ 个计算节点参与了真正的计算, 因此该图沿着标线向右移动了 1. 从第 5 章开始, 我们将实现并行算法, 使所有进程 (因此也是所有计算节点) 都参与计算.

从图中可以看出, 程序两种版本的加速很快达到某个恒定值, 类似于图 4.1 所示的曲线. 然而, 实际上, 得出加速达到某个恒定值的结论是错误的. 这里的这种效果并不是由于未并行的操作 (其中一个图表对应于完全并行化的情况), 而是由于计算节点之间数据交换的额外开销所致. 我们提醒, MPI 函数在计算节点之间传递数据 (消息) 的时间与 $\log_2(\text{numprocs})$ 成正比. 因此, 随着计算节点数量的增加, 实际计算时间减少, 但数据交换时间增加. 如果我们在更多的计算节点上进行计算, 则额外开销会增加, 这将导致并行版本的函数运行时间增加, 从而减少加速. 根据这些图表, 我们可以初步得出结论, 使用多少个节点进行计算是有意义的. 由于对于两种程序版本, 当计算节点数达到 9—10 时, 加速几乎不再变化, 我们得出结论, 在我们编写的程序中, 使用超过 10 个计算节点是没有意义的. 然而, 这一结论只适用于参数与我们进行的数值实验相近的任务. 在此之后, 我们将多次表明, 计算节点的最佳数量将极大地取决于所处理数据的大小.

例 2 现在让我们把 $N = 70000$, $M = 90000$ 作为测试参数. 在这种情况下, 需要 $N \times M \times 8$ bit $= 46.93$ GB 来存储系统矩阵 A. 这已经是一项相当密集的计算任务. 选择这些参数的原因是, 我们想用尽可能大的矩阵 A 对系统进行计算, 但同时又要确保这个矩阵适合于单个计算节点的 RAM (否则我们将无法为串行版本的程序计时). 对于提到的参数, 在 1 个计算节点上的 `conjugate_`

`gradient_method()` 的串行版本运行时间远远超过 15 分钟. 因此, 在测试计算中, 我们将自己限制在共轭梯度法的 400 次迭代. 在这种情况下, 该函数的串行版本的运行时间约为 750 秒 (如果所有的迭代都被执行, 这个时间将增加到约 1.5 天). 在运行该程序的并行版本时, 每个 MPI 进程正好映射到一个计算节点.

问题来了, 大维度系统矩阵例子的意义何在? 回想一下我们在第 3 章中制定的目标之一——使每个进程加载尽可能多的计算. 在这种情况下, 进程之间的信息传输所花费的时间将减少. 在一个较大的矩阵的情况下, 我们正是在实现这一目标. 因此, 我们预计该计划将有更高的加速比.

让我们看一下图 4.4 中的相关数据. 我们可以看到, 在处理足够大的输入数据的情况下, 两个版本的并行程序的运行时间几乎没有差异. 同时, 加速比变得更高.

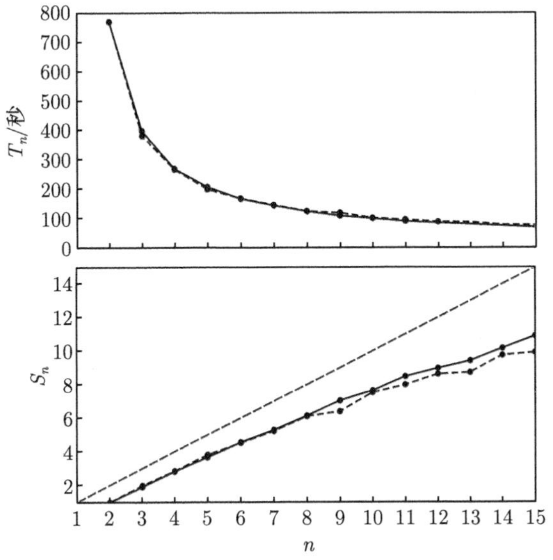

图 4.4 在例 2 的参数设置下, 并行程序的运行时间和加速图与计算节点数的关系. 实线对应的是所有操作的并行化的程序版本, 虚线对应的是简化的并行实现

4.3 并行程序的效率和扩展性分析

我们引入并行化效率的概念:

$$E_n = \frac{S_n}{n}. \tag{4.3.1}$$

将并行效率 E_n 与 1 进行比较, 可以表征使用 n 个计算节点 (处理器/内

核）的合理性, 也就是计算资源的利用程度. 在理想情况下, 当实现线性加速时, 即 $S_n = n$, E_n 的效率将等于 1. 但这只有在所有操作都完全并行化且没有消耗的情况下才有可能 (计算节点之间交换数据所需的时间可以忽略不计).

对于已经考虑过的测试参数集例 1 和例 2, 让我们来绘制并行效率与计算节点数的函数 (图 4.5). 效率图明确了使用多少资源 (使用的处理器/内核计算节点的数量) 来解决我们的问题 (具有一定的输入数据结构和具有一定的程序实现) 是有意义的. 有一个惯例, 根据这个惯例, 对于正在解决的任务来说, 一个好的并行算法的程序实现被认为是具有不低于 0.8 的并行效率 (如果换成百分比, 就是 80%).

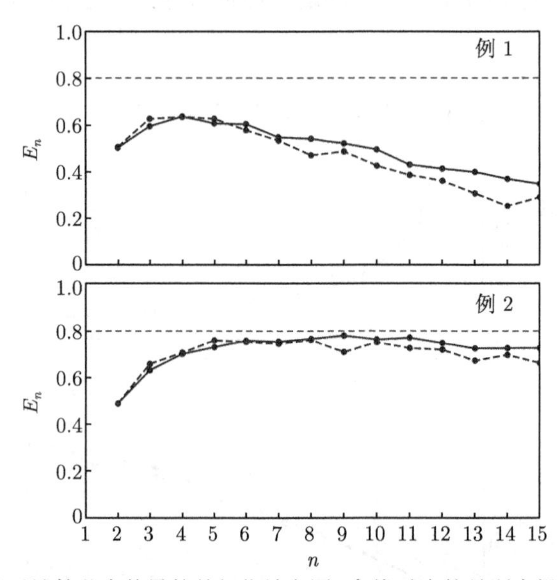

图 4.5 取决于计算节点数量的并行化效率图. 实线对应的是所有操作的并行化的程序版本, 虚线对应的是简化的并行实现

并行程序的可扩展性概念也被积极使用. 可扩展性是指并行程序在增加参数时保持效率的能力. 介绍了定义可扩展性的几个选项.

- *强扩展性* (strong scaling) 是对于一个固定复杂度的问题 ($T_1 = \text{const}$), 当计算节点数 n 增加时, 并行程序保持 E_n 效率的能力.

强可伸缩性是最好的一种可伸缩性. 想象一下, 需要解决某个问题. 我们有一定规模的输入数据, 这个数据是固定的, 是实验观察的结果. 事实证明, 问题的计算复杂性是固定的, 串行程序的执行时间是 T_1. 那么, 如果有很强的可扩展性, 则我们在越多的计算节点上运行程序, 结果就越快, 也就是说, 使用额外的计算资源确实是合理的.

• *弱扩展性* (weak scaling) 是并行程序在增加计算节点数 n 的同时保持效率并同时保持每个计算节点的工作量 ($T_1/n = \text{const}$) 的能力.

• *广度上的可伸缩性* (wide scaling) 是并行程序保持 E_n 效率的能力, 同时为固定数量的处理器 ($n = \text{const}$) 增加 T_1 任务的复杂性.

注意, 在本书中, 当谈论可扩展性时, 我们指的是强扩展性. 当把并联效率对节点数量的依赖性按数字顺序绘制成图时, 我们分析的正是强可扩展性.

根据对图 4.5 的分析, 可以得出结论, 我们在第 3 章中编写的并行程序是可以采取的, 但不是那么理想. 在这方面, 程序和算法都需要改进.

4.4 提高效率和扩展性的策略

回想一下, 我们在第 3 章使用 MPI 消息传输技术编写并行程序时制定了两个主要目标. 第一个目标是尽可能地分离所有操作, 并以这种方式执行, 即每个进程都加载了尽可能多的计算. 在这种情况下, 花在进程之间传递消息上的时间比例会更少. 第二个目标是最大限度地减少进程之间的消息交换次数, 并确保在交换期间传输的数据尽可能少.

虽然第一个目标总体上是明确的, 但第二个目标却不那么简单. 它主要可以通过改变并行算法来实现. 这正是我们在第 3 章实现共轭梯度法的简化并行算法时的做法——我们试图减少进程之间的信息交换次数. 但是, 如果以减少进程之间传输的数据量的方式更改并行算法, 我们仍然可以提高程序实现的效率.

让我们回顾一下在第 3 章中编写并行程序时使用的三个主要 MPI 函数, 它们产生了进程之间数据交换的主要消耗.

第一, 这是 MPI 函数 `Allgatherv()`:

```
comm.Allgatherv([p_part, N_part, MPI.DOUBLE],
                [p, rcounts_N, displs_N, MPI.DOUBLE])
```

我们用它从所有通信器的通信进程 `comm` 中收集长度为 `N_part` 的数组, 变成一个长度为 `N` 的数组, 作为这个函数的结果, 它被包含在所有通信器的通信进程 `comm` 上. 由于数据收集和分发的级联算法的实现特性 (这些算法在该函数内部 “缝合”), 总是至少有几个进程 (但通常更多) 必须交换长度为 `N`/2(而不是 `N_part`) 的数组. 让我们记住这一点.

第二, 这是 MPI 函数 `Reduce_scatter()`:

```
comm.Reduce_scatter([q_temp, N, MPI.DOUBLE],
                    [q_part, N_part, MPI.DOUBLE],
                    rcounts_N, op=MPI.SUM)
```

此函数用于对长度为 N 的数组求和, 并将最终的数组以长度为 N_part 的部分分配给所有通信进程 comm. 由于该函数内部实现的级联算法的特殊性, 同样至少有几个进程必须交换长度为 N/2 的数组.

第三, 这是 MPI 函数 Allreduce():

```
comm.Allreduce([q_temp, N, MPI.DOUBLE],
               [q, N, MPI.DOUBLE], op=MPI.SUM)
```

这个函数有一个类似的问题——同样, 在长度为 N 的进程之间存在转移.

也就是说, 在我们实现的并行算法中, 传输的数据量是由参数 N 决定的, 其含义是系统 $Ax = b$ 的期望向量 x 的分量数. 也就是说, 我们解决的问题越复杂, 需要交换的数据进程也就越多, 而不考虑参与计算的进程的数量.

在第 5 章中, 我们将讨论一种更高级的矩阵-向量乘法的并行算法, 它迫使进程交换长度为 N_part(而不是 N) 的信息. N_part 的值将随着参与计算的进程数量的减少而减少!

第 5 章　使用进程组和通信器进行操作

根据第 1—3 章的内容, 我们实现了用共轭梯度法来解决一个具有密集矩阵的超定线性代数方程组的技术. 我们编写的并行程序的效率和可扩展性已经在第 4 章进行了研究. 特别的是, 我们发现, 在程序实现中, 不同进程之间的数据交换操作需要相当大的时间消耗, 这降低了这些程序实现的效率和可扩展性. 因此本章将考虑另一种矩阵-向量乘法的并行算法, 它可以用在共轭梯度法的并行程序中. 新的算法将大大降低在不同进程之间接收和传输信息的消耗.

在前面的章节中, 使用了一种矩阵 A 与向量 x 的并行乘法算法, 在这种算法中我们实现了将一维矩阵分割成块. 每个进程都会得到自己的 A_{part} 矩阵的一部分, 该部分由一些矩阵 A 的行和整个向量 x 组成一个整体. 当使用这种算法在实现共轭梯度法时的主要问题是我们必须为所有过程完全储存矢量 x. 在共轭梯度法的每一次迭代中, 这个向量都会发生一些变化, 因此必须在乘法操作之前对所有过程进行更新. 而这不可避免地需要进程交换信息, 每个信息都包含大约 N 个元素 (矢量 x 的数量). 现在我们考虑一种更复杂的矩阵-向量乘法的并行算法, 即在将矩阵分为二维块的情况下. 虽然这种算法在程序实现上会比较困难, 但随着参与计算的进程数量的增加, 进程必须交换的信息大小会减少. 因此, 这将导致计算开销的大幅减少, 从而提高程序实现的效率和可扩展性.

5.1　基于二维块划分的矩阵与向量相乘的并行算法

将矩阵 A 的所有元素分配到参与计算的进程中, 使用二维矩阵分割成块 (图 5.1). 在这样做的时候, 我们将把水平方向的分割数表示为 num_row (行数的简称), 垂直方向的分割数表示为 num_col (列数的简称). 因此, 维度为 $M \times N$ 的矩阵 A 将被划分为维度为 $M_{\text{part}_{(m)}} \times N_{\text{part}_{(n)}}$ 的部分 $A_{\text{part}_{(k)}}$. 这里, k 是参与计算的进程数, $k \in \overline{0, \texttt{numprocs} - 1}$, 它与指数 m 和 n 的关系如下:

$$m = \left\lfloor \frac{k}{\texttt{num\_col}} \right\rfloor, \quad n = k - \left\lfloor \frac{k}{\texttt{num\_col}} \right\rfloor \cdot \texttt{num\_col}.$$

注意　我们选择的索引假定所有的进程 (包括 rank = 0 的进程) 都将参与计算. 也就是说, $k \equiv$ rank 和 num_row $\cdot$ num_col $\equiv$ numprocs.

还要注意

$$\sum_{m=0}^{\texttt{num\_row}-1} M_{\text{part}\,(m)} = M, \qquad \sum_{n=0}^{\texttt{num\_col}-1} N_{\text{part}\,(n)} = N.$$

在计算矩阵-向量乘积时出现的术语可以归纳如下 (我们将给出一个对应于图 5.1 的例子, 当只有 9 个 MPI 进程参与计算的情况时).

$$Ax = \begin{bmatrix} A_{\text{part}\,(0)} & A_{\text{part}\,(1)} & A_{\text{part}\,(2)} \\ A_{\text{part}\,(3)} & A_{\text{part}\,(4)} & A_{\text{part}\,(5)} \\ A_{\text{part}\,(6)} & A_{\text{part}\,(7)} & A_{\text{part}\,(8)} \end{bmatrix} \begin{bmatrix} x_{\text{part}\,(0)} \\ x_{\text{part}\,(1)} \\ x_{\text{part}\,(2)} \end{bmatrix}$$

$$= \begin{bmatrix} A_{\text{part}\,(0)}x_{\text{part}\,(0)} + A_{\text{part}\,(1)}x_{\text{part}\,(1)} + A_{\text{part}\,(2)}x_{\text{part}\,(2)} \\ A_{\text{part}\,(3)}x_{\text{part}\,(0)} + A_{\text{part}\,(4)}x_{\text{part}\,(1)} + A_{\text{part}\,(5)}x_{\text{part}\,(2)} \\ A_{\text{part}\,(6)}x_{\text{part}\,(0)} + A_{\text{part}\,(7)}x_{\text{part}\,(1)} + A_{\text{part}\,(8)}x_{\text{part}\,(2)} \end{bmatrix}$$

$$= \begin{bmatrix} A_{\text{part}\,(0)}x_{\text{part}\,(0)} \\ A_{\text{part}\,(3)}x_{\text{part}\,(0)} \\ A_{\text{part}\,(6)}x_{\text{part}\,(0)} \end{bmatrix} + \begin{bmatrix} A_{\text{part}\,(1)}x_{\text{part}\,(1)} \\ A_{\text{part}\,(4)}x_{\text{part}\,(1)} \\ A_{\text{part}\,(7)}x_{\text{part}\,(1)} \end{bmatrix} + \begin{bmatrix} A_{\text{part}\,(2)}x_{\text{part}\,(2)} \\ A_{\text{part}\,(5)}x_{\text{part}\,(2)} \\ A_{\text{part}\,(8)}x_{\text{part}\,(2)} \end{bmatrix}$$

$$= \begin{bmatrix} b_{\text{part\_temp}\,(0,0)} \\ b_{\text{part\_temp}\,(1,0)} \\ b_{\text{part\_temp}\,(2,0)} \end{bmatrix} + \begin{bmatrix} b_{\text{part\_temp}\,(0,1)} \\ b_{\text{part\_temp}\,(1,1)} \\ b_{\text{part\_temp}\,(2,1)} \end{bmatrix} + \begin{bmatrix} b_{\text{part\_temp}\,(0,2)} \\ b_{\text{part\_temp}\,(1,2)} \\ b_{\text{part\_temp}\,(2,2)} \end{bmatrix}$$

$$= b_{\text{temp}\,(0)} + b_{\text{temp}\,(1)} + b_{\text{temp}\,(2)} = \begin{bmatrix} b_{\text{part}\,(0)} \\ b_{\text{part}\,(1)} \\ b_{\text{part}\,(2)} \end{bmatrix} = b.$$

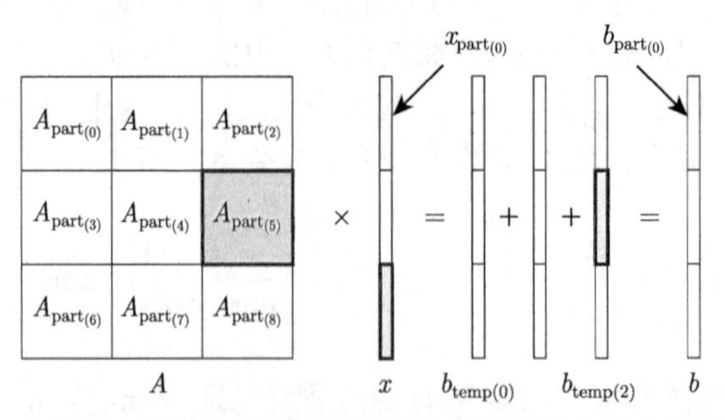

图 5.1　矩阵二维划分成块的情况下的矩阵乘以向量的并行算法

选择这种矩阵-向量乘法的形式是为了清楚地表明, 向量 x (假定由 N 个元素组成) 不需要在每个进程中全部存储. 每个进程只需要这个具有 $N_{\text{part}(n)}$ 个元素的向量 $x_{\text{part}(n)}$ 中自己的一部分, 其中 $n \in \overline{0, \texttt{num\_col} - 1}$.

为了清楚起见, 让我们介绍一个进程网格的概念, 图 5.2 给出了一个例子. 说明图 5.2 显示了在哪个进程中应该包含哪些信息. 固定索引 n 的向量 $x_{\text{part}(n)}$ 的一部分被存储在索引为 n 的进程网格的一列的所有单元中 (假设进程网格的列和行的编号从 0 开始). 让我们记住这个特点.

rank=0 $A_{\text{part}(0)}$	rank=1 $A_{\text{part}(1)}$	rank=2 $A_{\text{part}(2)}$
rank=3 $A_{\text{part}(3)}$	rank=4 $A_{\text{part}(4)}$	rank=5 $A_{\text{part}(5)}$
rank=6 $A_{\text{part}(6)}$	rank=7 $A_{\text{part}(7)}$	rank=8 $A_{\text{part}(8)}$

A

rank=0 $x_{\text{part}(0)}$	rank=1 $x_{\text{part}(1)}$	rank=2 $x_{\text{part}(2)}$
rank=3 $x_{\text{part}(0)}$	rank=4 $x_{\text{part}(1)}$	rank=5 $x_{\text{part}(2)}$
rank=6 $x_{\text{part}(0)}$	rank=7 $x_{\text{part}(1)}$	rank=8 $x_{\text{part}(2)}$

x

图 5.2 定义跨进程的数据分布的进程网格示例

然后, 参与计算的每个进程将对 $A_{\text{part}(k)}$ 矩阵的部分与 $x_{\text{part}(n)}$. 矢量的部分进行乘法运算, 结果是 $b_{\text{part\_temp}(m,n)}$, 这将是结果矢量 b 的 $b_{\text{part}(m)}$ 的组成部分之一. 参与计算的每个进程都可以独立于其他进程执行这一操作, 从而只对位于该进程内存中的数据进行操作. 我们并行地实现这些操作. 然后, 沿每个进程网格线 (即索引 m 是固定的) 的相应项 $b_{\text{part\_temp}(m,n)}$ 必须由至少一个进程收集 (通过进程间的消息传递) 并求和.

因此, 这种并行算法包含以下特点.

(1) 每个进程不需要存储整个向量 x, 只需要存储 $x_{\text{part}(n)}$ 向量的一部分. $x_{\text{part}(n)}$ 向量不一定要发给通信器 comm 的所有进程, 而只是发给通信器的部分进程–进程网格中 n 列的进程. 与此同时, 进程网格的每列的过程之间的数据传送可以与进程网格的其他列的过程之间的数据传送并行地组织, 这将给出时间增益.

(2) 在计算最终向量 b 的部分 $b_{\text{part}(n)}$ 时, 需要交换消息的不是通信器 comm 的所有进程, 而是仅与该通信器的一部分进程, 即仅与具有索引 m 的行的进程进行交换. 与此同时, 沿着进程网格的每一行的数据传输可以与进程网格的其他行的过程之间的数据传输并行地组织, 这也将给出时间增益.

正如前面的章中所提的, 使用 MPI 函数 Send() 和 Recv() 组织的进程之间的消息交换是可能的, 但效率低下. 使用进程集体通信的 MPI 函数效率要高得多. 但是应该在通信器的所有进程上调用这样的函数. 目前, 我们只用通信器 comm 工作, 除了我们想参与的进程 (来自进程网格的单独一列或一行的进程), 它还包含其他不会相互影响的进程. 这意味着需要创建额外的通信器, 这些通信器只包含那些我们想在其中使用集体进程通信功能组织数据交换交互的进程组.

5.2　基于二维块划分的转置矩阵与向量相乘的并行算法

在矩阵二维分割成块的情况下, 转置矩阵与向量相乘的并行算法与 5.1 节所考虑的算法非常相似, 在某种意义上, 其具有对称性. 由于我们对共轭梯度法背景下的转置矩阵与向量乘法感兴趣, 假设系统 A 的矩阵是由进程网格的过程存储的, 如图 5.2 所示. 这是因为, 就像在第 1 章中一样, 我们希望建立一个算法, 将 A^{T} 乘以向量, 以避免在内存中为转置矩阵创建额外的数组. 毕竟, 在解决实际应用问题时, 所有进程上的总可用内存可能都不够.

因此, 在通过向量计算转置矩阵的乘积时出现的求和可以按如下方式分成组 (就像 5.1 节中一样, 这里是一个只有 9 个 MPI 过程参与计算的示例):

$$
\begin{aligned}
A^{\mathrm{T}}b &= \begin{bmatrix} A^{\mathrm{T}}_{\mathrm{part}\,(0)} & A^{\mathrm{T}}_{\mathrm{part}\,(3)} & A^{\mathrm{T}}_{\mathrm{part}\,(6)} \\ A^{\mathrm{T}}_{\mathrm{part}\,(1)} & A^{\mathrm{T}}_{\mathrm{part}\,(4)} & A^{\mathrm{T}}_{\mathrm{part}\,(7)} \\ A^{\mathrm{T}}_{\mathrm{part}\,(2)} & A^{\mathrm{T}}_{\mathrm{part}\,(5)} & A^{\mathrm{T}}_{\mathrm{part}\,(8)} \end{bmatrix} \begin{bmatrix} b_{\mathrm{part}\,(0)} \\ b_{\mathrm{part}\,(1)} \\ b_{\mathrm{part}\,(2)} \end{bmatrix} \\
&= \begin{bmatrix} A^{\mathrm{T}}_{\mathrm{part}\,(0)} b_{\mathrm{part}\,(0)} + A^{\mathrm{T}}_{\mathrm{part}\,(3)} b_{\mathrm{part}\,(1)} + A^{\mathrm{T}}_{\mathrm{part}\,(6)} b_{\mathrm{part}\,(2)} \\ A^{\mathrm{T}}_{\mathrm{part}\,(1)} b_{\mathrm{part}\,(0)} + A^{\mathrm{T}}_{\mathrm{part}\,(4)} b_{\mathrm{part}\,(1)} + A^{\mathrm{T}}_{\mathrm{part}\,(7)} b_{\mathrm{part}\,(2)} \\ A^{\mathrm{T}}_{\mathrm{part}\,(2)} b_{\mathrm{part}\,(0)} + A^{\mathrm{T}}_{\mathrm{part}\,(5)} b_{\mathrm{part}\,(1)} + A^{\mathrm{T}}_{\mathrm{part}\,(8)} b_{\mathrm{part}\,(2)} \end{bmatrix} \\
&= \begin{bmatrix} A^{\mathrm{T}}_{\mathrm{part}\,(0)} b_{\mathrm{part}\,(0)} \\ A^{\mathrm{T}}_{\mathrm{part}\,(1)} b_{\mathrm{part}\,(0)} \\ A^{\mathrm{T}}_{\mathrm{part}\,(2)} b_{\mathrm{part}\,(0)} \end{bmatrix} + \begin{bmatrix} A^{\mathrm{T}}_{\mathrm{part}\,(3)} b_{\mathrm{part}\,(1)} \\ A^{\mathrm{T}}_{\mathrm{part}\,(4)} b_{\mathrm{part}\,(1)} \\ A^{\mathrm{T}}_{\mathrm{part}\,(5)} b_{\mathrm{part}\,(1)} \end{bmatrix} + \begin{bmatrix} A^{\mathrm{T}}_{\mathrm{part}\,(6)} b_{\mathrm{part}\,(2)} \\ A^{\mathrm{T}}_{\mathrm{part}\,(7)} b_{\mathrm{part}\,(2)} \\ A^{\mathrm{T}}_{\mathrm{part}\,(8)} b_{\mathrm{part}\,(2)} \end{bmatrix} \\
&= \begin{bmatrix} x_{\mathrm{part\_temp}\,(0,0)} \\ x_{\mathrm{part\_temp}\,(0,1)} \\ x_{\mathrm{part\_temp}\,(0,2)} \end{bmatrix} + \begin{bmatrix} x_{\mathrm{part\_temp}\,(1,0)} \\ x_{\mathrm{part\_temp}\,(1,1)} \\ x_{\mathrm{part\_temp}\,(1,2)} \end{bmatrix} + \begin{bmatrix} x_{\mathrm{part\_temp}\,(2,0)} \\ x_{\mathrm{part\_temp}\,(2,1)} \\ x_{\mathrm{part\_temp}\,(2,2)} \end{bmatrix} \\
&= x_{\mathrm{temp}\,(0)} + x_{\mathrm{temp}\,(1)} + x_{\mathrm{temp}\,(2)} = \begin{bmatrix} x_{\mathrm{part}\,(0)} \\ x_{\mathrm{part}\,(1)} \\ x_{\mathrm{part}\,(2)} \end{bmatrix} = x.
\end{aligned}
$$

然后, 参与计算的每个进程将执行其在矩阵 $A^{\mathrm{T}}_{\mathrm{part}\,(k)}$ 中的部分与矢量 $b_{\mathrm{part}\,(m)}$ 中的部分相乘的操作. 计算出 $x_{\mathrm{part\_temp}\,(m,n)}$, 它将是所得向量 x 的部分 $x_{\mathrm{part}\,(n)}$ 的和之一. 参与计算的每个进程都可以独立于其他进程执行这一操作, 从而只对位于该进程内存中的数据进行操作. 我们并行地实现这些操作. 然后, 沿着进程网格的每列 (即索引 n 是固定的) 的相应项 $x_{\mathrm{part\_temp}\,(m,n)}$ 必须在至少一个进程上收集 (由于进程之间的消息交换) 并求和.

因此, 这种并行算法包含以下特点:

(1) 每个进程不需要存储整个向量 b, 只需要存储 $b_{\mathrm{part}\,(m)}$ 向量的一部分. $b_{\mathrm{part}\,(m)}$ 向量不一定要发送给通信器 `comm` 的所有进程, 而只是发给通信器的部分进程, 即进程网格中 m 行的进程. 与此同时, 进程网格的每行的进程之间的数据传送可以与过程网格的其他行的进程之间的数据传送并行地组织, 这将给出时间增益.

(2) 在计算最终向量 x 的部分 $x_{\mathrm{part}_{(n)}}$ 时, 需要交换消息的不是通信器 `comm` 的所有进程, 而是仅与该通信器的一部分进程, 即具有索引 n 的列的进程进行交换. 与此同时, 沿着进程网格的每一列的数据传输可以与进程网格的其他列的过程之间的数据传输并行地组织, 这也将给出时间增益.

我们可以看到, 在矩阵二维分块的情况下, 转置矩阵乘以向量的并行算法与 5.1 节中考虑的矩阵-向量乘法的并行算法具有对称性. 该算法由之前考虑的算法衍生而来, 将 $m \times n$ 和 "行" $\leftrightarrow$ "列" 替换. 在这种情况下, 所有的操作都不是由矩阵 $A_{\mathrm{part}\,(k)}$ 来进行的, 而是用它们的转置部分 $A^{\mathrm{T}}_{\mathrm{part}\,(k)}$ 来进行的. 因此, 这种算法的程序实现与并行矩阵-向量乘法算法的程序实现不会有太大区别 (包括需要与额外的通信器一起工作, 这些通信器将只包含那些我们想在集体进程通信功能帮助下组织数据交换的进程组).

5.3 进程组和通信器

在这一节中, 将介绍一些基本函数, 这些函数能使我们创建额外的通信器. 我们将在共轭梯度法的并行实现中积极使用这些通信器, 该方法使用了现在讨论的矩阵-向量乘法的高级并行算法.

5.3.1 进程组操作

进程组是一个有序的进程集合. 一个组中的每个过程都被分配了一个整数, 即秩 (数字/标识符).

既可以在现有组的基础上创建新组, 也可以在通信器的基础上创建新组, 但在交换操作中只能使用通信器. 创建所有其他进程组的基础组与通信器相关联 `comm ≡ MPI.COMM_WORLD`——该组包括所有进程. 进程组上的操作是本地的——

只有调用函数的进程参与其中, 执行不需要进程间数据交换. 任何进程都可以对任何组执行操作, 包括不包含此进程的组. 对组的操作可能会产生空组 MPI.GROUP_EMPTY.

下面我们将描述处理进程组的主要函数, 将在并行算法的程序实现中积极使用这些功能.

从函数 Get_group() 开始.

```
comm.Get_group()
```

此函数获取与通信器 comm 关联的组.

例如, 使用以下命令, 可以获取与通信器 comm ≡ MPI.COMM_WORLD 关联的进程组:

```
comm = MPI.COMM_WORLD
group = comm.Get_group()
```

使用该组, 我们可以从中形成其他组 (本质上是该组的子组), 在此基础上可以创建新的通信器. 这有很多函数 (Python 方法):

- Dup() —— 创建进程组的副本.
- Excl(ranks) ——通过从已存在的组中排除具有指定行列的进程来创建进程组.
- Incl(ranks) —— 通过包含已存在组中具有指定行列的进程来创建进程组.
- Range_excl(ranks) ——通过从现有组中排除进程范围来创建一个进程组.
- Range_incl(ranks) —— 通过包括现有组的进程范围来创建一个进程组.
- Differense(group1, group2) —— 创建一个进程组, 该组由不属于两个指定组中任何一个的进程组成.
- Intersection(group1, group2) —— 创建一个由属于两个组的进程组成的进程组.
- Union(group1, group2) —— 创建一个进程组, 将两个指定组的进程连接起来.
- Get_rank() ——返回进程组中进程的秩.
- Get_size() —— 返回进程组的大小.
- Free() —— 删除进程组.

例如, 如上所述, 使用 Range_incl() 函数, 可以从现有组创建进程组. 让我们举一个相应的程序代码的例子.

```
1 from mpi4py import MPI
2
```

```
3  comm = MPI.COMM_WORLD
4  numprocs = comm.Get_size()
5
6  group = comm.Get_group()
7  rank = group.Get_rank()
8
9  newgroup = group.Range_incl([(2,numprocs-1,1)])
10 newrank = newgroup.Get_rank()
11
12 print(f'My rank={rank} in the 1st group and ={newrank} in the 2nd
     one')
```

在第 6 行中, 我们使用函数 `Get_group()` 获取与 `comm` 关联的组 `group`. 然后, 在第 7 行, 我们确定该组中进程的 `rank`. 接下来, 在第 9 行中, 使用 `Range_incl()` 函数, 我们创建一组 `newgroup` 进程, 其中只包含 `rank >= 2` 原始组的 `group` 的进程. 第 10 行, 在新组中定义进程的秩 `newrank`. 在第 12 行中, 我们在原始组和新组中输出过程的秩.

如果将此脚本 (程序) 保存在名称 `script.py` 下, 并使用命令在终端中运行它.

```
> mpiexec -n 5 python script.py
```

然后我们将得到以下输出:

```
My rank=1 in the 1st group and =-32766 in the 2nd one
My rank=2 in the 1st group and =0 in the 2nd one
My rank=4 in the 1st group and =2 in the 2nd one
My rank=0 in the 1st group and =-32766 in the 2nd one
My rank=3 in the 1st group and =1 in the 2nd one
```

因此, 我们可以确保同一个 MPI 进程属于不同的进程组, 因此它们具有不同的标识符 (数字/行列). 特别是, 要注意新组中未包含在此新组中的那些进程 (原始组中的 `rank >= 2`) 的标识符的 “错误” 值.

注意 `Range_incl()` 中对进程范围的描述. 进程的范围以 `(first, last, stride)` 的形式设置, 其中值 `last` 可以包含在范围内. 这是由于该函数在描述范围时使用 C 编程语言而不是 Python 的语法.

5.3.2 通信器操作

通信器为某个组的进程提供一个单独的消息传递环境. 上下文实现了独立的数据交换. 每个进程组可以对应于几个通信器, 但是每个通信器在任何给定时间唯一地只对应于一个组. 以下通信器是在程序的 MPI 部分初始化后立即创建的 (在加载 `mpi4py` 包期间):

- MPI.COMM_WORLD —— 是一个通信器, 它将通信的所有过程统一起来;
- MPI.COMM_NULL —— 用于错误通信器的值;
- MPI.COMM_SELF —— 仅包含调用进程的通信器.

创建一个通信器是一个集体操作, 需要进程间的通信操作, 所以这样的函数必须由现有通信器的所有进程调用.

创建新通信器的最常用函数是 Create() 和 Split().

让我们从 Create() 开始, 它在一组进程的基础上创建一个通信器.

```
comm.Create(group)
```

这个函数为 group 进程组创建了一个新的通信器 comm, 这个通信器必须是与 comm 通信器相关的组的一个子集. 该函数调用必须发生在通信器 comm 的所有进程中. 不属于 group 组的进程将返回 MPI.COMM_NULL.

与此同时, 重要的是, 在创建 group 组的所有进程上, 此组包含相同的通信器 comm 进程. 否则, 将发生错误.

使用此函数的示例:

```
newcomm = comm.Create(newgroup)
```

这将为 newgroup 进程组创建一个通信器. 与此同时, 如果在不属于 newgroup 组的 MPI 进程上调用此函数, 则 newcomm 对象将被定义为 MPI.COMM_NULL. 在这种情况下, 当尝试使用命令获取此进程的秩时, 将返回错误.

```
newrank = newcomm.Get_rank()
```

创建新通信器的第二个有用函数是 Split() 函数.

```
comm.Split(color, key)
```

此函数根据 color 参数的数值将 comm 拆分为几个新的通信器. 具有相同值 color 的进程进入一个通信器. 具有较高值的参数 key 的进程将在新组中获得较高的秩, 具有相同值的参数 key, 进程的编号顺序由系统选择.

不应包含在新通信器中的进程指定 MPI.UNDEFINED 作为参数 color. MPI.COMM_NULL 值将作为新的通信器返回给它们.

在默认情况下, color=0 和 key=0. 也就是说, 在 Python 中, 这些参数是可选的.

需要注意的是, 这个函数是唯一一个可以在不借助进程组的操作的情况下创建新的通信器的函数. 让我们通过一个例子看一下它是如何工作的.

```
from mpi4py import MPI

comm = MPI.COMM_WORLD
numprocs = comm.Get_size()
rank = comm.Get_rank()

num_col = 3

comm_col = comm.Split(rank % num_col, rank)
comm_row = comm.Split(rank // num_col, rank)

rank_col = comm_col.Get_rank()
rank_row = comm_row.Get_rank()

print(f'Process with rank={rank} has rank_col={rank_col} and
    rank_row={rank_row}')
```

在第 7 行, 我们通过定义 num_col 的值为 3 来定义进程网格的大小.

在第 9 行生成了通信器 comm_col. 请注意, 生成的是一串通信器组, 而不是一个通信器. 我们来为 9 个 MPI 进程的情况 (即 numprocs = 9) 提供一个解释示例. 函数 Split( ) 的第一个参数是 color, 我们将其定义为 rank % num_col, 对于 rank = 0, 1, 2, 3, 4, 5, 6, 7, 8 的进程, num_col 的值为 0, 1, 2, 0, 1, 2, 0, 1, 2. 因此, 将会生成三个通信器: 第一个包含 color = 0 的进程, 第二个包含 color = 1 的进程, 第三个包含 color = 2 的进程. 我们可以通过图 5.3 直观地解释这种进程分组: 如果原始通信器 comm 的进程形成一个二维网格, 那么通信器 comm_col 的进程就是这个二维网格进程的列.

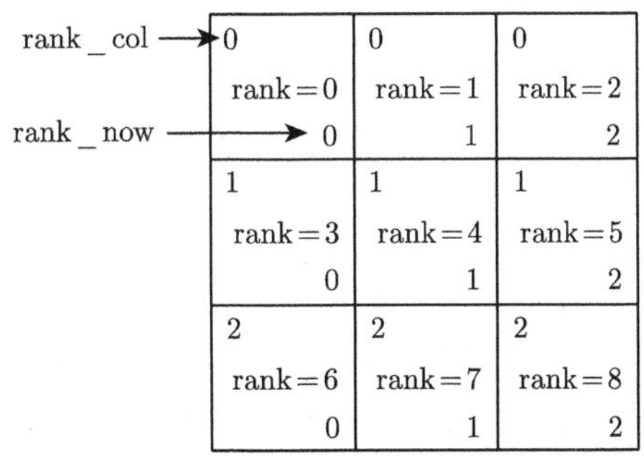

图 5.3 进程网格和这些进程在不同通信器中的行列的值的示例

在这种情况下, 每个 MPI 进程上的 comm_col 对象将包含有关不同进程的信息. 例如, 在原始通信器 comm 的 rank = 1, 4 的进程上, comm_col 对象将包含有关原始通信器 comm 的 rank = 1, 4, 7 的进程的信息. 在原始通信器 comm

的 rank = 2 的进程上, comm_col 对象将包含有关原始通信器 comm 的 rank = 2, 5, 8 的进程的信息. 与此同时, 在每个通信器 comm_col 中, 相应的进程将以自己的方式进行编号. 如果需要, 可以通过调用命令找到它们的标识符 (行列) rank_col.

```
rank_col = comm_col.Get_rank()
```

因此, 在第 9 行中, 我们创建了新的 comm_col 通信器, 每个通信器都包含一组进程, 对应于图 5.3 所示的进程网格中的某一列.

同样, 在第 10 行中, 我们创建了新的 comm_row 通信器, 每个通信器包含一组进程, 对应于图 5.3 所示的进程网格中的某一行.

在第 12—13 行中, 确定了新的通信器中进程的行列. 在第 15 行, 输出相应的值.

如果将此脚本 (程序) 保存为 script.py, 并使用以下命令在终端中运行:

```
> mpiexec -n 9 python script.py
```

在 9 个 MPI 进程上, 我们将得到以下输出:

```
Process with rank=8 has rank_col=2 and rank_row=2
Process with rank=1 has rank_col=0 and rank_row=1
Process with rank=0 has rank_col=0 and rank_row=0
Process with rank=2 has rank_col=0 and rank_row=2
Process with rank=4 has rank_col=1 and rank_row=1
Process with rank=3 has rank_col=1 and rank_row=0
Process with rank=5 has rank_col=1 and rank_row=2
Process with rank=6 has rank_col=2 and rank_row=0
Process with rank=7 has rank_col=2 and rank_row=1
```

因此, 可以确保相同的 MPI 进程可以进入不同的通信器, 每个通信器都有自己的标识符 (编号/等级).

注意　我们再次要强调最不一样的一点, 这会给使用 MPI 的并行编程初学者带来主要困难.

```
comm_col = comm.Split(rank % num_col, rank)
```

作为执行一行代码的结果, 创建了一组 comm_col 通信器 (无论如何). 是的, 这些通信器的名字都是一样的. 但是请记住, Python 对象 comm_col 的信息包含在每个 MPI 进程自己的地址空间中 (想想我们的 SPMD 编程模型, 在第 1 章讨论过). 因此, 在不同的 MPI 进程中, Python 中 comm_col 对象可以包含相同通信器的信息, 也可以包含不同的通信器.

5.4 基于二维块划分的共轭梯度法的高级并行实现

现在回到我们的主要问题上. 让我们把在本章开始时学习的矩阵-向量乘法的并行算法应用于系数矩阵二维划分成块的情况, 以便更有效地并行共轭梯度法, 从密集填充的矩阵中求解超定的线性代数方程系统:

$$Ax = b. \tag{5.4.1}$$

回想一下, 这里 A 是维度为 $M \times N$ 的矩形矩阵, b 是具有 M 个分量的向量. 具有 N 个分量的向量 x, 是方程组 (5.4.1) 的解, 可以使用以下迭代算法找到, 该算法构建序列 $x^{(s)}$. 该序列以 N 步收敛到方程组 (5.4.1) 的期望解.

我们将设置 $p^{(0)} = 0$, $s = 1$ 和任意初始近似 $x^{(1)}$. 然后, 我们将重复执行以下操作序列:

$$r^{(s)} = \begin{cases} A^{\mathrm{T}}\big(Ax^{(s)} - b\big), & s = 1, \\ r^{(s-1)} - \dfrac{q^{(s-1)}}{\big(p^{(s-1)}, q^{(s-1)}\big)}, & s \geqslant 2, \end{cases} \tag{5.4.2}$$

$$p^{(s)} = p^{(s-1)} + \frac{r^{(s)}}{\big(r^{(s)}, r^{(s)}\big)}, \tag{5.4.3}$$

$$q^{(s)} = A^{\mathrm{T}}\big(Ap^{(s)}\big), \tag{5.4.4}$$

$$x^{(s+1)} = x^{(s)} - \frac{p^{(s)}}{\big(p^{(s)}, q^{(s)}\big)}, \tag{5.4.5}$$

$$s = s + 1.$$

所以, 在经过 N 个步骤之后, 向量 $x^{(N+1)}$ 将是方程组 (5.4.1) 的解.

与第 3 章一样, 我们将共轭梯度法的程序实现分为两部分: ① 第一部分包含所有过程中的计算数据准备的详细描述: ② 第二部分包含程序的计算部分 (共轭梯度法) 的并行实现的分析. 虽然我们的主要兴趣是程序的计算部分 (将研究其效率和可扩展性), 但出于方法论的考虑, 我们也将详细考虑数据准备部分, 因为这有助于我们理解与进程组和通信器协同工作的某些特点.

5.4.1 进程中计算数据的准备

让我们以标准方式启动程序: 导入必要的库和函数, 然后确定运行该程序的 `numprocs` 进程的数量以及每个进程 `rank` 的 ID (number/rank) `comm` $\equiv$ `MPI.COMM_WORLD`.

```
from mpi4py import MPI
from numpy import empty, array, int32, float64, zeros,dot,sqrt
#from module import *

comm = MPI.COMM_WORLD
numprocs = comm.Get_size()
rank = comm.Get_rank()
```

注意第 3 行的注释. 在这个程序中, 将使用我们自己的两个函数. 一个将准备辅助数组; 另一个将实现共轭梯度法. 这些函数可以包含在程序的主列表中, 并将它们放在一个单独的模块中. 在后一种情况下, 取消对指定行的注释, 并事先创建一个 `module.py` 文件, 将所需函数放在那里.

然后我们定义值 `num_row` 和 `num_col`, 它们决定了进程网格的行数和列数 (见图 5.1 和图 5.3).

```
num_row = num_col = int32(sqrt(numprocs))
```

确定 `num_row` 和 `num_col` 值的所选方法假定程序只能在 `numprocs` 进程数上运行, `numprocs` 进程数是自然数的平方 (1, 4, 9, 16, 25, 36, 49 等). 让我们记住程序实现的这个函数.

然后 `comm` 通信器的 `rank = 0` 的进程从 `in.dat` 中读取任务参数 N 和 M. 文本文件 `in.dat` 只包含两行, 每行只有一个数字——N 在第一行, M 在第二行.

```
if rank == 0 :
    f1 = open('in.dat', 'r')
    N = array(int32(f1.readline()))
    M = array(int32(f1.readline()))
    f1.close()
else :
    N = array(0, dtype=int32)

comm.Bcast([N, 1, MPI.INT], root=0)
```

`N` 数组中包含的值需要在通信器 `comm` 的所有进程中使用. 因此, 在第 17 行中, 使用 MPI 函数 `Bcast()` 从 `comm` 通信器中 `rank = 0` 的进程向该通信器的所有进程发送此值. 我们再次提醒, 本书中使用的 `MPI` 函数只能处理 `numpy` 数组. 正是由于这个原因, 在第 11 行中, 通过 `rank = 0` 的进程读取 N 的值, 我们立即将其转换为 `N` 的 `numpy` 数组, 并且在其余的进程中 (第 15 行) 为 `numpy` 数组分配内存空间, 其中将包含数值 N. 但是 M 的值只需要在通信器 `comm` 的 `rank = 0` 进程上, 所以它不会发送到其他进程. 由于该值不参与 MPI 函数的工作, 那么, 实际上, 在第 12 行中以 numpy 数组的形式读取 M 的值是没有必要的. 我们这样做是为了保持一致性.

然后, 我们必须准备辅助数组 rcounts 和 displs, 它们帮助我们在某个通信器的所有进程中分配数据 (或收集它们). 回想一下, rcounts 是一个整数数组, 包含有关传输到每个进程 (从每个进程接收) 的元素数量的信息; 数组元素索引等于接收 (发送) 进程的 ID, 数组大小等于相应通信器中的进程数量. 反过来, displs 是一个整数数组, 其中包含有关相对于从中分发 (收集) 相应数据的数组开头的偏移量的信息; 数组元素的索引等于接收 (发送) 进程的标识符, 数组的大小等于相应通信器中进程的数量. 图 1.3 给出了一个图形解释.

由于我们将有两个这样的数组对, 所以将把准备这些数组的算法看成一个单独的函数中, 这个函数应该包含在一个单独的模块中 (在这种情况下, 不要忘记取消注释第 3 行), 或者在第 17 行之后将这个函数添加到这个程序的程序代码中.

```
def auxiliary_arrays(M, num) :
    ave, res = divmod(M, num)
    rcounts = empty(num, dtype=int32)
    displs = empty(num, dtype=int32)
    for k in range(0, num) :
        if k < res :
            rcounts[k] = ave + 1
        else :
            rcounts[k] = ave
        if k == 0 :
            displs[k] = 0
        else :
            displs[k] = displs[k-1] + rcounts[k-1]
    return rcounts, displs
```

rcounts 数组的填充使元素数 M 在进程数 num 之间均匀分布, 从而使元素数的最大差异仅达到 1.

注意 回想一下, 在前三章中, 我们使用了 Master-Worker 程序组织模型, 其中 comm 的 rank = 0 的 Master 进程不参与计算. 现在, 我们以这样的方式组织程序, 即原始 comm 进程的所有进程 (包括 rank = 0 的进程) 都参与到实际计算中.

接下来, 在一个 rank = 0 的通信器 comm 进程上, 我们生成两对辅助数组: rcounts_M + displs_M 和 rcounts_N + displs_N. 后缀 _M 表示相应的数组包含关于元素数 M 如何将进程网格的列分布在区块中的信息 (图 5.3). 而后缀 _N 表示相应的数组包含了关于元素数 N 如何将进程网格的行分布在区块中的信息.

```
18 if rank == 0 :
19     rcounts_M, displs_M = auxiliary_arrays(M, num_row)
```

```
20      rcounts_N, displs_N = auxiliary_arrays(N, num_col)
21  else :
22      rcounts_M = None; displs_M = None
23      rcounts_N = None; displs_N = None
```

注意 这些数组对的元素的值将只在 comm 的 rank=0 的过程中需要. 在其他进程上, 这些数组将是微不足道的. 但是由于这些数组是 MPI 函数 Scatterv() 的参数, 它在一些通信器的所有进程中被调用, 相应的 Python 对象应该在相应的通信器的所有进程中正式初始化. 为了不使程序代码复杂化, 在第 22—23 行中, 我们对 comm 的 rank>=1 的所有进程执行适当的初始化.

接下来, 为数组 M_part 和 N_part 分配内存空间, 它们将包含 A_{part} 块的大小, 由执行该程序代码的 MPI 进程处理. 回顾一下, 从形式上看这些数字应该是 numpy 数组.

```
24  M_part = array(0, dtype=int32); N_part = array(0, dtype=int32)
```

注意 可以在所有 comm 进程上一次形成 rcounts_M + displs_M 和 rcounts_N + displs_N 数组对. 在这种情况下, 与下面的步骤相比, 填充 M_part 和 N_part 数组将是相对容易的. 但我们会选择麻烦的方法, 因为现在的方法论目标是学习如何与那些相互重叠的通信器合作.

现在我们来创建辅助性的通信器:

```
25  comm_col = comm.Split(rank % num_col, rank)
26  comm_row = comm.Split(rank // num_col, rank)
```

注意 第 25 行的执行创建了 comm_col 通信器的 num_col. 回顾一下, Python 对象 comm_col 信息包含在每个 MPI 进程自己的地址空间中. 因此, 在执行这个程序代码的不同 MPI 进程中, Python 对象 comm_col 可能包含相同的通信器的信息, 也可能包含不同的通信器. 在这种情况下, 来自同一进程网格列的所有进程都包含一个描述同一通信器的 comm_col 对象. 因此, 在第 25 行, 我们创建了新的 comm_col 通信器, 每个通信器都包含了图 5.3 所示进程网格中某一列的一组进程.

同样地, 第 26 行通过一个 comm_row 通信器创建了一个 num_row, 每个通信器都包含了一个进程网格线中的进程信息 (图 5.3).

现在在每个进程中, 我们将用 M_{part} 和 N_{part} 的相应值来填充数组 M_part 和 N_part.

这种操作已经是非常微不足道的了. 要启动, 请运行以下命令:

```
27  if rank in range(num_col) :
28      comm_row.Scatter([rcounts_N, 1, MPI.INT],
29                       [N_part, 1, MPI.INT], root=0)
```

这些操作的结果, 数组 rcounts_N 的元素 (它由 num_col 元素组成) 将被分配给索引为 0 (图 5.4) 的进程网格线的进程, 并包含在数组 N_part 中. 让我们解释一下为什么会出现这种情况. 第 27 行包含一个条件, 即只有通信器 comm 的 rank = 0,1,$\cdots$,num_col-1 的进程才会执行以下操作. 但这些进程也构成了 num_row 通信器. 所以在第 28—29 行, 我们使用 Scatter() 将数组 rcounts_N 的元素分配给所有的 comm_row 通信器进程.

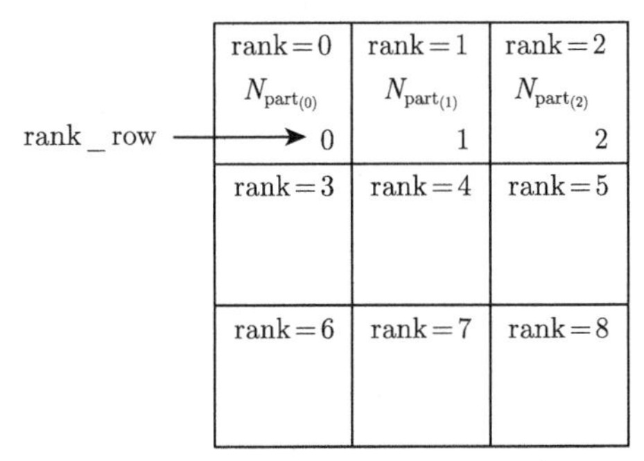

图 5.4 执行程序代码的第 27—29 行, 在进程网格上分布数据

如果第 27 行 (即条件) 被删除, 那么第 28—29 行的所有进程将尝试执行 comm. 但考虑到 Scatter() 仅在 comm_row 通信器中实现了进程的集体交互, 在 rank > num_col-1 的进程中会发生以下情况. rank = num_col,$\cdots$,2*num_col-1 的进程构成 comm_row 通信器, 它包含一个索引为 1 的进程的网格字符串.Scatter() 函数将尝试把 rcounts_N 数组从 comm_row 通信器的零进程分配给该通信器的所有进程. 但是这个通信器的零进程也是 rank = num_col 通信器的 comm 的进程, 并且这个进程的随机存取存储器 (RAM) 中没有 rcounts_N 数组. 这导致了一个错误. comm 的所有其他进程都会出现类似的错误.

接下来, 执行类似的操作来分配 rcounts_M 数组中的数据.

```
30 if rank in range(0, numprocs, num_col) :
31     comm_col.Scatter([rcounts_M, 1, MPI.INT],
32                      [M_part, 1, MPI.INT], root=0)
```

经过这些操作后, 数组 rcounts_M (包含 num_row 个元素) 中的元素将按图 5.5 所示分配给进程网格中索引为 0 的列的各个进程, 并存储在数组 M_part 中. 那么中间结果是什么呢? 在数组 N_part 中, 每个通信器 comm_col 的零号进程会包含对应的值 N_part(n), 其中 n 是进程网格列的索引 (见图 5.6).

可以使用 Bcast() 函数将相应的值发送到 comm_col 的所有进程.

```
33 comm_col.Bcast([N_part, 1, MPI.INT], root=0)
```

我们来再次注意这个程序实现的特殊性. 这个程序代码在一些 MPI 进程上运行. 并且所有 MPI 进程执行程序代码的第 33 行. 但这些 MPI 进程属于不同的 `comm_col` 通信器. 这就是为什么每个 MPI 进程在自己的通信器中实现发送消息的操作. 所以在现实中, 沿着 `comm_col` 通信器进程的 `N_part` 数组内容的派发是独立于在其他具有相同 `comm_col` 名称的通信器进程中的 `N_part` 数组内容的派发的. 也就是说, 沿着进程网格的每列转发数据与沿着进程网格的其他列转发类似数据并行! 因此, 这就降低了不同进程之间接收/发送消息的时间开销.

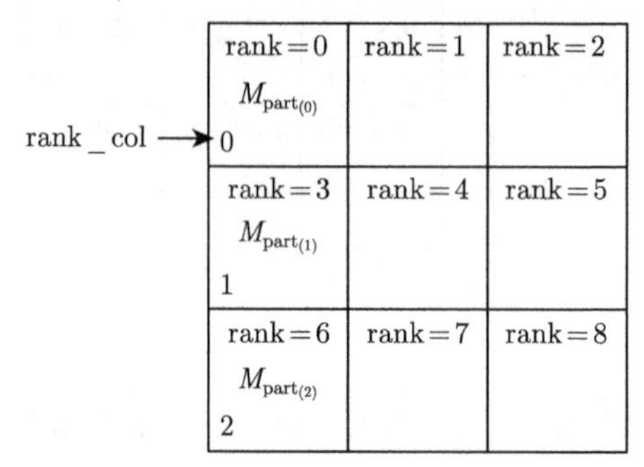

图 5.5　执行程序代码的第 30—32 行, 在进程网格上分布数据

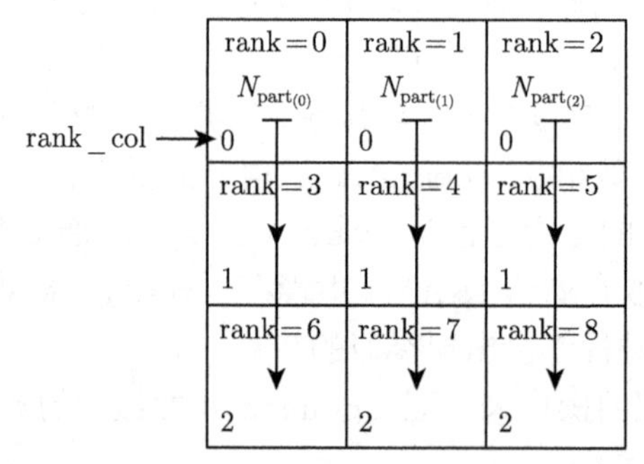

图 5.6　$N_{\text{part}\,(n)}$ 在 `comm_col` 进程中的分布

同样, 在每个 `comm_row` 的零进程上, `M_part` 数组包含其自己的 $M_{\text{part}\,(m)}$ 值, 其中 m 是进程网格行的索引 (参见图 5.7).

可以使用 `Bcast()` 函数在 `comm_row` 的所有进程中分布相应的值.

```
34  comm_row.Bcast([M_part, 1, MPI.INT], root=0)
```

因此, 原始通信器 `comm` 的 `rank = k` 的每个进程将在数组 `M_part` 和 `N_part` 中包含矩阵 $A_{\text{part}\,(k)}$ 部分的行数和列数的值, 该 MPI 进程将负责这些操作. 每个进程上的矩阵 A 的这一部分将包含在具有相应大小的数组 `A_part` 中. 为这个数组分配内存空间.

```
35 A_part = empty((M_part, N_part), dtype=float64)
```

现在是时候在每个进程上填写这个数组了.

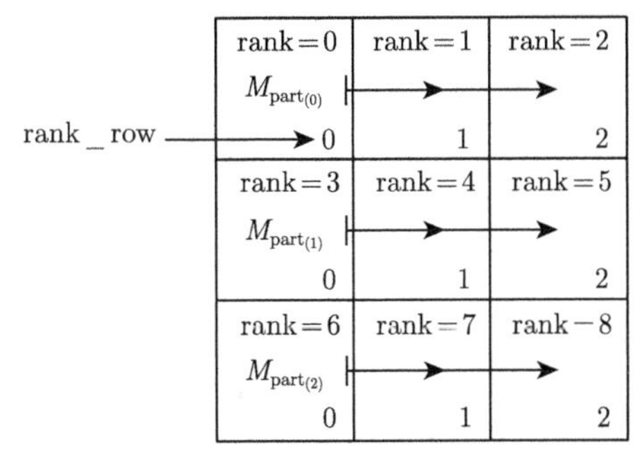

图 5.7 $M_{\text{part}\,(m)}$ 在通信器 comm_row 的进程中的分布

回顾一下, 我们需要从文件 AData.dat 中读取矩阵 A 的元素, 该文件包含 $M \times N$ 行. 这个文件的每一行只包含矩阵 A 的一个元素, 而且这个文件中的矩阵 A 的元素是逐行包含的 (即文件的前 N 行包含矩阵 A 的第一行元素, 然后是第二行, 以此类推).

和第 4 章一样, 从文件中读取数据并在整个过程中分配数据, 将由 comm 的 rank = 0 的过程处理. 然而, 与以前的章不同, 这个过程也会涉及计算. 因此, 它也将不得不把数据分发给自己.

我们使用辅助性通信器将数据分配给不同的进程. 每个通信器包括来自一个进程网格行的进程, 加上通信器 comm 的 rank = 0 的进程, 因为它从文件中读取矩阵 A 元素. 与此同时, 对于索引为 0 的进程网格的一行, comm 的 rank = 0 的进程会将从文件中读取的部分数据分发给自己, 而对于进程网格的后续行, 它将简单地把数据分配给其他进程.

首先, 我们获取与通信器 comm 关联的进程组.

```
36 group = comm.Get_group()
```

然后, 我们将从该组的进程中形成进程子组, 并基于这些子组创建辅助通信器.

鉴于上述将矩阵 A 的元素存储在文件 AData.dat 中的方法, 我们将做以下工作. rank = 0 的通信器 comm 的进程将以 rcounts_M[m]*N 个元素的块来读取元素, 并将其存储在一个辅助的一维数组 a_temp 中. 这些元素将是矩阵 A 的行的元素 rcounts_M[m], 也就是索引为 m 的进程网格线的块 $A_{\text{part}\,(k)}$ 的元素. a_temp

数组的元素将使用 `Scatterv()` 函数发送到相应的进程, 这样发送到 `rank = k` 的每个进程的消息将包含矩阵 $A_{\text{part}_{(k)}}$ 的相应部分.

让我们首先考虑 `comm` 的 `rank = 0` 的进程的操作, 该进程负责从文件中读取数据并将其分发到通信器的所有进程.

```
37  if rank == 0 :
38      f2 = open('AData.dat', 'r')
39
40      for m in range(num_row) :
41          a_temp = empty(rcounts_M[m]*N, dtype=float64)
42
43          for j in range(rcounts_M[m]) :
44              for n in range(num_col) :
45                  for i in range(rcounts_N[n]) :
46                      a_temp[rcounts_M[m]*displs_N[n] +
47                                 j*rcounts_N[n] + i] = \
48                          float64(f2.readline())
```

注意从文件 `rcounts_M[m]*N` 元素连续读取时辅助数组 `a_temp` 的填充方式 (第 43—48 行). 我们将相应的元素放在 `a_temp` 数组中, 这样, 打算发送到每个进程的元素块就会依次连续地位于内存中 (图 5.8). 如果我们不这样做, 而是按顺序填充 `a_temp` 数组, 例如, $A_{\text{part}_{(2)}}$ 矩阵部分的元素不会连续排列在 `a_temp` 数组中, 而是散落在 `a_temp` 数组的所有元素中的大块. 回想一下, `Scatterv()` 可以分配一些内存区域的数据, 准备一组连续排列的数据, 以便发送给每个进程 (这个函数不能从一些内存区域的不同部分收集要发送的信息).

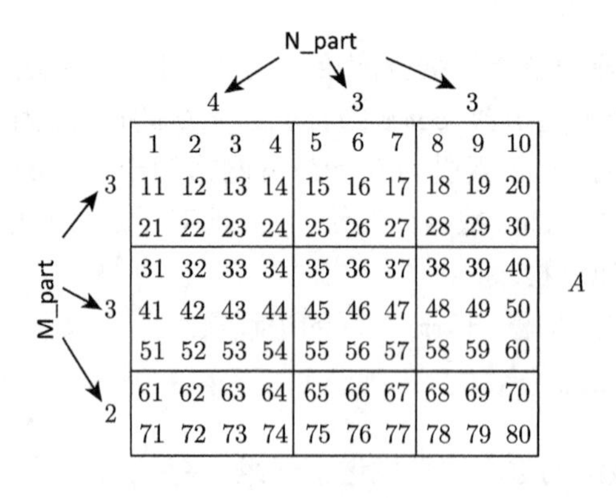

图 5.8　一个将矩阵 A 分割成 $A_{\text{part}_{(k)}}$ 的例子, 以及将相应的元素存储在数组 `a_temp` 中的方法. 矩阵 $A_{\text{part}_{(k)}}$ 的每一部分所对应的元素按顺序连续存储在存储器中

注意 用 C/C++ 重写这部分很容易. 但如果用 FORTRAN 重写, 就必须重新组织文件中的矩阵存储结构 (第 46—47 行). 这是因为 FORTRAN 在内存区域中按列存储二维数组.

如果 m 为 0, 则不需要创建额外的通信器——数据被读取并在 com_row 通信器进程中分配, 其中包含索引为 0 的进程网格线的进程. 使用 Scatterv() 函数, 我们将在这些进程之间分配 a_temp 数组的元素.

```
49      if m == 0 :
50          comm_row.Scatterv([a_temp, rcounts_M[m]*rcounts_N,
51                rcounts_M[m]*displs_N, MPI.DOUBLE],
52                [A_part, M_part*N_part, MPI.DOUBLE], root=0)
```

当我们调用了集体进程通信函数时, 别忘记以后在这个通信器的非零进程上也要调用这个函数 (见程序代码第 74—77 行). 因此在索引为 0 的进程网格线的每个过程中, A_part 数组将被填充为矩阵 A 的相应部分的值. 注意这个函数的参数在这里和第 75—77 行中的不同. 在非零进程中, 与被送出的 numpy 数组 a_temp 有关的参数是不相关的, 所以不指定它们 (鉴于在这些进程中 a_temp 数组的名称没有被初始化, 所以使用 None).

如果 m 不为零, 那么我们需要创建一个辅助通信器. 基于我们从通信器 comm 得到的进程组 group (第 36 行), 创建一个辅助进程子组 group_temp. (Python 组方法) 函数 Range_incl 允许我们在现有组的基础上创建一个新组 group.

```
53      else : # m != 0
54          group_temp = group.Range_incl([(0,0,1),
55                       (m*num_col,(m+1)*num_col-1,1)])
```

这个函数的参数是原始通信器 comm 的进程号的有序范围列表, 我们将其纳入新组. 在这种情况下, 首先, 包括从 0 开始并以 0 结束的进程 (包括步骤 1)(即只有 comm 的 rank = 0 的进程). 其次, ID(等级/编号) 从 m*num_col 开始, 到 (m+1)*num_col-1 (包括) 结束的进程, 增量为 1 (即来自索引为 m 的进程网格串的进程).

现在让我们从接收到的组中创建一个临时 comm_temp 通信器.

```
56          comm_temp = comm.Create(group_temp)
```

由于创建 Create() 函数是进程集体通信的函数, 不要忘记以后在非零 comm 进程上也要调用它 (见程序代码第 82 行), 首先在这些进程上创建相同的 group_temp 进程 (见程序代码第 80—81 行). 为了以防万一, 在不属于 group_temp 组的进程中, comm_temp 对象将被设置为 MPI.COMM_NULL.

现在我们只需要创建临时数组 rcounts_N_temp 和 displs_N_temp, 以确保 Scatterv() 在创建的临时通信器的进程中正确工作. 这些临时数组与原来的数组

rcounts_N 和 displs_N 的不同之处在于, 在这些数组的开头增加了一个元素, 它负责向 comm_temp 辅助临时通信器的零进程发送消息的大小. 回想一下, 对于不等于零的 m, 原始 comm 通信器的 rank = 0 的进程从文件中读取数据, 然后它将分发给辅助临时通信器 (它也是其中的一部分) 的所有其他 (除了它自己) 进程. 所以通过 numpy 包的 hstack 函数, 将这些数组扩展一个元素, 在左边加上 0. 这意味着辅助通信器的空进程将从 a_temp 数组正式转移到自身 0 元素. 接下来, 使用 Scatterv() 函数, 我们将 a_temp 数组发送到 comm_temp 通信器的所有进程.

```
57        from numpy import hstack
58        rcounts_N_temp = hstack((array(0, dtype=int32),
59                                 rcounts_N))
60        displs_N_temp = hstack((array(0, dtype=int32),
61                                displs_N))
62
63        comm_temp.Scatterv([a_temp,
64                            rcounts_M[m]*rcounts_N_temp,
65                            rcounts_M[m]*displs_N_temp,
66                            MPI.DOUBLE],
67                            [empty(0, dtype=float64),
68                            0, MPI.DOUBLE],
69                            root=0)
```

由于我们正在调用集体进程通信函数 Scatterv(), 不要忘记以后在这个通信器的非零进程上也要调用这个函数 (见程序代码的第 84—87 行). 注意这个函数的参数在这里和第 85—87 行中的不同. 如果在 comm_temp 通信器的非零进程上, 接收到的消息被写入与 numpy 数组 A_part 相关联的内存区域, 那么在零进程上, 接收到的消息 (正式由零元素组成) 被正式写入零元素的 numpy 数组 (参见程序代码的第 67—68 行). 这是由于 comm_temp 通信器的零进程不会将数据分发给自己, 但必须定义 Scatterv() 函数的所有参数. 注意到, 在非零进程上, 与正在发送的 numpy 数组 a_temp 相关联的参数是微不足道的, 因此我们不指定它们 (鉴于在这些进程中 a_temp 数组的名称没有被初始化, 所以使用 None).

之后, 可以删除临时进程组和通信器.

```
70            group_temp.Free()
71            comm_temp.Free()
```

同时需要在周期结束时关闭文件.

```
72        f2.close()
```

我们已经处理了通信器 comm 中 rank = 0 的进程操作. 现在, 我们需要编写非零进程的操作程序. 回顾一下我们在零进程上调用了哪些进程的集体通信操作,并将其应用到其他进程上.

```
73  else : # rank != 0
74      if rank in range(num_col) :
75          comm_row.Scatterv([None, None, None, None],
76                            [A_part, M_part*N_part, MPI.DOUBLE],
77                            root=0)
78
79      for m in range(1, num_row) :
80          group_temp = group.Range_incl([(0,0,1),
81              (m*num_col,(m+1)*num_col-1,1)])
82          comm_temp = comm.Create(group_temp)
83
84          if rank in range(m*num_col, (m+1)*num_col) :
85             comm_temp.Scatterv([None, None, None, None],
86                                [A_part,M_part*N_part,MPI. DOUBLE],
87                                root=0)
88
89              comm_temp.Free()
90          group_temp.Free()
```

注意 comm_temp.Free() 只能在实际属于这个通信器的进程中调用 (与创建这个通信器的操作相反, 必须在原始通信器 comm 的所有进程中调用).

注意 这里再次强调, 我们是以 SPMD(一条指令操作多个数据) 的方式编写程序: 同一个 Python 程序代码在不同的进程上运行, 但在不同进程中的变量 A_part 不仅指向不同的 numpy 数组, 而且这些数组的大小也不相同.

现在我们组织从数据中读取向量 b 的元素. 由 comm 的 rank = 0 的进程生成 bData.dat 文件, 并在所有进程中以 b_{part} 的部分分发此数据.

```
91  if rank == 0 :
92      b = empty(M, dtype=float64)
93      f3 = open('bData.dat', 'r')
94      for j in range(M) :
95          b[j] = float64(f3.readline())
96      f3.close()
97  else :
98      b = None
99
100 b_part = empty(M_part, dtype=float64)
101
102 if rank in range(0, numprocs, num_col) :
103     comm_col.Scatterv([b, rcounts_M, displs_M, MPI.DOUBLE],
104                       [b_part, M_part, MPI.DOUBLE], root=0)
105
106 comm_row.Bcast([b_part, M_part, MPI.DOUBLE], root=0)
```

第 102—104 行将数组 b 中包含的向量 b 的元素分配给进程网格列中索引为 0 的每个进程的 `b_part` 数组中的 $b_{\text{part}\,(m)}$(图 5.9).

rank _ col → 0

rank=0 $b_{\text{part}(0)}$ 0	rank=1	rank=2
rank=3 $b_{\text{part}(1)}$ 1	rank=4	rank=5
rank=6 $b_{\text{part}(2)}$ 2	rank=7	rank=8

图 5.9　$b_{\text{part}\,(m)}$ 在索引为 0 的进程网格列上的分布

在第 105 行中, 每个 `b_part` 数组从通信器 `comm_row` 的第 0 号进程分布到相应通信器的所有进程 (结果如图 5.10 所示).

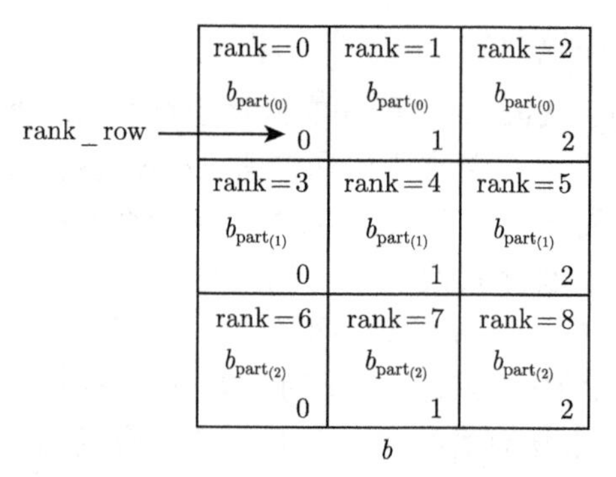

图 5.10　$b_{\text{part}\,(m)}$ 在进程网格上的分布情况

现在让我们为 x 的解准备一个零初始近似. 让我们在 `comm` 的 `rank = 0` 的进程上设置相应 `numpy` 数组 `x` 的元素的值, 然后将其分发给通信器 `comm` 的所有进程.

```
107 if rank == 0 :
108     x = zeros(N, dtype=float64)
109 else :
110     x = None
111
112 x_part = empty(N_part, dtype=float64)
113
114 if rank in range(num_col) :
115     comm_row.Scatterv([x, rcounts_N, displs_N, MPI.DOUBLE],
116                       [x_part, N_part, MPI.DOUBLE], root=0)
```

```
117
118 comm_col.Bcast([x_part, N_part, MPI.DOUBLE], root=0)
```

在第 114—116 行中, 数组 x 中包含的向量 x 的元素根据索引为 0 的进程网格行中每个进程的 x_part 数组中包含的 $x_{\text{part}_{(n)}}$ 部分分布 (图 5.11).

rank=0	rank=1	rank=2
$x_{\text{part}_{(0)}}$ 0	$x_{\text{part}_{(1)}}$ 1	$x_{\text{part}_{(2)}}$ 2
rank=3	rank=4	rank=5
rank=6	rank=7	rank=8

rank _ row → 0

x

图 5.11 $x_{\text{part}_{(n)}}$ 在索引为 0 的进程网格行上的分布

在第 118 行中, 每个 x_part 数组从通信器 comm_col 的零进程转发到相应通信器的所有进程 (结果如图 5.12 所示).

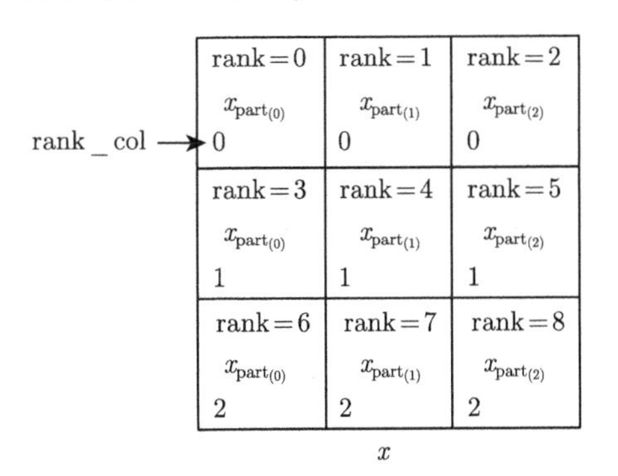

图 5.12 $x_{\text{part}_{(n)}}$ 在进程网格上的分布

注意 我们再次强调, 在上述情况下, 可以直接将 x_part 设置为空数组, 以避免进程间的消息传递, 但这会增加程序的运行时间. 然而, 如果我们知道其他好的初始近似值, 可以通过某种函数来计算, 这种方法则无法实现. 此外, 请注意, 在数组分配给各个进程之后, 可以释放用于存储原始数组的内存, 从而节省资源.

因此, 每个进程上计算所需的数据已准备好——这些是 numpy 数组 A_part, b_part, x_part, N_part, M_part, N 以及包含有关 comm_row 和 comm_col 通信器信息的对象. 于是, 可以调用 conjugate_gradient_method() 函数.

```
119 x_part = conjugate_gradient_method(A_part, b_part, x_part,
```

```
120                                    N_part, M_part,
121                                    comm_row, comm_col, N)
```

这个函数在并行计算方面是最重要的, 所以我们将在 5.4.2 小节中单独分析它.

这个函数对每个进程的结果必须是一个包含部分解决方案 x 的 numpy 数组 x_part (图 5.2 和图 5.12). 所有的 numpy 数组 x_part 都可以组合成一个包含解 x 的 numpy 数组 x, 例如在 comm 的 rank = 0 的进程上, 这也是 comm_row 的一个空进程.

```
122 if rank in range(num_col) :
123     comm_row.Gatherv([x_part, N_part, MPI.DOUBLE],
124                      [x,rcounts_N,displs_N,MPI. DOUBLE],root=0)
```

如果程序在多处理器系统上远程运行, 那么计算结果将需要保存到文件中, 复制到计算机并使用另一个辅助程序绘制. 如果使用个人计算机进行测试, 将立即在屏幕上显示出解决方案的图表.

如前所述, 可以使用如 matplotlib 包来绘制图形, 在程序中加入以下几行代码.

```
125 if rank == 0 :
126     from matplotlib.pyplot import figure, axes, show
127     from numpy import arange
128     fig = figure()
129     ax = axes(xlim=(0, N), ylim=(-1.5, 1.5))
130     ax.set_xlabel('i'); ax.set_ylabel('x[i]')
131     ax.plot(arange(N), x, '-k', lw=3)
132     show()
```

接下来, 我们将深入分析程序中最关键的部分——conjugate_gradient_method() 函数. 该函数采用共轭梯度法, 用于高效求解方程组 (5.4.1), 在程序实现中具有核心作用.

5.4.2 计算部分

前面的小节专门描述了准备计算每个进程所需的操作. 经过这些操作之后, 每个进程在内存 (地址空间) 中包含以下 numpy 数组: A_part, b_part, x_part, N_part, M_part, N 和包含 comm_row 和 comm_col 通信器信息的对象, 其中包括执行程序代码的 MPI 进程. 整个进程网格的数据分布对应于图 5.2 和图 5.10. 现在我们可以实现 conjugate_gradient_method() 函数的并行版本. 从 1 开始对行编号, 因为我们对这个函数本身就很感兴趣.

因此, 实现用于求解方程组 (5.4.1) 的共轭梯度法 (5.4.2)—(5.4.5) 的并行版本的函数将采用以下形式:

```
def conjugate_gradient_method(A_part, b_part, x_part,
                              N_part, M_part,
                              comm_row, comm_col, N) :

    r_part = empty(N_part, dtype=float64)
    p_part = empty(N_part, dtype=float64)
    q_part = empty(N_part, dtype=float64)

    ScalP = array(0, dtype=float64)
    ScalP_temp = empty(1, dtype=float64)

    s = 1
    p_part[:] = zeros(N_part, dtype=float64)

    while s <= N :

        if s == 1 :
            Ax_part_temp = dot(A_part, x_part)
            Ax_part = empty(M_part, dtype=float64)
            comm_row.Allreduce([Ax_part_temp,M_part,MPI.DOUBLE]
                               [Ax_part, M_part,MPI.DOUBLE],
                               op=MPI.SUM)
            b_part = Ax_part - b_part
            r_part_temp = dot(A_part.T, b_part)
            comm_col.Allreduce([r_part_temp,N_part,MPI.DOUBLE],
                               [r_part, N_part,MPI.DOUBLE],
                               op=MPI.SUM)
        else :
            ScalP_temp[0] = dot(p_part, q_part)
            comm_row.Allreduce([ScalP_temp, 1, MPI.DOUBLE],
                               [ScalP, 1, MPI.DOUBLE],
                                op=MPI.SUM)
            r_part = r_part - q_part/ScalP

            ScalP_temp[0] = dot(r_part, r_part)
            comm_row.Allreduce([ScalP_temp, 1, MPI.DOUBLE],
                               [ScalP, 1, MPI.DOUBLE],
                               op=MPI.SUM)
            p_part = p_part + r_part/ScalP

            Ap_part_temp = dot(A_part, p_part)
            Ap_part = empty(M_part, dtype=float64)
            comm_row.Allreduce([Ap_part_temp, M_part, MPI.DOUBLE],
                               [Ap_part, M_part, MPI.DOUBLE],
                               op=MPI.SUM)
```

```
46            q_part_temp = dot(A_part.T, Ap_part)
47            comm_col.Allreduce([q_part_temp, N_part, MPI.DOUBLE],
48                               [q_part, N_part, MPI.DOUBLE],
49                               op=MPI.SUM)
50
51            ScalP_temp[0] = dot(p_part, q_part)
52            comm_row.Allreduce([ScalP_temp, 1, MPI.DOUBLE],
53                               [ScalP, 1, MPI.DOUBLE],
54                               op=MPI.SUM)
55            x_part = x_part - p_part/ScalP
56
57            s = s + 1
58
59        return x_part
```

第 5—7 行为部分辅助向量分配内存空间, 这些部分将存储在数组 r_part, p_part 和 q_part 中, 数字 ScalP 和 ScalP_part 也将在所有进程中被使用. 由于这些数字将被用作 MPI 函数传递的数据, 我们在第 9 和 10 行为它们分配内存区域, 作为只包含一个元素的 numpy 数组.

第 12 行设置共轭梯度法迭代计数器的初始值.

第 13 行根据共轭梯度法的流程, p_part 数组被填充为零.

第 15 行开始共轭梯度法的主循环.

第 18—27 行实现了 $A^{\mathrm{T}}(Ax-b)$ 操作的一个并行版本 (见公式 (5.4.2)). 第 18 行正包含了这些计算, 这些计算是在原始通信器 comm 的所有进程中并行的. 每个过程都对矩阵 $A_{\mathrm{part}_{(\cdot)}}$ 的一部分和向量 $x_{\mathrm{part}_{(\cdot)}}$ 的一部分进行 dot(A_part, x_part) 操作 (图 5.2). 作为对每个进程的执行这些操作的结果, 我们得到一个数组 Ax_part_temp, 其元素构成向量的一个总和部分, 该部分是进行 Ax 操作的结果. 如果把所有这些数组沿着其中一条进程网格堆叠起来, 就会得到一个 Ax_part 数组, 它将包含相应向量的一部分. 我们将在相应的进程网格字符串的所有进程上需要这个数组 (即在相应的通信器 comm_row 的所有进程上). 因此, 在第 19 行中, 我们为这个数组分配了内存空间. 使用 Allreduce() 函数 (见第 20—22 行) 将 Ax_part_temp 数组的值沿每个进程网线相加. 与此同时, 每个进入其通信器 comm_row 的进程组上的这一集体通信函数独立于其他通信器 comm_row 中运行的类似函数工作. 也就是说, 沿每个进程网格行转发数据与沿其他进程网格行转发类似数据是并行的! 此函数在进程网格的每一行上的结果将是相应通信器 comm_row 的每个进程上包含的相同 Ax_part 数组. 接下来, 第 23 行 b_part 数组被减去所得数组. 这个操作是并行实现的, 因为每个进程都在自己的数据上执行这个操作. 因此, 我们以图 5.10 所示的方式将数组 b 部分地分布在所有进程中.

最后, 从每个过程中得到的 b_part 数组包含了要从左边乘以转置矩阵的相应部分的部分向量. 每个进程的这些操作都是独立于各进程的行动进行的, 即并行. 作为第 24 行中每个进程都进行这些操作的结果, 我们有一个数组 r_part_temp, 它的元素构成了向量的一部分和, 这是 $A^{\mathrm{T}}(Ax-b)$ 操作的结果. 如果将所有这些数组沿着进程网中的一列堆叠起来, 我们就会得到一个数组 r_part, 它将包含相应向量的一部分. 我们将在相应的进程网列的所有进程中需要这个数组 (即在相应的通信器 comm_col 的所有进程中). 我们使用 Allreduce() 将 r_part_temp 数组的值沿着进程网的每一列相加 (见第 25—27 行). 在这种情况下, 这个集体进程的通信功能对包含在其通信器 comm_col 中的每一组进程的工作不依赖于在其他 comm_col 通信器中工作的类似功能. 也就是说, 沿着进程网的每一列转发数据与沿着进程网的其他列转发类似的数据是并行的! 此函数的结果将是通信器 comm_col 的每个进程中包含的相同 r_part 数组. 也就是说, 实现了 $A^{\mathrm{T}}(Ax-b)$ 操作的并行版本 (见公式 (5.4.2)). 所得到的向量 r 存储在通信器 comm 的所有进程上的部分 $r_{\text{part}_{(\cdot)}}$ 中 (向量 r 的部分 $r_{\text{part}_{(\cdot)}}$ 在进程网上的分布与向量 x 的部分分布相似, 与图 5.2 和图 5.12 相对应).

第 29—33 行实现了 $(r-q)/(p,q)$ 操作的并行版本 (见公式 (5.4.2)). 第 29 行恰恰包含了那些在原始 comm 的所有进程中并行执行的计算. 操作 dot(p_part, q_part) 是由每个进程对其向量的部分 $p_{\text{part}_{(\cdot)}}$ 和 $q_{\text{part}_{(\cdot)}}$ 进行的. 如果我们把所有产生的 ScalP_temp 数组沿着其中一条进程网线堆叠起来, 就会得到一个 ScalP 数组, 它会包含 (p,q) 操作的结果. 我们使用函数 Allreduce()(见第 30—31 行) 将 ScalP_temp 数组的值沿每个进程网线相加. 这种对其 comm_row 通信器中的每一组进程的集体进程交互功能, 与在其他通信器 comm_row 中运行的类似功能独立工作. 因此, 通信器 comm 的每个进程在 ScalP 数组中都会包含相同的数字, 这是 (p,q) 操作的结果. 然后, 在第 30 行实现了 $r_{\text{part}_{(\cdot)}} - q_{\text{part}_{(\cdot)}}/(p,q)$ 操作. 向量除以数字和向量的减法也是在每个进程上实现的, 独立于其他进程的行动, 即并行的. 因此, 通信器 comm 的每个进程都将包含其自己的 r_part 数组的重新计算值 (向量 r 的部分 $r_{\text{part}_{(\cdot)}}$ 在进程网格上的分布类似于向量 x 的部分的分布, 对应于图 5.2 和图 5.12).

注意 通过上述方法, 标量积 (p,q) 都可以用进程网格中任何一行的数据来获得. 在我们提出的实施方案中, 进程网格的每一行都承担了进程网格其他部分已经完成的计算工作. 同时, 在通信器 comm_row 的递减过程中使用 Reduce() 函数, 我们可以得到计算标量值的结果, 例如, 在相应的通信器 comm_row 的零进程. 然后在 Bcast() 函数的帮助下该值可以通过整个进程通信器 comm 被分配到对应的进程. 在这种情况下, 大多数进程的工作量较小. 然而, 这不会提高程序执行的效率, 因为这些进程首先会被延迟, 然后需要额外的时间在通信器 comm 的进

程中执行 `Bcast()` 函数.

第 35—39 行实现了运算 $p + r/(r,r)$ 的并行版本 (见公式 (5.4.3)). 这几行的所有操作都与第 29—33 行的操作类似, 我们在上面已经详细讨论过. 因此, 每个过程通信器 `comm` 将包含其自己的数组 `p_part` 的重新计算值 (进程网格上矢量 p 的 $p_{\text{part}_{(\cdot)}}$ 的分布与矢量 p 的分布相似, 对应于图 5.2/图 5.12).

第 41—49 行实现了 $A^{\mathrm{T}}(A\,p)$ 操作 (见公式 (5.4.4)). 这些行中的所有操作类似于第 18—27 行中的操作, 我们已经在上面详细讨论过. 结果, `comm` 通信器的每个进程将包含其自己的 `q_part` 矩阵的重新计算值 ($q_{\text{part}_{(\cdot)}}$) 矢量 q 的部分 (在进程的网格上的分布类似于矢量 x 的部分的分布并且对应于图 5.2/图 5.12).

第 51—55 行实现了 $x - p/(p,q)$ 操作的并行版本 (见公式 (5.4.5)). 这几行的所有操作都与第 29—33 行的操作类似, 我们在上面已经详细讨论过. 因此, 每个通信 `comm` 过程将包含它自己的 `x_part` 阵列的重新计算值 (图 5.2/图 5.12).

在第 57 行中, 周期计数器增量为 1, 并重复所述的所有步骤.

因此, 我们并行化了所有的计算操作. 与此同时, 我们再次注意到, 行中包含的是并行计算 18, 23, 24, 32, 29, 33, 35, 39, 41, 46, 51 和 55. 其余的代码行组织不同进程之间的消息交换.

5.5　并行程序的效率和可扩展性评估

我们将使用与第 4 章相同的方案, 以及相同的测试示例, 对所提出的共轭梯度法的程序实现的效率和可扩展性进行评估.

在第 4 章中, 我们使用莫斯科国立大学科学研究计算中心的 “罗蒙诺索夫-2” [7] 超级计算机的测试队列来运行程序. 在此测试队列 `test` 上, 您可以运行不超过 15 分钟 (900 秒) 且使用不超过 15 个计算节点的程序, 每个计算节点都具有 14 核 Intel Xeon E5-2697 v3 2.60GHz 处理器, 具有 64GB 内存 (每核 4.5GB). 考虑到目前软件实现的具体情况, 即程序只能在自然数的平方的 `numprocs` 进程数上运行 (1, 4, 9, 16, 25, 36, 49 等), 测试队列将只允许在 1、4 和 9 节点上进行计算. 因此, 效率图就不会很清楚. 因此, 在目前的计算中使用了主计算队列 `compute`. 在此队列上, 可以运行不超过 2 天 (172800 秒) 且使用不超过 50 个计算节点的程序. 也就是说, 这个队列使我们能够得到一个更有代表性的结果.

注意　回顾一下, 每个计算节点都有一块 Tesla K40s 显卡, 有 11.56GB 的显存. 在第 13 章中, 我们将研究如何将显卡也用于计算, 也就是说, 我们将讨论混合并行编程技术的一些基础知识.

例 1　我们使用 $N = 10000$, $M = 12000$ 作为测试参数. 在这种情况下, 需要 $N \times M \times 8$ bit $= 0.89$ GB 来存储系统矩阵 A. 与真正的实际问题相比, 这是一个

相当“小”的问题, 但它在单处理器系统上的解决时间是可以接受的, 这给我们提供了测试程序实现的机会. 对于上述参数, `conjugate_gradient_method()` 函数的串行版本 (见第 3 章和第 4 章) 在 1 个计算节点上运行了 368 秒. 在运行该程序的并行版本时, 每个 MPI 进程正好映射到一个计算节点.

例 2 我们使用 $N = 70000$, $M = 90000$ 作为测试参数. 在这种情况下, 我们需要 $N \times M \times 8$ bit $= 46.93$ GB 来存储系统 A 的矩阵. 这已经是一项计算密集型任务. 选择这种参数是因为: 我们要执行计算的系统具有尽可能大的矩阵, 但在同一时间, 使这个矩阵能适应一个计算节点的内存 (否则, 我们将无法对串行版本的程序进行计时). 对于提到的参数, 单个计算节点上的串行版本 `conjugate_gradient_method()` 的运行时间远远超过 15 分钟 (这是我们在第 4 章用于计算的测试队列的限制). 因此, 对于测试计算, 我们将自己限制为共轭梯度法的 400 次迭代. 在这种情况下, 函数的串行版本的运行时间为 750 秒 (如果执行所有迭代, 此时间将增加到 1.5 天). 该程序的并行版本是通过将每个 MPI 进程绑定到一个计算节点而启动的.

对于给定的参数例 1 和例 2 的测试集, 我们将根据计算节点的数量绘制并行化效率图 (图 5.13). 同时, 在这些图形上还叠加了我们在第 3 章中编写程序得到的图形. 很明显, 新程序实现的效率通常要好得多. 然而, 其可扩展性还有待提高. 在 5.6 节中, 我们将讨论当前软件实施的优点和缺点, 并制定进一步提高软件实施效率的计划.

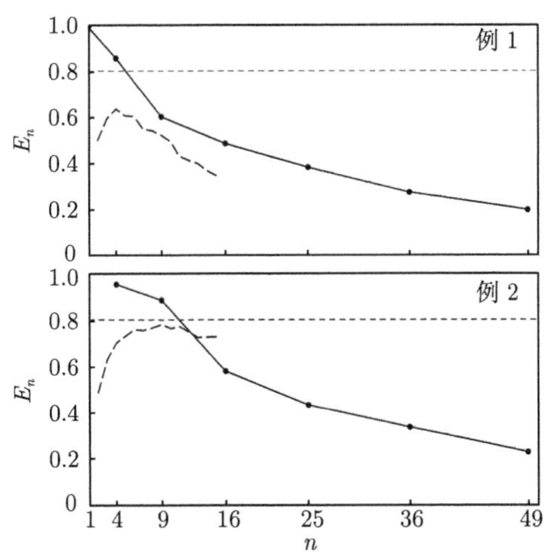

图 5.13 取决于计算节点数量绘制的并行化效率图. 虚线对应的是第 4 章中讨论的所有操作完全并行化的软件实现的效率图. 横坐标 n 代表计算节点数

注意 在例 2 的情况下, 有一定数量的节点用于计算, 新程序实现的效率比第 3 章中讨论的要差. 这是由于我们之前用于计算的测试队列和现在用于计算的计算队列之间存在一些根本差异. 将在第 6 章中详细讨论这些差异.

5.6　本章并行程序实现的优缺点分析

在共轭梯度法的新软件实现中, 所有的通信进程 `comm` 都参与了并行计算 (而不是像之前提到的那样只有 `rank >= 1` 的进程). 因此, 所有的计算都被加速了 `numprocs` 倍. 同时, 传输的信息量与 $\dfrac{1}{\sqrt{\texttt{numprocs}}}$ 成正比, 作为一个标志, 它随着参与计算的进程数量的增加而减少 (记得在第 3 章实施的程序中, 进程间传输的信息量保持不变). 然而, 我们必须记住, 尽管如此, 随着参与计算的进程数量的增加, 辅助通信者进程之间的信息交换数量也会增加, 这与 $\log_2\sqrt{\texttt{numprocs}}$ 成正比. 因此, 随着参与计算的进程数量增加, 这将不可避免地导致软件实施效率的下降.

本章中没有一次指出, 只有在通信环境没有超载的情况下, 才能有效地在进程网格的不同行 (列) 上进行数据的并行传输. 通信环境的超载指的是来自不同计算节点的大量消息 (MPI 可执行进程绑定到其中) 同时通过某个计算节点的情况. 在目前的程序实现中, 这种情况是非常可能的. 在后面章中, 我们将讨论可以实施的方法, 以尽量减少这种问题的发生.

第 6 章　虚拟拓扑

在第 5 章中, 为了有效地实现所考虑的并行算法, 我们使用了基于 `comm ≡ MPI.COMM_WORLD` 的附加通信器. 在额外的通信器的帮助下, 我们实际上定义了 MPI 进程之间的逻辑联系. 然而, 在现实中, 每个 MPI 进程都在其物理计算节点 (处理器/内核) 上运行, 任何两个逻辑相关的 MPI 进程都可以在物理通信环境中相距很远的计算节点上运行. 这意味着在两个进程之间传输的消息可能会通过大量的中间节点, 从而浪费时间. 在本章中, 我们将研究一种新的工具——虚拟拓扑, 它在某些情况下可以最大限度地减少这种问题的发生. 虚拟拓扑将使我们能够更容易地组织和定义进程之间的逻辑联系, 这通常会简化并行算法的编程实现. 与此同时, 如果系统能够很好地将虚拟拓扑映射到计算系统的实际物理拓扑上, 那么逻辑上相互关联的进程可能会被分配到相邻的计算节点上, 并在实际的物理计算环境中, 这将加快 MPI 进程之间的消息传递.

6.1　虚拟拓扑结构

*拓扑结构*是一种机制, 用于将一些通信者的进程映射到另一些进程的寻址方案. 在 MPI 中, 拓扑结构是虚拟的, 也就是说, 它们与通信环境的物理拓扑结构没有关系. 然而, 有可能将虚拟拓扑结构映射到计算机系统通信环境的真实物理拓扑结构. 程序员使用拓扑结构是为了更方便地表示进程, 从而使并行程序近似于数学算法的结构. 此外, 如上所述, 该拓扑结构可以被系统用来优化 MPI 进程在所用计算机系统的物理计算节点 (处理器/内核) 上的分布, 方法是改变通信器内进程的编号顺序.

MPI 提供两种类型的拓扑结构. ① 笛卡儿拓扑学 (任何尺寸的矩形网格); ② 图拓扑学.

在本章中, 我们将在所有程序实现中仅使用笛卡儿拓扑. 根据本章的介绍, 自己弄清楚图拓扑并不困难.

6.1.1　基于笛卡儿拓扑的基本函数

我们首先介绍 `Create_cart()` 函数, 它允许创建一个笛卡儿的拓扑结构.

```
comm.Create_cart(dims, periods, reorder)
```

这个函数从 comm 创建一个新的具有笛卡儿拓扑结构的通信器. Python 中的 dims 参数是一个元组, 其中的第 i 个元素决定了维数 i 上的元素数量; 元组中的元素数量决定了笛卡儿拓扑网格的维度. periods 参数是相同维度的元组, 并确定进程网格是否沿相应维度周期性 (如果为 True). reorder 参数 (如果为 True) 确定允许系统更改进程的编号顺序, 以优化跨所使用的计算系统的物理计算节点 (处理器/内核) 的进程分布.

在默认情况下, 我们设置 periods=None 和 reorder=False. 也就是说, 在 Python 中, 这些参数是可选的.

Create_cart() 函数是一个集体进程通信操作, 因此必须由通信器 comm 中的所有进程调用. 如果指定的拓扑结构中的进程数少于原始通信器 comm 中的进程数, 一些进程可能会返回 MPI.COMM_NULL, 这意味着它们将不参与正在创建的拓扑结构. 如果指定拓扑结构中的进程数大于原始通信器中的进程数, 那么函数调用将出现错误.

注意 通常将创建的具有笛卡儿拓扑结构的通信器称为 comm_cart. 后缀 cart 来源于 cartesian 一词, 而 cartesian 又来源于 René Descartes 名字的拉丁文拼写 Renatus Cartesius.

在程序实现中最流行的是虚拟拓扑结构, 如标尺、环、二维网、圆柱体、二维环等. 图 6.1 展示了相应 dims 和 periods 值的此类拓扑示例.

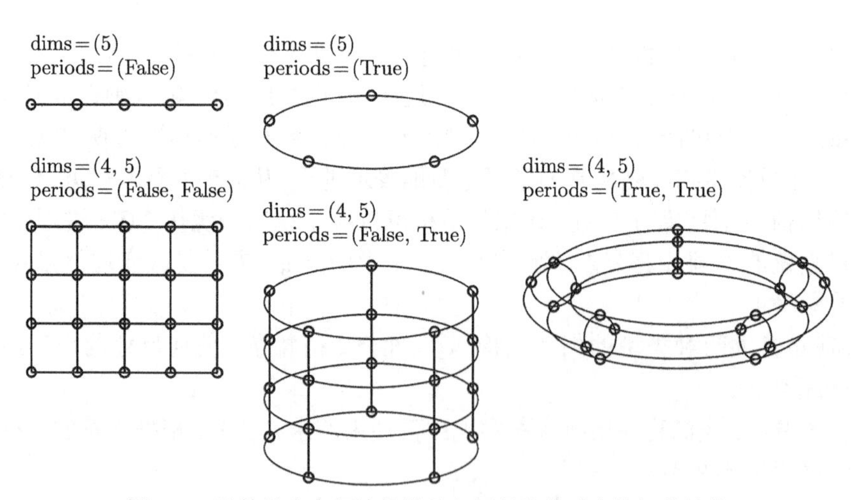

图 6.1 计算节点之间连接的几何解释及其对应的拓扑结构

让我们来看看几个更有用的函数.

```
comm.Get_coords(rank)
```

这个函数通过它在具有笛卡儿拓扑结构的通信器 comm 中的 rank 数来确定一个进程的笛卡儿坐标. Python 中的坐标以一个元组的形式返回, 元素的数量等于通信器 comm 的笛卡儿拓扑维度. 每个维度的坐标计数从零开始. 两条线之间是代码和它的解释.

```
comm.Get_cart_rank(coords)
```

此函数通过笛卡儿坐标 coords 确定具有笛卡儿拓扑的 comm 通信器中进程的 rank. 对于周期性网格, 重新计算允许间隔之外的坐标, 对于非周期性网格, 它会报错.

```
comm.Shift(direction, disp)
```

这个函数返回一个元组 (source,dest), 其中包含一个具有笛卡儿拓扑结构的通信器中的发送 (source) 和接收 (dest) 进程当沿方向维度 direction 移动 disp 的值时的编号. 沿着方向测量的正方向进行移位, 可以得到数字 dest, 反之, 沿着方向测量的负方向进行移位, 可以得到数字 source.

对于周期性测量, 执行循环移位, 对于非周期性测量, 执行线性移位. 在线性移位的情况下, MPI.PROC_NULL 可以作为发送或接收进程号来表示超出范围. 对于一个 n 维的笛卡儿网格, 方向值必须在 0 和 $n-1$ 之间.

source 和 dest 的值通常在实现消息的接收/发送的 MPI 函数的后续调用中使用.

现在让我们编写并运行如下类型的简单程序:

```
1  from mpi4py import MPI
2  
3  comm = MPI.COMM_WORLD
4  numprocs = comm.Get_size()
5  rank = comm.Get_rank()
6  
7  num_row = 2; num_col = 4
8  
9  comm_cart = comm.Create_cart(dims=(num_row, num_col),
10                              periods=(True, True),
11                              reorder=True)
12 
13 rank_cart = comm_cart.Get_rank()
14 
15 coords = comm_cart.Get_coords(rank_cart)
16 
```

```
17 print(f'Process with rank {rank} has rank_cart={rank_cart} and
      coordinates {coords}')
```

如果将此脚本 (程序) 保存在名称 script.py 下, 并在 8 个 MPI 进程上使用命令在终端中运行它:

```
> mpiexec -n 8 python script.py
```

然后我们将得到以下输出:

```
Process with rank 3 has rank_cart=0 and coordinates [0, 0]
Process with rank 1 has rank_cart=1 and coordinates [0, 1]
Process with rank 5 has rank_cart=2 and coordinates [0, 2]
Process with rank 0 has rank_cart=3 and coordinates [0, 3]
Process with rank 4 has rank_cart=4 and coordinates [1, 0]
Process with rank 2 has rank_cart=5 and coordinates [1, 1]
Process with rank 6 has rank_cart=6 and coordinates [1, 2]
Process with rank 7 has rank_cart=7 and coordinates [1, 3]
```

那么, 这个程序是做什么的? 我们是如何得到这个输出的?

程序以标准方式开始: 先在第 1—5 行中, 导入必要的库和函数, 然后确定程序运行的进程数 numprocs, 以及每个进程在通信器 comm≡MPI.COMM_WORLD 中的 ID(编号/等级).

然后在第 7 行中我们定义了二维笛卡儿拓扑 comm_cart 的行数和列数, 在第 9—11 行创建了这个拓扑. 请注意, 在这两个维度中, 每个维度的固定元素个数是基于假设该程序可以至少在 8 个进程上运行而确定出来的. 也就是说, 这个例子不是以一般的方式写的, 不能在任意数量的进程上运行.

第 13 行定义了具有笛卡儿拓扑结构的新通信器 comm_cart 中 MPI 进程的 rank_cart 编号. 如果在创建 comm_cart 时使用了 reorder=False, 那么 comm_cart 中流程的 rank_cart 编号将与 comm 中同一流程的 rank 相匹配. 但是, 由于我们使用了重新定义的进程编号 (由 reorder=True 定义), 以使系统虚拟拓扑结构更准确地反映真实的物理系统拓扑结构, 因此, 两个通信器中的 MPI 进程 (运行代码) 的数量可能不一致. 这是需要记住的重要一点.

接下来, 在第 15 行中, MPI 进程的笛卡儿坐标由其在新的具有笛卡儿拓扑结构的 comm_cart 通信器中的 rank_cart 编号决定. 第 17 行用虚拟笛卡儿拓扑显示每个通信器中的进程号及其在通信器中的坐标. 该结果的直观解释如图 6.2 所示.

现在用下面的程序代码替换第 15—17 行.

```
15 neighbour_up,   neighbour_down  = comm_cart.Shift(direction=0,
16                                                   disp=1)
17 neighbour_left, neighbour_right = comm_cart.Shift(direction=1,
```

```
18                                                     disp=1)
19
20  print(f'Process {rank_cart} has left neighbour {neighbour_left} and
        right neighbour {neighbour_right}')
```

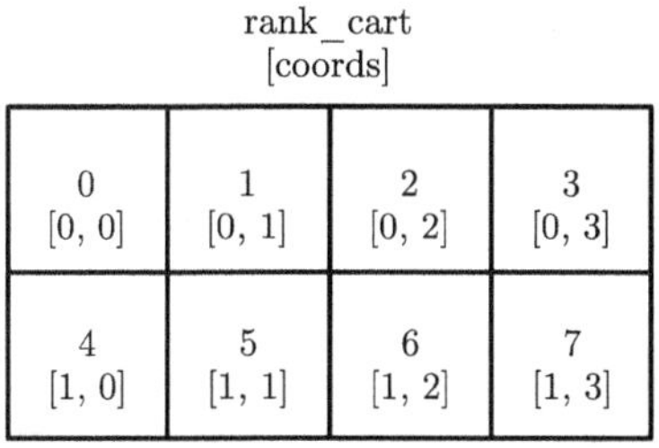

rank_cart
[coords]

0 [0, 0]	1 [0, 1]	2 [0, 2]	3 [0, 3]
4 [1, 0]	5 [1, 1]	6 [1, 2]	7 [1, 3]

图 6.2 将新的 comm_cart 通信器中的 MPI 进程的 rank_cart 与该拓扑结构中的 coords 坐标联系起来

如果我们把修改后的脚本 (程序) 保存为 script.py, 并在终端上用命令对 8 个 MPI 进程运行如下程序:

```
> mpiexec -n 8 python script.py
```

我们会得到以下输出:

```
Process 4 has left neighbour 7 and right neighbour 5
Process 0 has left neighbour 3 and right neighbour 1
Process 2 has left neighbour 1 and right neighbour 3
Process 3 has left neighbour 2 and right neighbour 0
Process 6 has left neighbour 5 and right neighbour 7
Process 7 has left neighbour 6 and right neighbour 4
Process 1 has left neighbour 0 and right neighbour 2
Process 5 has left neighbour 4 and right neighbour 6
```

在修改的示例中, 沿着二维环面类型的笛卡儿拓扑 comm_cart 的移位方向, 测量方向维数 direction 中的每一个确定执行此程序代码的 MPI 进程的最近相邻的坐标. 输出结果与图 6.2 完全一致. 请注意, 每个进程的两个邻居都在那里, 包括最外层的邻居. 这是因为当我们创建虚拟拓扑结构时, 使用了 periods=(True, True) 的值, 这决定了进程网格沿着笛卡儿拓扑结构的两个维度是周期性的.

现在让我们来看一个例子, 说明在实践中如何使用每个邻居的数量 (等级/标识符). 在许多使用虚拟拓扑结构的软件实现中, 经常会出现这样的情况: 每个进程至少要与它的一个邻居交换信息. 一般来说, 这种交换涉及向某个进程发送一个消息, 并从某个 (不一定是同一个) 进程接收一个消息. 这样的消息交换可能导致死锁的情况. 我们将在第 11 章中详细讨论这种死锁的例子和处理它们的不同方法. 这里仅讨论处理这类问题的一种可能 (但不是最有效的) 方式. 我们将使用 Sendrecv() 和 Sendrecv_replace() 函数来发送/接收独立进程之间的消息. 在 6.1.2 小节中, 我们将考虑这些函数的语法, 并给出一个简单的使用例子.

6.1.2 进程间消息传递函数: Sendrecv 和 Sendrecv_replace

那么, 我们来看看 Sendrecv() 和 Sendrecv_replace() 函数的语法.

```
comm.Sendrecv(sendbuf, dest, sendtag,
              recvbuf, source, recvtag, status)
```

该功能在锁定的情况下进行联合信息接收和传递. 作为调用此函数的结果: ① 从 sendbuf=[sbuf, scount, datatype] 对象的 sbuf 缓冲区以具有 sendtag 标识符的消息的形式发送数据类型的 scount 元素到 comm 通信器中具有 dest 的进程. ② 将接收到的消息存储在缓冲区 rbuf 中, 最多包含 rcount 个 datatype 类型的元素. 消息来自编号为 source 的进程, 具有标识符 recvtag, 并通过通信器 comm 进行传输. 接收消息的相关属性会保存在对象 status 中.

默认 sendtag=0, recvbuf=None, source=MPI.ANY_SOURCE, recvtag=MPI.ANY_TAG, status=None. 也就是说, 这些参数在 Python 中是可选的.

接收和发送过程可以是同一个过程. 发送和接收缓冲区不能重叠. 使用 Sendrecv() 函数发送的消息可以按通常的方式接收 (例如, 使用 Recv() 函数). 相反, Sendrecv() 函数可以接收按通常方式发送的消息.

```
comm.Sendrecv_replace([buf, count, datatype], dest, sendtag,
                      source, recvtag, status)
```

该函数通过共享的缓冲区 buf 进行联合信息接收和传输, 并进行锁定. 在 comm 中拥有 dest 号码的进程从 buf 缓冲区发送一个数组, 该数组由 datatype 类型的计数元素组成, 该数据类型在调用 Sendrecv_replace() 函数时位于进程的内存 (地址空间) 中. 在调用 Sendrecv_replace() 函数后, 将从进程中收到一条消息, 其源号为 comm, 该消息将被存储在 buf 缓冲区. 也就是说, 缓冲区 buf 的内容将被覆盖.

接收到的消息不应超过正在发送的消息的大小.

我们再次强调, 我们的程序中默认 sendtag=0, source=MPI.ANY_SOURCE, recvtag=MPI.ANY_TAG, status =None.

现在让我们来介绍下面的例子. 假设有 8 个 MPI 进程, 形成了一个像 2×4 二维环形的笛卡儿拓扑结构 (图 6.3), 也就是说, 沿笛卡儿网格的两个维度都有周期性, 并让每个进程包含一个由两个元素组成的数组 a. 我们的目标是: 沿某个维

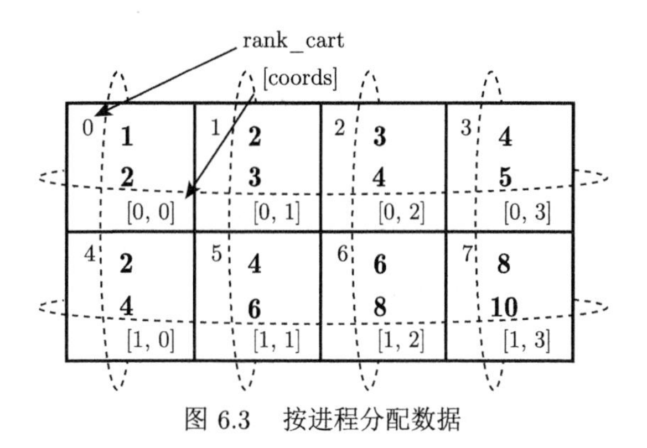

图 6.3 按进程分配数据

度对这些数组进行求和 (例如, 索引为 1, 对应于所描述的进程网格的行), 并得到这个方向上所有进程的求和结果. 换句话说, 我们需要对进程网格中某一行的数组 a 求和, 并将结果保存在进程网格中该行的所有进程中. 就功能而言, 这个例子等同于 Allreduce().

```
1  from mpi4py import MPI
2  from numpy import array, int32
3
4  comm = MPI.COMM_WORLD
5
6  num_row = 2; num_col = 4
7
8  comm_cart = comm.Create_cart(dims=(num_row, num_col),
9                               periods=(True, True),
10                              reorder=True)
11
12 rank_cart = comm_cart.Get_rank()
13
14 neighbour_up,  neighbour_down  = comm_cart.Shift(direction=0,
15                                                  disp=1)
16 neighbour_left,neighbour_right = comm_cart.Shift(direction=1,
17                                                  disp=1)
18
19 a = array([(rank_cart % num_col+1+i)*2**(rank_cart // num_col)
20           for i in range(2)], dtype=int32)
21
22 summa = a.copy()
23 for n in range(num_col-1) :
24     comm_cart.Sendrecv_replace([a, 2, MPI.INT],
25                    dest=neighbour_right, sendtag=0,
26                    source=neighbour_left, recvtag=MPI.ANY_TAG,
27                    status=None)
```

```
28        summa = summa + a
29
30    print(f'Process with rank_cart={rank_cart} has summa={summa}')
```

如果我们把这个脚本 (程序) 保存为 script.py, 并在终端上用命令在 8 个 MPI 进程中运行:

```
> mpiexec -n 8 python script.py
```

我们得到以下输出:

```
Process with rank_cart=3 has summa=[10 14]
Process with rank_cart=1 has summa=[10 14]
Process with rank_cart=0 has summa=[10 14]
Process with rank_cart=2 has summa=[10 14]
Process with rank_cart=5 has summa=[20 28]
Process with rank_cart=7 has summa=[20 28]
Process with rank_cart=6 has summa=[20 28]
Process with rank_cart=4 has summa=[20 28]
```

那么, 这个程序是做什么的, 我们是如何得到这样的结论的?

在第 1—2 行, 导入所需的库和函数, 然后在第 4 行, 定义了 comm $\equiv$ MPI.COMM_WORLD 通信器. 注意, 与以前其他文献中的程序不同, 我们没有定义 rank 和 numprocs 的值, 因为它们不会在程序中进一步使用. 我们不需要原始通信器中进程的等级编号, 因为将使用新的笛卡儿拓扑通信器中进程的 rank (等级/标识符). 我们也不需要 numprocs 进程的数量, 因为第 6 行定义了虚拟笛卡儿拓扑结构的尺寸, 假定这个程序至少可以在 8 个进程上运行. comm_cart 的虚拟拓扑结构是在第 8—10 行创建的.

第 12 行定义了新的 comm_cart 中具有笛卡儿拓扑结构的 MPI 进程的 rank_cart 编号.

然后在第 14—17 行定义了这个 MPI 进程的最近邻居的数量 (等级/标识符).

在第 19—20 行, 在每个 MPI 进程上创建由两个元素组成的数组 a. 它们的指定填充方式是随机选择的, 与图 6.3 所示的方式相对应, 并不具有任何意义.

第 22—28 行实现了 Allreduce() 函数的模拟. 我们需要沿着每条进程网格线添加所有的数组 a, 并将结果保存在相应进程网格线的每个进程上. 我们将按以下方式实现这一操作. 沿着进程网格的每一行求和的最终结果将包含在 summa 数组中. 在第 22 行中, 我们将 MPI 进程内存中包含的数组 a 的值复制到 summa 数组, 然后循环 (第 23 行中的循环) 将数组 a 的值传递给右邻居, “同时” 从左邻居中获取类似的值并将其写入数组 a (第 24—27 行), 然后将数组的累积添加到 summa 数组的值 (第 28 行).

注意 (1) 我们实现的算法的运行时间与 (num_col-1) 成正比, Allreduce() 的运行时间与 $2\log_2$(num_col) 成正比 (尽管对数之前的乘数可能不同, 取决于这个函数内部实现的算法). 尽管如此, 我们提出的 Allreduce() 的内部实现在某些条件下有一些改进的潜力, 我们将在第 12 章中使用延迟的交互查询来实现.

(2) 一个重要的缺点 (与 Allreduce() 相比) 是, 每个进程都会得到相同的和, 但求和的顺序会不同. 因此, 可能会出现这样一种情况, 即进程网格行在不同进程上具有不同而不是相同的总和数组. 但这只有在使用浮点计算时才可能, 并且仅在数字的最后一位有效数字中出现.

6.2 基于二维环形虚拟拓扑的共轭梯度法并行实现

我们将利用本章所学内容, 优化共轭梯度法的并行化效率, 以高效求解含稠密矩阵的超定线性代数方程组.

$$Ax = b. \tag{6.2.1}$$

回想一下, 这里 A 是 $M \times N$ 的系数矩阵, b 是具有 M 个分量的向量. 具有 N 个分量的向量 x, 是方程组 (6.2.1) 的解决方案, 可以使用构建序列 $x^{(s)}$ 的迭代过程找到. 该序列以 N 步收敛到系统的期望解 (6.2.1).

设 $p^{(0)} = 0$, $s = 1$ 和一个任意的初始近似值 $x^{(1)}$. 然后重复执行以下操作顺序.

$$r^{(s)} = \begin{cases} A^{\mathrm{T}}\big(Ax^{(s)} - b\big), & s = 1, \\ r^{(s-1)} - \dfrac{q^{(s-1)}}{\big(p^{(s-1)}, q^{(s-1)}\big)}, & s \geqslant 2, \end{cases} \tag{6.2.2}$$

$$p^{(s)} = p^{(s-1)} + \frac{r^{(s)}}{\big(r^{(s)}, r^{(s)}\big)}, \tag{6.2.3}$$

$$q^{(s)} = A^{\mathrm{T}}\big(Ap^{(s)}\big), \tag{6.2.4}$$

$$x^{(s+1)} = x^{(s)} - \frac{p^{(s)}}{\big(p^{(s)}, q^{(s)}\big)}, \tag{6.2.5}$$

$$s = s + 1.$$

因此, 经过 N 个步骤后, 矢量 $x^{(N+1)}$ 将是系统 (6.2.1) 的解.

第 5 章讨论了这种算法的一个相当有效的程序实现. 在本章中所提到的内容可以用一个非常简单的方法来提高上一节中所写程序的效率. 这是必要的.

(1) 在程序开始时, 在定义了 comm ≡ MPI.COMM_WORLD 通信器并确定了该通信器中 numprocs 进程的数量后, 使用命令创建一个二维环形的虚拟 comm_cart 拓扑结构:

```
num_row = num_col = int32(sqrt(numprocs))

comm_cart = comm.Create_cart(dims=(num_row, num_col),
                             periods=(True, True),
                             reorder=True)
```

(2) 在新的 comm_cart 通信器中定义 MPI 进程 rank_cart 的数量:

```
rank_cart = comm_cart.Get_rank()
```

(3) 在程序中, 将 rank 替换为 rank_cart, comm 替换为 comm_cart.

在创建虚拟拓扑时, 系统会重新分配进程, 以便在可能的情况下, 逻辑互联的进程并排位于真实的物理计算环境中. 这可以导致在进程之间接收/传输消息的开销的显著减少.

注意 创建虚拟拓扑结构时, 也可以使用 periods=(False, True)(定义圆柱体类型的拓扑结构) 或 periods=(False, False)(定义二维笛卡儿网格类型的拓扑结构). 但是根据 Allreduce() 函数 (我们在第 5 章的软件实现中使用的主要 MPI 函数) 内部实现的算法, 这些虚拟拓扑类型的选择既可以提高程序实现的效率, 也可以降低其效率. 我们没有详细说明这一点, 但有必要注意这种不易察觉的 (但有时非常重要!) 细微差别.

因此, 从形式上看, 我们可以在这里结束本章. 但为了练习通过虚拟拓扑处理逻辑连接的过程, 将考虑共轭梯度法的并行程序实现的变种之一. 出于方法上的考虑, 将重写第 5 章所考虑的程序, 使用我们自己的 Allreduce() 函数的实现 (尽管不是那么有效).

与第 3 章和第 5 章一样, 我们将把共轭梯度法的程序实现分解为两部分: 第一部分将包含为所有进程的计算准备数据; 第二部分将包含对程序计算部分 (共轭梯度法) 的并行实现的分析. 同时, 与第 3 章和第 5 章相比, 我们将以简化的形式实施数据准备, 以避免浪费时间处理重复内容. 同时, 这也使我们能够突出 MPI 函数中使用的 Python 对象数据类型的特点. 计算部分将从两个方案进行分析. 第一种方案基于之前讲解的 conjugate_gradient_method() 函数, 通过简单调整进行实现. 第二种方案则强调方法论目标——用我们自定义实现的函数替代所有 Allreduce() 函数调用.

6.2.1 进程中计算数据的准备

让我们以标准形式启动程序: 导入所需的库和函数, 然后确定程序运行的 comm ≡ MPI.COMM_WORLD 中 numprocs 的进程数量.

```
1 from mpi4py import MPI
2 from numpy import empty, array, int32, float64, zeros,dot,sqrt
3 #from module import *
4
5 comm = MPI.COMM_WORLD
6 numprocs = comm.Get_size()
```

注意第 3 行的注释. 在这个程序中, 和以前一样, 将使用自建的两个函数. 一个将准备辅助数组, 另一个将实现共轭梯度法. 这些函数可以选择性地包含在主程序列表中, 或放在一个单独的模块中. 在后一种情况下, 我们需要取消对指定行的注释, 预先创建 module.py 文件并将所需的函数放在那里. 另外, 与前几章不同的是, 我们没有在通信器 comm 中定义进程 rank 的标识符 (数字/秩). 我们不需要它, 因为我们将在接下来创建的新的 comm_cart 通信器中使用 MPI 进程进行操作.

在第 7—8 行中, 我们定义了 M 和 N 的值, 并制定了矩阵组 (6.2.1) 的维度.

```
7 N = 200
8 M = 300
```

正如我们在本节开始时讨论的那样, 将大大简化程序中负责为所有进程准备数据的部分. 出于这个原因, 我们在程序运行的每个 MPI 进程上立刻定义 M 和 N 的值. 由于这些值是为所有进程定义的, 我们不需要在不同进程之间通过 MPI 函数传递它们. 因此, 没有必要把这些值设置为 numpy, 也不需要仔细观察相应数组的数据类型. 这种设置数值 M 和 N 的方式意味着这些数值将作为整数常数存储在内存中.

然后我们定义了 num_row 和 num_col 这两个值, 它们决定了进程网格的行数和列数.

```
9 num_row = num_col = int32(sqrt(numprocs))
```

所选的 num_row 和 num_col 值的定义方法要求程序只能在进程数 numprocs 为自然数的平方时运行 (例如 1、4、9、16、25、36、49 等). 请记住这一程序实现的特点. 接下来, 我们将创建一个二维环状拓扑的虚拟通信器 comm_cart.

```
10 comm_cart = comm.Create_cart(dims=(num_row, num_col),
11                              periods=(True, True),
12                              reorder=True)
13
14 rank_cart = comm_cart.Get_rank()
15
16 my_row, my_col = comm_cart.Get_coords(rank_cart)
```

在第 14 行中, 我们在新的 comm_cart 通信器中定义了 MPI 进程的 rank_cart 编号; 在第 16 行中, 我们通过 MPI 进程在新的 comm_cart 通信器中的 rank_cart 编号定义了笛卡儿坐标 (my_row, my_col), 该坐标具有笛卡儿拓扑结构.

现在让我们创建辅助性的通信器.

```
17 comm_col = comm_cart.Split(rank_cart % num_col, rank_cart)
18 comm_row = comm_cart.Split(rank_cart // num_col, rank_cart)
```

回顾一下 (详见第 5 章), 执行第 17 行的结果是 comm_col 通信器的 num_col. 回顾一下, 关于 Python 对象 comm_col 的信息包含在每个 MPI 进程自己的地址空间中. 因此, 在执行这个编程代码的不同 MPI 进程中, Python 对象 comm_col 可以包含关于同一个通信器以及不同通信器的信息. 在这种情况下, 来自同一进程网格列的所有进程都包含一个描述同一通信器的 comm_col 对象. 因此, 在第 17 行中, 我们创建了新的 comm_col 通信器, 每个通信器包含一组属于进程网格中某一列的进程.

同理, 第 18 行创建了一个 num_row 的 comm_row 通信器, 每个通信器都包含了作为进程网格线之一的进程的信息.

与第 5 章中的软件实现的一个根本区别是, 额外的通信器是在一个具有二维环形的笛卡儿拓扑结构的 comm_cart 通信器的基础上创建的. 因此, 以上述方式引入的每个额外的通信器都有一个环形拓扑结构, 因为它是二维环的一个一维切片. 回顾一下, 通过使用参数 reorder≡True 的虚拟拓扑结构, 假设系统成功地将虚拟 comm_cart 拓扑结构映射到计算系统的真实物理拓扑结构. 因此, 也希望辅助通信器也能成功地映射到真实的计算系统中, 其结果是包含在每个这样的辅助通信器中的 MPI 进程将在一些拓扑意义上形成一个环的计算节点上执行.

接下来, 我们需要准备辅助数组 rcounts 和 displs, 这将帮助我们在某个通信器的所有进程之间分发数据 (或收集它). 回想一下, rcounts 是一个整数数组, 包含有关传输到每个进程 (从每个进程接收) 的元素数量的信息; 在这种情况下, 数组元素的索引等于接收 (发送) 进程的标识符, 数组大小等于相应通信器中的进程数量. 反过来, displs 是一个整数数组, 包含相对于分配 (收集) 相应数据的数组开头的移位信息; 数组元素的索引等于接收 (发送) 进程的标识符, 数组的大小等于相应通信器中进程的数量, 图 1.3 给出了一个图形解释.

由于我们将有两对这样的数组, 准备这些数组的算法是一个单独的函数, 它应该包含在一个单独的模块中 (在这种情况下, 读者得记得取消第 3 行的注释), 或者这个函数应该添加到本程序的第 18 行以后的程序代码中.

```
def auxiliary_arrays(M, num) :
    ave, res = divmod(M, num)
    rcounts = empty(num, dtype=int32)
```

```
    displs = empty(num, dtype=int32)
    for k in range(0, num) :
        if k < res :
            rcounts[k] = ave + 1
        else :
            rcounts[k] = ave
        if k == 0 :
            displs[k] = 0
        else :
        displs[k] = displs[k-1] + rcounts[k-1]
    return rcounts, displs
```

rcounts 数组的填充使元素数 M 在进程数 num 之间均匀分布, 从而使元素数的最大差异值仅达到 1.

注意 回想一下, 在第 1 章—第 3 章中, 我们使用了 Master-Worker 程序组织模型, 其中原始 comm 的 rank = 0 的 Master 进程不参与计算. 从第 5 章开始, 我们将以这样一种方式组织程序, 即通信器的所有过程都参与实际计算.

接下来, 我们在每个进程上形成两对辅助数组: rcounts_M + displs_M 和 rcounts_N + displs_N. 后缀 _M 表示相应的数组包含关于元素数 M 如何沿进程网格列分布在区块中的信息 (详见图 5.3). 而后缀 _N 表示相应的数组包含了关于元素数 N 如何沿着进程网格的行分布在块中的信息.

```
19 rcounts_M, displs_M = auxiliary_arrays(M, num_row)
20 rcounts_N, displs_N = auxiliary_arrays(N, num_col)
```

MPI 进程在具有笛卡儿拓扑结构的 comm_cart 通信器中知道其笛卡儿坐标 (my_row,my_col). 因此, 可以确定它的值 M_{part} 和 N_{part}, 这些值确定矩阵 $A_{\text{part}(\cdot)}$ 的部分的维度, 用于此 MPI 进程将负责的操作 (有关更多详细信息, 请参阅第 5 章).

```
21 M_part = rcounts_M[my_row]
22 N_part = rcounts_N[my_col]
```

每个进程上的矩阵 A 的这一部分将包含在一个具有适当大小的数组 A_part 中. 为这个数组分配内存空间:

```
23 A_part = empty((M_part, N_part), dtype=float64)
```

现在是时候在每个进程上填写这个数组了.

记得在前几章中, 我们从文件 AData.dat 中读取了矩阵 A 的元素. 现在为了简化这部分程序, 将任意设置矩阵元素.

```
24 from numpy import random
25 A_part = random.random_sample((M_part, N_part))
```

注意 这部分代码类似于一种实际应用场景, 在该场景中, 每个进程通过某个函数并行定义其对应的矩阵部分, 同时其他进程也在处理相应的矩阵部分. 当系数矩阵的定义公式已知时, 这种情况在实践中是可行的.

现在让我们在所有进程中设置向量 b 的 b_{part} 部分. 我们将对维度为 N 的 x^{model} 向量的模型解执行此操作, 其元素对应于区间 $[0, 2\pi]$ 中正弦的值 (参见图 3.1):

$$x_n^{\text{model}} = \sin\frac{2\pi(n-1)}{N-1}, \quad n \in \overline{1, N}.$$

如果我们将一个已经任意给定的矩阵 A 与这个向量相乘, 我们会得到一些向量 b. 对于此矩阵 A 和向量 b, 我们知道正确的解决方案: x^{model}. 因此, 我们将能够检查程序实现的正确性: 找到的解决方案必须与模型的解决方案相吻合.

```
26 if rank_cart == 0 :
27     from numpy import sin, pi
28     x_model = array([sin(2*pi*i/(N-1)) for i in range(N)],
29                     dtype=float64)
30 else :
31     x_model = None
32
33 x_part = empty(N_part, dtype=float64)
34
35 if rank_cart in range(num_col) :
36     comm_row.Scatterv([x_model,rcounts_N,displs_N,MPI.DOUBLE],
37                       [x_part, N_part, MPI.DOUBLE], root=0)
38
39 comm_col.Bcast([x_part, N_part, MPI.DOUBLE], root=0)
40 b_part_temp = dot(A_part, x_part)
41 b_part = empty(M_part, dtype=float64)
42 comm_row.Allreduce([b_part_temp, M_part, MPI.DOUBLE],
43                    [b_part, M_part, MPI.DOUBLE], op=MPI.SUM)
```

第 26—29 行指定了模型向量 x^{model}, 其值将只包含在 `comm_cart` 通信器的 `rank_cart = 0` 的进程中的 `x_model` 数组中.

在第 33 行中, 在内存中为 `x_part` 数组分配了空间, 它将包含 $x_{\text{part}(\cdot)}$ 矢量的一部分.

在第 35—37 行中, `x_model` 数组中包含的 x^{model} 向量的元素分布在 `rank_cart = 0` 通信器 `comm_cart` 的进程上, 在 `my_row = 0` 的进程的网格行中的每个进程的 `x_part` 数组中包含的部分 $x_{\text{part}(\cdot)}$ 中 (结果如图 5.11 所示).

在第 39 行中, 每个 `x_part` 阵列从 `comm_col` 通信器的零进程转发到相应通信器的所有进程 (结果如图 5.12 所示).

第 40—43 行实现了 $A \cdot x^{\text{model}}$ 的并行版本模型操作. 第 40 行正好包含在 `comm_cart` 的所有进程上并行执行的那些计算. 每个进程执行点 `dot(A_part, x_part)` 操作, 其矩阵 $A_{\text{part}_{(\cdot)}}$ 的部分和其向量的部分 $x_{\text{part}_{(\cdot)}}$(图 5.2).

作为对每个进程的这些操作的结果, 我们得到一个 `b_part_temp` 数组, 其元素构成了作为 $A \cdot x^{\text{model}}$ 操作结果的部分向量的和之一. 如果我们把所有这些数组沿着进程网格的一条线堆叠起来, 就会得到一个 `b_part` 数组, 它将包含相应矢量的一个部分. 我们将在相应进程网格行的所有进程上需要这个数组 (即在相应通信器 `comm_row` 的所有进程上). 因此, 在第 41 行中, 我们为这个数组分配了内存空间. 我们使用 `Allreduce()` 函数 (见第 42—43 行) 将 `b_part_temp` 数组的值沿每个进程网格线相加. 这种对其通信器 `comm_row` 中的每一组进程的集体进程通信功能独立于在其他通信器 `comm_row` 中运行的类似函数而工作. 也就是说, 沿着每个进程网格行转发数据与沿着其他进程网格行转发类似的数据是并行的. 这个函数在每个进程网格线上的结果是对应 `comm_row` 通信器的每个进程上所包含的相同的 `b_part` 数组 (图 5.10).

现在为系统 (6.2.1) 的解 x 准备一个零初始近似值. 设置每个过程 $x_{\text{part}_{(\cdot)}} \equiv 0$, 这相当于设置零初始近似值 $x \equiv 0$.

```
44 x_part = empty(N_part, dtype=float64)
```

因此, 准备了每个进程上计算所需的数据, 这些是 numpy 数组 `A_part`, `b_part`, `x_part`, 整数常量 `N_part`, `M_part` 和 `N`, 以及包含有关 `comm_row` 和 `comm_col` 信息的对象. 因此, 我们可以调用 `conjugate_gradient_method()` 函数.

```
45 x_part = conjugate_gradient_method(A_part, b_part, x_part,
46                                    N_part, M_part,
47                                    comm_row, comm_col, N)
```

这个函数在并行计算方面是最重要的, 所以我们将在下一小节中单独分析它.

这个函数在每个进程中的结果必须是一个包含部分解决方案 x 的 numpy 数组 `x_part` (图 5.2 和图 5.12). 可以将 `x_part` 的所有 numpy 数组组装为包含解 x 的单个 numpy 数组 `x`, 例如, 在 `comm_cart` 通信器的 `rank_cart = 0` 的进程上, 该进程也是 `comm_row` 通信器之一的空进程:

```
48 if rank_cart == 0 :
49     x = zeros(N, dtype=float64)
50 elif rank_cart in range(1, num_col) :
51     x = None
52 
53 if rank_cart in range(num_col) :
54     comm_row.Gatherv([x_part, N_part, MPI.DOUBLE],
55                      [x, rcounts_N, displs_N, MPI.DOUBLE],
```

```
56                          root=0)
```

如果程序是在多处理器系统上远程运行, 计算结果需要保存在一个文件中, 复制到个人计算机上, 并使用另一个辅助程序进行绘图. 如果使用个人计算机进行测试, 你将立即在屏幕上显示解决方案的图表.

如前所述, 我们可以通过在程序中添加以下几行代码来绘制图形, 例如使用 matplotlib 包.

```
57 if rank_cart == 0 :
58     from matplotlib.pyplot import figure, axes, show
59     from numpy import arange
60     fig = figure()
61     ax = axes(xlim=(0, N), ylim=(-1.5, 1.5))
62     ax.set_xlabel('i'); ax.set_ylabel('x[i]')
63     ax.plot(arange(N), x, '-k', lw=3)
64     show()
```

现在让我们详细了解一下最令人感兴趣的部分. 这是 conjugate_gradient_method() 函数, 它实现了共轭梯度法来解决系统 (6.2.1).

6.2.2 计算部分

6.2.1 小节描述了准备每个过程中的计算所需数据的步骤. 作为这些操作的结果, 每个进程在其内存 (地址空间) 中包含了 numpy 数组 A_part, b_part, x_part, N_part, M_part, N 和包含 comm_row 和 comm_col 通信器信息的对象, 哪个 MPI 进程的程序代码被执行. 数据在进程网格上的分布与图 5.2 和图 5.10 对应. 现在我们可以实现一个并行版本的函数 conjugate_gradient_method().

因此, 实现共轭梯度法 (6.2.2)—(6.2.5) 的并行版本求解线性代数方程组 (6.2.1) 的函数代码如下:

```
def conjugate_gradient_method(A_part, b_part, x_part,
                              N_part, M_part,
                              comm_row, comm_col, N) :

    r_part = empty(N_part, dtype=float64)
    p_part = empty(N_part, dtype=float64)
    q_part = empty(N_part, dtype=float64)

    ScalP = array(0, dtype=float64)
    ScalP_temp = empty(1, dtype=float64)

    s = 1
    p_part[:] = zeros(N_part, dtype=float64)
```

```
while s <= N :

    if s == 1 :
        Ax_part_temp = dot(A_part, x_part)
        Ax_part = empty(M_part, dtype=float64)
        comm_row.Allreduce([Ax_part_temp,M_part,MPI.DOUBLE]
                           [Ax_part, M_part, MPI.DOUBLE],
                            op=MPI.SUM)
        b_part = Ax_part - b_part
        r_part_temp = dot(A_part.T, b_part)
        comm_col.Allreduce([r_part_temp,N_part,MPI.DOUBLE],
                           [r_part, N_part, MPI.DOUBLE],
                            op=MPI.SUM)
    else :
        ScalP_temp[0] = dot(p_part, q_part)
        comm_row.Allreduce([ScalP_temp, 1, MPI.DOUBLE],
                          [ScalP, 1, MPI.DOUBLE],
                           op=MPI.SUM)
        r_part = r_part - q_part/ScalP

    ScalP_temp[0] = dot(r_part, r_part)
    comm_row.Allreduce([ScalP_temp, 1, MPI.DOUBLE],
                       [ScalP, 1, MPI.DOUBLE],
                        op=MPI.SUM)
    p_part = p_part + r_part/ScalP

    Ap_part_temp = dot(A_part, p_part)
    Ap_part = empty(M_part, dtype=float64)
    comm_row.Allreduce([Ap_part_temp, M_part, MPI.DOUBLE],
                       [Ap_part, M_part, MPI.DOUBLE],
                        op=MPI.SUM)
    q_part_temp = dot(A_part.T, Ap_part)
    comm_col.Allreduce([q_part_temp, N_part, MPI.DOUBLE],
                       [q_part, N_part, MPI.DOUBLE],
                        op=MPI.SUM)

    ScalP_temp[0] = dot(p_part, q_part)
    comm_row.Allreduce([ScalP_temp, 1, MPI.DOUBLE],
                       [ScalP, 1, MPI.DOUBLE],
                       op=MPI.SUM)
    x_part = x_part - p_part/ScalP

    s = s + 1

return x_part
```

这个函数与第 5 章中详细讨论的相应函数完全相同 (没有任何变化). 正如我们已经讨论过的, 在虚拟拓扑结构与计算机系统的物理拓扑结构成功映射的情况下, 该函数可以通过减少辅助通信器进程之间接收消息的消耗而大大加快工作.

现在, 为了训练与使用虚拟拓扑逻辑关联的进程的工作, 我们将重写这个函数, 使用 Allreduce() 函数实现（即使不那么有效的）.

```
1  def conjugate_gradient_method(A_part, b_part, x_part,
2                                N_part, M_part, num_col,  num_row,
                                 comm_cart, N) :
3
4      neighbour_up,  neighbour_down =comm_cart.Shift(direction=0,
5                                                     disp=1)
6      neighbour_left,neighbour_right=comm_cart.Shift(direction=1,
7                                                     disp=1)
8
9      ScalP_temp = empty(1, dtype=float64)
10
11     s = 1
12     p_part = zeros(N_part, dtype=float64)
13
14     while s <= N :
15
16         if s == 1 :
17             Ax_part_temp = dot(A_part, x_part)
18             Ax_part = Ax_part_temp.copy()
19             for n in range(num_col-1) :
20                 comm_cart.Sendrecv_replace(
21                         [Ax_part_temp, M_part, MPI.DOUBLE],
22                         dest=neighbour_right, sendtag=0,
23                         source=neighbour_left, recvtag=0,
24                         status=None)
25                 Ax_part = Ax_part + Ax_part_temp
26             b_part = Ax_part - b_part
27             r_part_temp = dot(A_part.T, b_part)
28             r_part = r_part_temp.copy()
29             for m in range(num_row-1) :
30                 comm_cart.Sendrecv_replace(
31                         [r_part_temp, N_part, MPI.DOUBLE],
32                         dest=neighbour_down, sendtag=0,
33                         source=neighbour_up, recvtag=0,
34                         status=None)
35              r_part = r_part + r_part_temp
36     else :
```

```
37          ScalP_temp[0] = dot(p_part, q_part)
38          ScalP = ScalP_temp.copy()
39          for n in range(num_col-1) :
40              comm_cart.Sendrecv_replace(
41                              [ScalP_temp, 1, MPI.DOUBLE],
42                              dest=neighbour_right, sendtag=0,
43                              source=neighbour_left, recvtag=0,
44                              status=None)
45              ScalP = ScalP + ScalP_temp
46          r_part = r_part - q_part/ScalP
47
48          ScalP_temp[0] = dot(r_part, r_part)
49          ScalP = ScalP_temp.copy()
50          for n in range(num_col-1) :
51              comm_cart.Sendrecv_replace(
52                              [ScalP_temp, 1, MPI.DOUBLE],
53                              dest=neighbour_right, sendtag=0,
54                              source=neighbour_left, recvtag=0,
55                              status=None)
56              ScalP = ScalP + ScalP_temp
57          p_part = p_part + r_part/ScalP
58
59          Ap_part_temp = dot(A_part, p_part)
60          Ap_part = Ap_part_temp.copy()
61          for n in range(num_col-1) :
62              comm_cart.Sendrecv_replace(
63                              [Ap_part_temp, M_part, MPI.DOUBLE],
64                              dest=neighbour_right, sendtag=0,
65                              source=neighbour_left, recvtag=0,
66                              status=None)
67               Ap_part = Ap_part + Ap_part_temp
68          q_part_temp = dot(A_part.T, Ap_part)
69          q_part = q_part_temp.copy()
70          for m in range(num_row-1) :
71              comm_cart.Sendrecv_replace(
72                              [q_part_temp, N_part, MPI.DOUBLE],
73                              dest=neighbour_down, sendtag=0,
74                              source=neighbour_up, recvtag=0,
75                              status=None)
76              q_part = q_part + q_part_temp
77
78          ScalP_temp[0] = dot(p_part, q_part)
79          ScalP = ScalP_temp.copy()
80          for n in range(num_col-1) :
81              comm_cart.Sendrecv_replace(
```

```
82                              [ScalP_temp, 1, MPI.DOUBLE],
83                              dest=neighbour_right, sendtag=0,
84                              source=neighbour_left, recvtag=0,
85                              status=None)
86                  ScalP = ScalP + ScalP_temp
87          x_part = x_part - p_part/ScalP
88
89          s = s + 1
90
91      return x_part
```

在这个程序实现中, 我们只注意到与第 5 章中讨论实现的主要区别.

在第 5—8 行中, 我们定义了 MPI 进程的近邻, 然后用该函数的实现替换所有 Allreduce() 函数.

例如, 程序代码:

```
Ax_part_temp=dot(A_part, x_part)
Ax_part = empty(M_part, dtype=float64)
comm_row.Allreduce([Ax_part_temp,M_part,MPI.DOUBLE]
                   [Ax_part, M_part, MPI.DOUBLE],
                   op=MPI.SUM)
```

替换成下面等价程序代码 (在结果的意义上) :

```
Ax_part_temp = dot(A_part, x_part)
Ax_part = Ax_part_temp.copy()
for n in range(num_col-1) :
   comm_cart.Sendrecv_replace(
                   [Ax_part_temp, M_part, MPI.DOUBLE],
                   dest=neighbour_right, sendtag=0,
                   source=neighbour_left, recvtag=0,
                   status=None)
   Ax_part = Ax_part + Ax_part_temp
```

或者, 另一个例子, 程序代码:

```
ScalP_temp[0] = dot(p_part, q_part)
comm_row.Allreduce([ScalP_temp, 1, MPI.DOUBLE],
                   [ScalP, 1, MPI.DOUBLE],
                   op=MPI.SUM)
```

替换成下面等价程序代码 (在结果的意义上):

```
ScalP_temp[0] = dot(p_part, q_part)
ScalP = ScalP_temp.copy()
for n in range(num_col-1) :
   comm_cart.Sendrecv_replace(
                   [ScalP_temp, 1, MPI.DOUBLE],
```

```
                    dest=neighbour_right, sendtag=0,
                    source=neighbour_left, recvtag=0,
                    status=None)
    ScalP = ScalP + ScalP_temp
```

6.3 并行程序的效率和可扩展性评估

本节将根据我们在第 4 章中描述的相同方案以及在第 5 章中考虑的相同测试示例来评估所提出的实施共轭梯度法的程序的效率和可扩展性.

在第 4 章中, 我们使用莫斯科国立大学科学研究计算中心的 "罗蒙诺索夫-2" [7] 超级计算机的测试队列来运行程序. 在这个测试队列中, 可以运行运行时间不超过 15 分钟 (900 秒) 的程序, 并使用不超过 15 个计算节点, 每个节点运行 14 核 IntelXeon 强 E5-2697 v3 2.60GHz 处理器和 64GB 内存 (4.5 GB).

注意这个队列的一个特点, 我们以前没有提到过: 在这个队列上被分配到计算的节点是很好的定位. 也就是说, 在一个真实的物理计算环境中, 测试队列的所有节点都离得很近. 因此, 本章开始时提到的大多数常见的虚拟拓扑结构可以很成功地被系统映射到计算系统中.

但考虑到目前程序实现的具体情况, 即程序只能在一些自然数的平方 (1, 4, 9, 16, 25, 36, 49 等) 的 `numprocs` 进程上运行, 测试队列将只允许在 1, 4 和 9 节点上进行计算. 因此, 效率图不会很有说服力. 所以, 在第 5 章中, 为了获得更具代表性的结果, 我们使用了主计算队列. 这个队列可以用来运行时间不超过 2 天 (172800 秒)、使用不超过 50 个计算节点的程序. 因此, 这个队列可以得到一个更具代表性的结果.

然而, 如果没有超级计算机管理员的额外配置, 每次程序启动时, 用户可能会被分配到一组相当任意的计算节点, 这些节点可能相当混乱地位于超级计算机的所有计算节点中. 因此, 当程序被反复重启时, 系统将虚拟拓扑结构映射到计算机系统上的程度可能会有很大变化.

请注意, 每个计算节点都配备了一块显存为 11.56 GB 的 Tesla K40s 显卡. 在第 13 章中, 我们将讨论如何在计算和视频处理过程中利用显卡, 也就是说, 我们将讨论一些混合并行编程技术的基础.

例 1 我们使用 $N = 10000$, $M = 12000$ 作为测试参数. 在这种情况下, 需要 $N \times M \times 8$ bit $= 0.89$ GB 来存储系统矩阵 A. 对于给定的参数, 串行版本的 `conjugate_gradient_method()` 函数 (见第 3 章和第 4 章) 在 1 个计算节点上运行了 368 秒. 在运行该程序的并行版本时, 每个 MPI 进程正好映射到一个计算节点.

例 2　我们使用 $N = 70000$, $M = 90000$ 作为测试参数. 在这种情况下, 我们需要 $N \times M \times 8$ bit = 46.93 GB 来存储系统的矩阵 A. 对于指定的参数, 1 个计算节点上的 `conjugate_gradient_method()` 函数的串行版本运行的时间远远超过 15 分钟 (这是测试队列的限制, 我们在第 1 章中用于计算). 因此在测试计算中, 我们将限制在共轭梯度法的 400 次迭代. 在这种情况下, 函数的串行版本的运行时间为 750 秒 (在所有迭代的情况下, 这个时间将增加到 1.5 天). 该程序的并行版本在运行时, 每个 MPI 进程正好与一个计算节点绑定.

对于给定的参数集例 1 和例 2, 让我们来画出取决于计算节点数量的并行化效率图 (图 6.4).

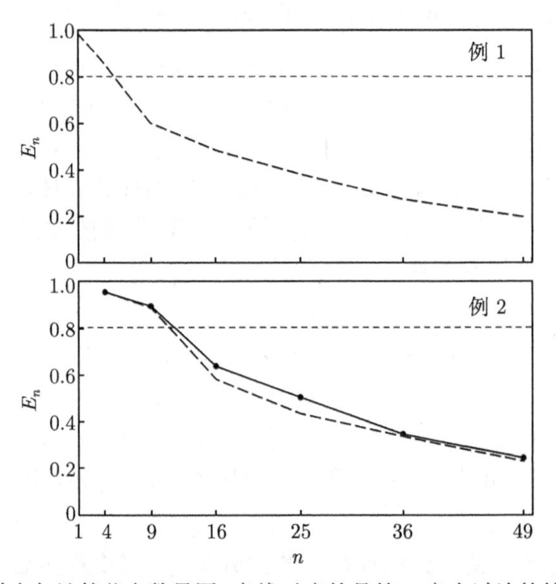

图 6.4　平行化效率与计算节点数量图. 虚线对应的是第 5 章中讨论的软件实现的效率图

同时, 将第 5 章得到的图形也叠加在这些图形上.

注意　测试仅针对不使用 `Allreduce()` 函数的等效实现的软件实现进行. 显然, 考虑到前面提出的所有评论, 具有等效函数 `Allreduce()` 的软件实现将具有明显较低的效率.

很明显, 新程序实现的效率并不比第 5 章中讨论得更差. 然而, 对于少量的节点来说, 程序实现的效率证明是更好的. 这是由运行一系列程序的特殊性造成的. 49 个计算节点被要求进行计算, 然后 4, 9, 16, 25, 36 和 49 个 MPI 进程的程序在这些节点上依次运行 (如上所述, 每个节点正好与一个计算节点绑定). 显然, 在较少的节点上运行时, 系统更容易选择最符合虚拟拓扑结构的节点.

6.4 本章并行程序实现的优缺点分析

与第 5 章讨论的基本程序实现相比, 建议的基本程序实现的优点是使用虚拟拓扑结构 (二维环面 (torus) 和环 (ring)), 该系统通常可以很好地映射到计算系统的实际物理拓扑结构. 因此, 逻辑连接的进程可以被绑定到实际物理计算环境中位于附近的计算节点上, 这将加速 MPI 进程之间的消息传递.

再一次注意, 考虑到之前所做的所有评论, 具有其等效函数 `Allreduce()` 的软件实现将具有明显较低的效率. 尽管如此, 我们提出的函数 `Allreduce()` 的自定义实现, 在特定条件下, 具有一定的改进潜力, 我们将在第 12 章中通过使用延迟交互请求来实现.

第 7 章 求解三对角线性代数方程组的追赶法

在之前的章节中, 我们讨论了用于处理密集矩阵操作的并行算法的基本方法. 在本章中, 我们将开始研究求解偏微分方程问题的算法并行化的特征. 此类问题的一个特点是, 某些求解它们的方法需要使用稀疏矩阵进行运算. 稀疏矩阵是指其中大部分元素为零且非零元素以某种 (预先已知的) 方式排列的矩阵. 特别是在空间中一维偏微分方程问题的解决, 经常需要解决三对角线性方程组. 在这样的矩阵中, 非零元素仅位于主对角线和两个次对角线上:

$$\begin{pmatrix} b_1 & c_1 & \cdots & 0 & 0 \\ a_2 & b_2 & \cdots & 0 & 0 \\ \vdots & \ddots & \ddots & \ddots & \vdots \\ 0 & \cdots & a_{N-1} & b_{N-1} & c_{N-1} \\ 0 & \cdots & 0 & a_N & b_N \end{pmatrix} \begin{pmatrix} x_1 \\ x_2 \\ \vdots \\ x_{N-1} \\ x_N \end{pmatrix} = \begin{pmatrix} d_1 \\ d_2 \\ \vdots \\ d_{N-1} \\ d_N \end{pmatrix}. \tag{7.0.1}$$

为了解决这样的线性代数方程组, 可以采用在之前几章中介绍的算法. 然而, 这种方法不够有效, 因为它没有考虑到方程组矩阵的特殊结构 (参见公式 (7.0.1)). 因此, 计算复杂度将达到 $O(N^3)$. 但是, 如果我们知道所有非零元素的位置, 则可以构建一个只需要 $O(N)$ 算术运算的算法. 这个算法被称为三对角矩阵算法或追赶法 (tridiagonal matrix algorithm 或 Thomas algorithm), 它对我们来说具有重要的方法论意义, 因为其原型一般不能进行并行处理, 但是通过这样一种方式进行修改后, 可以进行并行化.

7.1 追赶法的顺序实现

首先让我们看一下追赶法最直观的实现方法:

```
1  def consecutive_tridiagonal_matrix_algorithm(a, b, c, d) :
2
3      N = len(d)
4
5      x = empty(N, dtype=float64)
6
7      for n in range(1, N) :
```

```
8          coef = a[n]/b[n-1]
9          b[n] = b[n] - coef*c[n-1]
10         d[n] = d[n] - coef*d[n-1]
11
12     for n in range(N-2, -1, -1) :
13         coef = c[n]/b[n+1]
14         d[n] = d[n] - coef*d[n+1]
15
16     for n in range(N) :
17         x[n] = d[n]/b[n]
18
19     return x
```

这个函数接收四个长度为 N 的数组 a, b, c 和 d. 数组 a, b 和 c 包含线性方程组矩阵的非零元素, 而数组 d 包含方程组的右侧元素 (参见公式 (7.0.1)), 其中

$$
\begin{aligned}
a[n] &= a_{n+1}, \qquad n = \overline{1, N-1}, \\
b[n] &= b_{n+1}, \qquad n = \overline{0, N-1}, \\
c[n] &= c_{n+1}, \qquad n = \overline{0, N-2}, \\
d[n] &= d_{n+1}, \qquad n = \overline{0, N-1}
\end{aligned}
$$

(注意: 算法中未使用 $a[0]$ 和 $c[N-1]$).

在第 7—10 行中, 使用高斯消元法进行正向计算, 将线性方程组矩阵的下三角变为零. 然后, 在第 12—15 行中, 使用高斯消元法进行反向计算, 将方程组 (7.0.1) 转化为对角矩阵. 最后, 在第 16—17 行中计算线性方程组解向量的分量 (7.0.1).

为了解决这个线性方程组, 需要执行的总算术运算次数为 $9N-8=O(N)$.

注意 需要注意的是, 追赶法的编程实现可以用更加简洁 (即计算量更少) 的形式来书写, 这种形式只需要 $8N-7$ 次算术运算. 要做到这一点, 需要将第 12—17 行替换为以下内容:

```
    x[N-1] = d[N-1]/b[N-1]

    for n in range(N-2, -1, -1) :
        x[n] = (d[n] - c[n]*x[n+1])/b[n]
```

对我们来说, 顺序执行的主要问题是, 它本质上无法进行并行化, 因为算法中存在计算值之间的信息依赖关系. 例如, 对于每个索引 n, 计算 b_n 元素无法独立于其他值 b_k, $k \neq n$ 执行, 因为计算 b_n 元素需要知道 b_{n-1} 元素的值. 因此, 这个算法无法并行化.

然而, 我们可以对算法进行修改, 使其修改后的版本可以进行并行化处理! 我们将在下一部分中讨论这种修改后的算法. 请注意, 这将增加算法的计算复杂度, 但对于有效使用多处理器系统的能力来说, 这是一个可以接受的代价.

需要特别注意的是, 我们将并行化定义为实现使用任意数量的处理器进行计算的能力. 因此, 我们不考虑反向计算的方法, 该方法的并行版本仅使用两个处理器来并行化计算. 在反向计算中, 第一个处理器顺序地将下三角矩阵的前 $\lfloor N/2 \rfloor$ 个元素清零; 而第二个处理器并行地清零从最后一个元素开始到第 $\lceil N/2 \rceil$ 个元素的上三角矩阵. 然后, 进程交换必要的信息以继续处理, 并同时清零其代码对角线上的元素. 显然, 这个算法不能提供超过 2 倍的加速.

7.2 追赶法的并行版本

我们假设系统矩阵 (7.0.1) 的元素包含在向量 a, b 和 c 中, 右侧的向量包含在向量 d 中. 所有向量的长度都为 N. 每个向量中的每个元素的索引对应于包含该元素的行号 (例如, 参见图 7.1). 由于这些向量的元素与系统矩阵的元素一一对应, 因此我们可以通过处理这些向量来解决线性方程组的问题. 需要注意的是, a_1 和 c_N 的值可以是任意值, 因为它们不会影响计算结果.

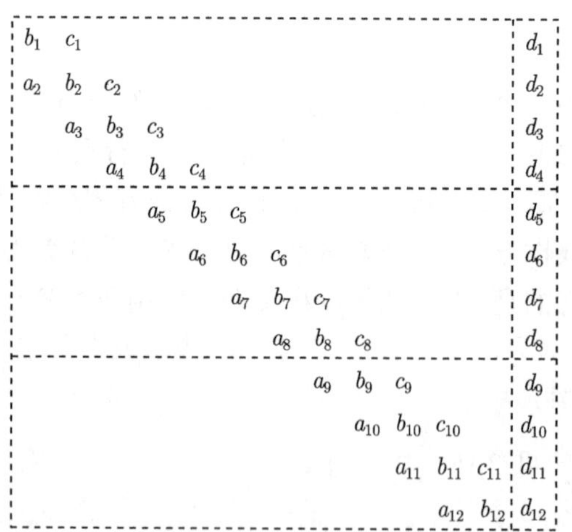

图 7.1 (步骤 0) 解扩展线性方程组 (7.0.1) 时, 将数据分布到三个 MPI 进程的示例, 其中 $N = 12$

步骤 0 将向量 a, b, c 和 d 的所有元素按照 $a_{\text{part}(k)}$, $b_{\text{part}(k)}$, $c_{\text{part}(k)}$ 和 $d_{\text{part}(k)}$ 的方式分割到所有参与计算的 MPI 进程中. 这里 k 表示进程编号. 同时, 我们将假设所有 `rank` = $\overline{\texttt{0,numprocs-1}}$ 的进程都参与了计算. 相应向量的每个 k 部分的

长度将为 $N_{\text{part}(k)}$. 在此情况下, 有

$$\sum_{\{k\}} N_{\text{part}(k)} = N.$$

图 7.1 展示了在 $N = 12$ 的情况下, 将数据分配给三个 MPI 进程的示例.

除非另有说明, 算法的后续步骤将在所有 MPI 进程之间并行执行.

步骤 1 对于每个数据块中的第二行及以下的所有元素, 将下角线元素设置为 0. 因此, 扩展线性系统的矩阵形式将如图 7.2 所示.

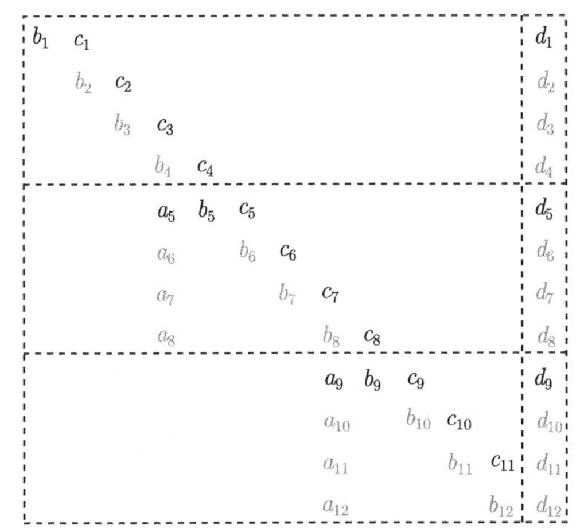

图 7.2 (步骤 1) 在每个 MPI 进程中, 从数据块的第二行 (在程序实现中的索引为 1) 开始将下角线元素设置为 0. 红色表示重新定义的元素

为此, 我们对于每个 $n = \overline{2, N_{\text{part}(k)}}$ 执行以下操作:

$$\text{coefficient} = \frac{\left(a_{\text{part}(k)}\right)_n}{\left(b_{\text{part}(k)}\right)_{n-1}},$$

$$\left(a_{\text{part}(k)}\right)_n := -\text{coefficient} \cdot \left(a_{\text{part}(k)}\right)_{n-1},$$

$$\left(b_{\text{part}(k)}\right)_n := \left(b_{\text{part}(k)}\right)_n - \text{coefficient} \cdot \left(c_{\text{part}(k)}\right)_{n-1},$$

$$\left(d_{\text{part}(k)}\right)_n := \left(d_{\text{part}(k)}\right)_n - \text{coefficient} \cdot \left(d_{\text{part}(k)}\right)_{n-1}.$$

需要注意的是, 在所有进程 (除了 0 号进程) 中, 执行这些操作将导致新的非零元素的出现 (图 7.2). 为了节省内存, 我们将这些元素的值存储在已经归零的向

量 $a_{\text{part}_{(k)}}$ 中. 因此, 在上述公式中, 对应于向量 $a_{\text{part}_{(k)}}$ 的元素将被重新赋值, 而不是被设置为 0.

此外, 需要注意的是, 这些公式可以在每个进程上进行形式化应用, 包括 0 号进程. 但是, 在 0 号进程中, 向量 $a_{\text{part}_{(0)}}$ 中的元素只是形式上被重新定义, 实际上在后续计算中, 这些元素不会被使用.

步骤 2 对于每个 MPI 进程中的数据块, 从倒数第三行 (在程序实现中的索引为 $N_{\text{part}}-3$) 开始, 将其上方的对角线元素置零. 这样做会使得扩展系统矩阵具有如图 7.3 所示的形式.

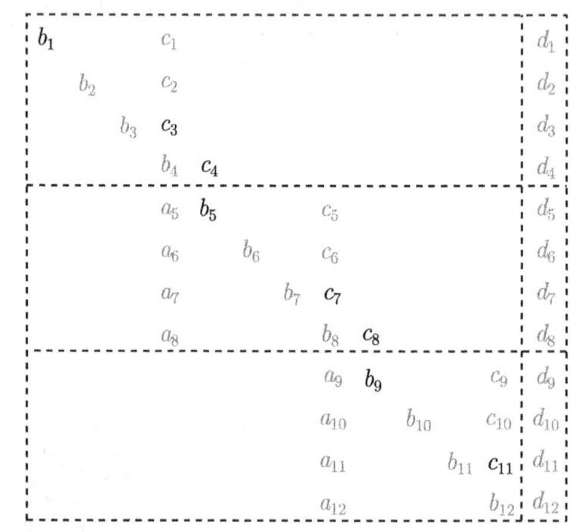

图 7.3 (步骤 2) 在每个 MPI 进程中, 从数据块的倒数第三行 (在程序实现中的索引为 $N_{\text{part}}-3$) 开始, 将其上方的对角线元素置零, 以实现对上三角部分的归零操作. 在此过程中, 重新定义的元素使用绿色进行了标记

为了实现这一操作, 我们需要对每个数据块中的 n 值 (取值范围为 $\overline{N_{\text{part}_{(k)}}-2, 1}$), 执行以下操作序列:

$$\text{coefficient} = \frac{\left(c_{\text{part}_{(k)}}\right)_n}{\left(b_{\text{part}_{(k)}}\right)_{n+1}},$$

$$\left(c_{\text{part}_{(k)}}\right)_n := -\text{coefficient} \cdot \left(c_{\text{part}_{(k)}}\right)_{n+1},$$

$$\left(a_{\text{part}_{(k)}}\right)_n := \left(a_{\text{part}_{(k)}}\right)_n - \text{coefficient} \cdot \left(a_{\text{part}_{(k)}}\right)_{n+1},$$

$$\left(d_{\text{part}_{(k)}}\right)_n := \left(d_{\text{part}_{(k)}}\right)_n - \text{coefficient} \cdot \left(d_{\text{part}_{(k)}}\right)_{n+1}.$$

与前一步类似, 执行这些操作会在矩阵中产生新的非零元素 (参见图 7.3). 为

了节省内存, 我们将它们的值存储在已经置零的 $c_{\text{part}(k)}$ 向量中. 因此, 在上述公式中, 相应的 $c_{\text{part}(k)}$ 向量元素是被重新定义而不是置零.

步骤 3 对于每个数据块中的最后一行 (除了位于最后一个进程中的数据块), 将其上方的对角线元素置零, 以实现对右上角部分的归零操作. 这样做会使得扩展系统矩阵具有如图 7.4 所示的形式.

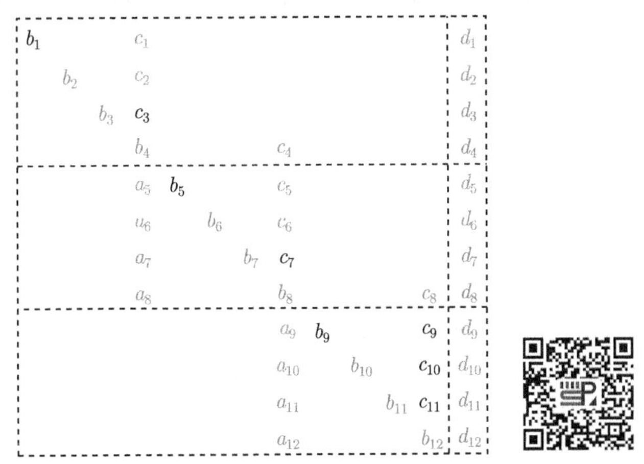

图 7.4 (步骤 3) 我们需要在每个 MPI 进程的最后一行上将上对角线元素设为零. 对于每个 MPI 进程, 需要找到其最后一行中的上对角线元素并将其设为零. 这些重新定义的元素用紫色标出

这个操作需要在进程之间进行预先的消息交换. 每个进程 `rank = k` (除了最后一个进程) 需要从下一个进程 (`rank = k + 1`) 接收扩展系统矩阵中包含的第一行非零元素. 同时, 每个进程 (除了第一个进程) 也需要将其扩展系统矩阵中包含的第一行非零元素发送给前一个进程 (`rank = k - 1`).

在完成相应的消息交换之后, 我们可以在所有进程 (除了最后一个进程) 上执行以下操作:

$$\text{coefficient} = \frac{\left(c_{\text{part}(k)}\right)_{N_{\text{part}(k)}}}{\left(b_{\text{part}(k+1)}\right)_1},$$

$$\left(b_{\text{part}(k)}\right)_{N_{\text{part}(k)}} := \left(b_{\text{part}(k)}\right)_{N_{\text{part}(k)}} - \text{coefficient} \cdot \left(a_{\text{part}(k+1)}\right)_1,$$

$$\left(c_{\text{part}(k)}\right)_{N_{\text{part}(k)}} := -\text{coefficient} \cdot \left(c_{\text{part}(k+1)}\right)_1,$$

$$\left(d_{\text{part}(k)}\right)_{N_{\text{part}(k)}} := \left(d_{\text{part}(k)}\right)_{N_{\text{part}(k)}} - \text{coefficient} \cdot \left(d_{\text{part}(k+1)}\right)_1.$$

与前几个步骤类似, 执行这些操作会在每个进程中产生新的非零元素 (参见图 7.4). 为了节省内存, 我们将它们的值存储在已经置零的 $c_{\text{part}_{(k)}}$ 向量中的 $\left(c_{\text{part}_{(k)}}\right)_{N_{\text{part}_{(k)}}}$ 元素上.

步骤 4 从每个进程中收集对应数据块扩展系统矩阵中最后一行的非零元素, 并将这些数据汇总到具有 `rank = 0` 的进程上. 这样, 我们可以在该进程上构造一个具有三对角矩阵的辅助线性代数方程组 (参见图 7.5).

$$\begin{array}{ccc|c} b_4 & c_4 & & d_4 \\ a_8 & b_8 & c_8 & d_8 \\ & a_{12} & b_{12} & d_{12} \end{array}$$

图 7.5 (步骤 4) 在具有 `rank = 0` 的 MPI 进程上使用顺序追赶法来解决的系统矩阵

在具有 `rank = 0` 的进程上, 我们可以使用顺序追赶法求解这个辅助线性代数方程组. 需要注意的是, 这个辅助系统的维数相对较小, 它的大小由参与计算的进程数确定, 通常有 $\texttt{numprocs} \ll N$.

通过求解这个辅助线性代数方程组, 我们可以获得未知向量 x 中所有元素 x_n 的值, 其中 n 的取值为 $n = \left\{n_k, 0 \leqslant k \leqslant \texttt{numprocs-1}:\ n_k = \sum\limits_{i=0}^{k} N_{\text{part}_{(i)}}\right\}$.

在完成解方程组的操作后, 我们需要将计算得到的 x_n 向量的各个元素分配给参与计算的进程. 具体而言, 需要将以下元素发送到各个进程中: 对于具有 `rank = 0` 的进程, 需要将 $x_{\text{part}_{(0)}}$ 向量的最后一个元素 x_n(即 $n = N_{\text{part}_{(0)}}$) 发送到进程. 对于具有 `rank = k` 的进程, 我们需要将元素 x 的两个元素 $\left(\text{即 } n = \sum\limits_{i=0}^{k-1} N_{\text{part}_{(i)}}\right.$ 和 $\left. n = \sum\limits_{i=0}^{k} N_{\text{part}_{(i)}}\right)$ 发送到该进程. 其中, 第一个元素应该成为 $x_{\text{part}(k-1)}$ 向量的最后一个元素, 而第二个元素应该成为 $x_{\text{part}_{(k)}}$ 向量的最后一个元素.

步骤 5 在每个进程中计算 $x_{\text{part}_{(k)}}$ 向量中剩余的元素.

对于每个 $x_{\text{part}_{(k)}}$ 向量中的元素 $n(n \in \overline{1, N_{\text{part}_{(k)}} - 1})$, 我们需要执行以下操作.

对于具有 `rank = 0` 的进程:

$$\left(x_{\text{part}_{(0)}}\right)_n = \left(\left(d_{\text{part}_{(0)}}\right)_n - \left(c_{\text{part}_{(0)}}\right)_n \cdot \left(x_{\text{part}_{(0)}}\right)_{N_{\text{part}_{(0)}}}\right) \Big/ \left(b_{\text{part}_{(0)}}\right)_n.$$

对于其他具有 `rank = k > 0` 的进程:

$$\left(x_{\text{part}(k)}\right)_n = \left(\left(d_{\text{part}(k)}\right)_n - \left(a_{\text{part}(k)}\right)_n \cdot \left(x_{\text{part}(k-1)}\right)_{N_{\text{part}(k-1)}} - \left(c_{\text{part}(k)}\right)_n \cdot \left(x_{\text{part}(k)}\right)_{N_{\text{part}(k)}}\right) \Big/ \left(b_{\text{part}(k)}\right)_n.$$

总结 在每个具有 `rank = k` 的进程上, 我们可以找到 x 向量的 $x_{\text{part}(k)}$ 部分, 这个向量是线性系统 (7.0.1) 的解.

请注意, 我们提出的并行算法中, 总计算量约为 $17N + 16n - 34$. 其中, n 表示参与计算的 MPI 进程数. 考虑到 $n \ll N$: $17N + 16n - 34 = O(N)$. 然而, 系数 N 前的常数决定了实际的计算操作数量. 可见, 与经典版本的追赶法相比, 计算操作数量大约提高了一倍.

7.2.1 并行算法的理论分析

我们将使用第 4 章中详细描述的方案来评估所考虑的并行算法的最大加速比. 为此, 我们将计算并行和串行操作的运算量.

注意 从实现时间的角度来看, 算术运算并不等效. 例如, 加法需要 1—3 个时钟周期: 乘法需要 1—7 个时钟周期, 而除法需要 10—40 个时钟周期. 为了简化后续的计算, 我们将认为所有操作在 CPU 的运行时间上是等效的. 如果读者有需要, 可以自行澄清下面给出的公式.

要执行高斯消元法的正向过程 (算法的第 1 步), 需要执行 $(N-1)\cdot 6$ 个算术运算.

要执行高斯消元法的反向过程 (算法的第 2 步), 需要执行 $(N-2)\cdot 6$ 个算术运算.

在算法的第 3 步中, 在进程之间交换所需数据后, 需要执行 $(n-1)\cdot 6$ 个算术运算. 这里 n 表示参与计算的 MPI 进程数.

为了实现顺序执行算法 (算法的第 4 步), 需要执行 $9n-8$ (在最优实现的情况下为 $8n-7$) 个算术运算.

在计算解 (算法的第 5 步) 时, 需要执行 $(N-1)\cdot 5 + n - 2$ 个算术运算.

因此, 连续未并行的算术操作数量为 $9n-8$, 可并行的算术操作数量为 $17N + 7n - 31$. 总算术操作数量为 $17N + 16n - 34$. 根据阿姆达尔定律 (参见第 4 章中的阿姆达尔 (4.1.2)), 可以得出

$$S_n \leqslant \frac{17N + 16n - 34}{(9n-3) + \dfrac{17N + 7n - 31}{n}}.$$

在将分子和分母除以 N 后, 经过一些算术变换, 可以将该表达式简化为以下

形式:

$$S_n \leqslant \frac{17 + \dfrac{16n}{N} - \dfrac{34}{N}}{\dfrac{9n}{N} + \dfrac{4}{N} + \dfrac{17}{n} - \dfrac{31}{nN}}.$$

如果正在解决一个大型的线性代数方程组 (因此, N 足够大), 同时 $n \ll N$, 那么不等式右侧的表达式与 n 几乎相同. 因此, 我们得到

$$S_n \leqslant n.$$

这意味着, 即使在并行算法中存在串行计算部分, 在没有计算节点之间的通信开销的情况下, 也可能实现加速接近线性的加速.

7.3 追赶法的并行实现

下面我们来讨论实现所述并行算法的软件实现.

与前面第 3, 5 和 6 章相似, 我们将程序实现讨论分为两部分: 第一部分是辅助性的, 包括在所有进程上准备计算所需数据的描述; 第二部分包含直接计算部分的并行实现 (追赶法的并行实现).

7.3.1 进程中计算数据的准备

让我们按照惯例开始程序: 导入所需的库和函数, 然后确定程序运行的进程数 `numprocs`, 以及每个进程在通信器 `comm ≡ MPI.COMM_WORLD` 中的标识符 (编号/秩) `rank`.

```
1 from mpi4py import MPI
2 from numpy import empty, array, int32, float64, zeros, random
3 #from module import *
4
5 comm ≡ MPI.COMM_WORLD
6 numprocs = comm.Get_size()
7 rank = comm.Get_rank()
```

请注意, 第 3 行的注释. 在这个程序中, 我们将使用两个自定义函数: 一个实现顺序版的追赶法; 另一个实现并行版的追赶法. 这些函数可以根据需要包含在主程序代码中, 也可以将它们放在单独的模块中. 在后一种情况下, 需要取消注释第 3 行, 并在模块文件 module.py 中定义所需的函数.

然后定义 N 的值, 它指定了系统矩阵 (7.0.1) 的维数.

```
8 N = 20
```

请注意, 由于该值在所有进程上都是直接确定的, 因此无需通过任何 MPI 函数在进程之间进行传输. 当然, 也不需要将其定义为 numpy 数组或特别关注其数据类型.

接下来需要准备辅助数组 rcounts 和 displs, 它们将帮助我们在通信组 comm 的所有进程之间分配 (收集) 数据. 请注意, rcounts 是一个整数数组, 其中包含每个进程接收 (发送) 的元素数量的信息; 数组索引等于接收 (发送) 进程的标识符, 而数组的大小等于通信组 comm 中的进程数. 另一方面, displs 是一个整数数组, 其中包含有关在分配 (收集) 给相应进程数据的那些部分中相对于数组开头的偏移量的信息; 数组索引等于接收 (发送) 进程的标识符, 而数组的大小等于通信器 comm 中的进程数. 有关其图形解释, 请参见图 1.2.

```
 9  ave, res = divmod(N, numprocs)
10  rcounts = empty(numprocs, dtype=int32)
11  displs = empty(numprocs, dtype=int32)
12  for k in range(0, numprocs) :
13      if k < res :
14          rcounts[k] = ave + 1
15      else :
16          rcounts[k] = ave
17      if k == 0 :
18          displs[k] = 0
19      else :
20          displs[k] = displs[k-1] + rcounts[k-1]
```

数组 rcounts 会被填充, 以使数据量 T 在通信子中的所有进程之间均匀分配, 并使最大差异值不超过 1. 此外, 我们需要确保并行算法的实现会利用通信子中的所有进程进行计算.

MPI 进程知道自己的标识符 rank, 因此它可以确定自己的 $N_{\text{part}(\cdot)}$ 值, 该值确定了向量 $a_{\text{part}(\cdot)}$, $b_{\text{part}(\cdot)}$, $c_{\text{part}(\cdot)}$ 和 $d_{\text{part}(\cdot)}$ 的部分大小, 该 MPI 进程将负责操作这些向量部分的计算.

```
21  N_part = rcounts[rank]
```

现在是时候在每个进程中定义 $a_{\text{part}(\cdot)}$, $b_{\text{part}(\cdot)}$ 和 $c_{\text{part}(\cdot)}$ 数组, 这些数组定义了系统矩阵 (7.0.1). 为了简化这个程序的编写, 我们将这些数组的元素任意设置.

```
22  a_part = random.random_sample(N_part)
23  b_part = random.random_sample(N_part)
24  c_part = random.random_sample(N_part)
```

这部分代码类似于一种实际情况, 在该情况下, 每个进程中, 使用某个函数并行地设置了该系统矩阵的各个部分, 同时在其他进程中设置了相应部分矩阵. 在确定系统矩阵的公式已知的情况下, 这种情况在实践中是可能的.

现在在所有进程中设定向量 d 的部分 $d_{\text{part}(\cdot)}$, 它是在执行 $A \cdot x^{\text{model}}$ 操作时得到的结果. 这里的 x^{model} 是模型解, 是一个维度为 N 的向量, 其元素形成从 1 到 N 的自然数序列. 如果我们将先前以任意方式设定的三对角矩阵 A 乘以该向量, 则将得到某个向量 d. 对于此矩阵 A 和此向量 d, 我们知道正确的解为 x^{model}. 因此, 我们可以通过比较找到的解与模型的匹配程度来检查程序实现的正确性.

```
25  x = array(range(1, N+1), dtype=float64)
26
27  d_part = zeros(N_part, dtype=float64)
28  for n in range(N_part) :
29      if rank == 0 and n == 0 :
30          d_part[n] = b_part[n]*x[displs[rank]+n] + \
31                      c_part[n]*x[displs[rank]+n+1]
32      elif rank == numprocs-1 and n == N_part-1 :
33          d_part[n] = a_part[n]*x[displs[rank]+n-1] + \
34                      b_part[n]*x[displs[rank]+n]
35      else :
36          d_part[n] = a_part[n]*x[displs[rank]+n-1] + \
37                      b_part[n]*x[displs[rank]+n] + \
38                      c_part[n]*x[displs[rank]+n+1]
```

在第 25 行代码中, 我们设置模型向量 x^{model} 的值, 这些值将包含在通信器 comm 上的所有进程的数组 x 中.

在第 27 行代码中, 分配了一个内存空间给数组 d_{part}, 用来存储向量 d 的一部分 $d_{\text{part}(\cdot)}$.

在第 28—38 行代码中, 实现了 $A \cdot x^{\text{model}}$ 的操作, 每个进程并行计算出自己部分的结果向量. 同时, 考虑到矩阵 A 的特殊结构, 只有该矩阵的主对角线和相邻两个副对角线上的非零元素参与乘法运算 (即存储在数组 b_{part}, a_{part} 和 c_{part} 中的元素). 每个 MPI 进程在计算过程中需要使用:

1) 指定对角线及反对角线的各自部分.

2) 整个向量 x^{model}. 因此, 当访问数组 x 中的正确元素时, 需要使用由 displs 数组的 rank 索引确定的偏移量.

因此, 每个进程已经准备好进行计算所需的数据, 即 numpy, 数组 a_part, b_part, c_part 和 d_part. 现在可以调用函数 parallel_tridiagonal_matrix_algorithm() 进行计算.

```
39  x_part = parallel_tridiagonal_matrix_algorithm(a_part, b_part,
40                                                 c_part, d_part,
41                                                 rank, comm)
```

理解函数 parallel_tridiagonal_matrix_algorithm() 对于理解本程序的并行计算过程至关重要. 在下一节中, 我们将单独介绍这个函数.

函数 parallel_tridiagonal_matrix_algorithm() 的输出结果是每个进程的 numpy 数组 x_part. 该数组存储了解向量 x 的一部分. 为了验证程序的正确性, 可以让每个进程输出自己的 x_part 数组进行检查.

```
42 print(f'For rank={rank} : x_part={x_part}')
```

如果您将此脚本 (程序) 保存在名称为 script.py 下并使用以下命令在终端中运行它:

```
> mpiexec -n 3 python script.py
```

在 3 个 MPI 进程上, 我们得到以下输出:

```
For rank = 0:x_part=[1. 2. 3. 4. 5. 6. 7.]
For rank = 1:x_part=[ 8.  9. 10. 11. 12. 13. 14.]
For rank = 2:x_part=[15. 16. 17. 18. 19. 20.]
```

可以看到, 向量的这些部分组成了一个与模型解 (从 1 到 $N = 20$ 的自然数序列) 重合的向量, 说明程序实现的正确性.

现在, 我们来仔细看看最有意思的程序执行部分, 也就是实现并行的追赶法的函数 parallel_tridiagonal_matrix_algorithm(), 它用于求解追赶法 (参见 (7.0.1)) 的并行版本.

7.3.2 计算部分

在 7.3.1 小节中, 我们讨论了在每个进程中为计算准备数据所需的步骤. 在这些步骤完成后, 每个进程都会在其内存中 (地址空间中) 包含长度为 N_part 的 numpy 数组 a_part, b_part, c_part 和 d_part, 以及一个对象, 其中包含有关包含 MPI 进程的通信器 comm 的信息. 现在, 我们可以实现并行的追赶法函数 parallel_tridiagonal_matrix_algorithm(). 由于该函数本身具有重要意义, 我们从第一行开始逐行进行讨论, 并将行号从 1 开始编号.

那么实现并行追赶法的函数 parallel_tridiagonal_matrix_algorithm() 如下所示:

```
1  def parallel_tridiagonal_matrix_algorithm(a_part, b_part,
2                                            c_part, d_part,
3                                            rank, comm) :
4      N_part = len(d_part)
5
6      for n in range(1, N_part) :
7          coef = a_part[n]/b_part[n-1]
8          a_part[n] = -coef*a_part[n-1]
9          b_part[n] = b_part[n] - coef*c_part[n-1]
10         d_part[n] = d_part[n] - coef*d_part[n-1]
```

```
11
12  for n in range(N_part-3, -1, -1):
13      coef = c_part[n]/b_part[n+1]
14      c_part[n] = -coef*c_part[n+1]
15      a_part[n] = a_part[n] - coef*a_part[n+1]
16      d_part[n] = d_part[n] - coef*d_part[n+1]
17
18  if rank > 0 :
19      temp_array_send = array([a_part[0], b_part[0],
20                               c_part[0], d_part[0]],
21                               dtype=float64)
22  if rank < numprocs-1 :
23      temp_array_recv = empty(4, dtype=float64)
24
25  if rank == 0 :
26      comm.Recv([temp_array_recv, 4, MPI.DOUBLE],
27                source=1, tag=0, status=None)
28  if rank in range(1, numprocs-1) :
29      comm.Sendrecv(sendbuf=[temp_array_send,4,MPI.DOUBLE],
30                    dest=rank-1, sendtag=0,
31                    recvbuf=[temp_array_recv,4,MPI.DOUBLE],
32                    source=rank+1, recvtag=MPI.ANY_TAG,
33                    status=None)
34  if rank == numprocs-1 :
35      comm.Send([temp_array_send, 4, MPI.DOUBLE],
36                dest=numprocs-2, tag=0)
37
38  if rank < numprocs-1 :
39      coef = c_part[N_part-1]/temp_array_recv[1]
40      b_part[N_part-1] = b_part[N_part-1] - \
41                         coef*temp_array_recv[0]
42      c_part[N_part-1] = - coef*temp_array_recv[2]
43      d_part[N_part-1] = d_part[N_part-1] - \
44                         coef*temp_array_recv[3]
45
46  temp_array_send =array([a_part[N_part-1],b_part[N_part-1],
47                          c_part[N_part-1],d_part[N_part-1]],
48                          dtype=float64)
49
50  if rank == 0 :
51      A_extended = empty((numprocs, 4), dtype=float64)
52  else :
53      A_extended = None
54
55  comm.Gather([temp_array_send, 4, MPI.DOUBLE],
```

```
56                 [A_extended, 4, MPI.DOUBLE], root=0)
57 
58     if rank == 0:
59         x_temp = consecutive_tridiagonal_matrix_algorithm(
60                         A_extended[:,0], A_extended[:,1],
61                         A_extended[:,2], A_extended[:,3])
62     else :
63         x_temp = None
64 
65     if rank == 0 :
66         rcounts_temp = empty(numprocs, dtype=int32)
67         displs_temp = empty(numprocs, dtype=int32)
68         rcounts_temp[0] = 1
69         displs_temp[0] = 0
70         for k in range(1, numprocs) :
71             rcounts_temp[k] = 2
72             displs_temp[k] = k - 1
73     else :
74         rcounts_temp = None; displs_temp = None
75 
76     if rank == 0 :
77         x_part_last = empty(1, dtype=float64)
78         comm.Scatterv([x_temp, rcounts_temp,
79                        displs_temp, MPI.DOUBLE],
80                       [x_part_last, 1, MPI.DOUBLE], root=0)
81     else :
82         x_part_last = empty(2, dtype=float64)
83         comm.Scatterv([x_temp, rcounts_temp,
84                        displs_temp, MPI.DOUBLE],
85                       [x_part_last, 2, MPI.DOUBLE], root=0)
86 
87     x_part = empty(N_part, dtype=float64)
88 
89     if rank == 0 :
90         for n in range(N_part-1) :
91             x_part[n] = (d_part[n] -
92                          c_part[n]*x_part_last[0])/b_part[n]
93         x_part[N_part-1] = x_part_last[0]
94     else :
95         for n in range(N_part-1) :
96             x_part[n] = (d_part[n] -
97                          a_part[n]*x_part_last[0] -
98                          c_part[n]*x_part_last[1])/b_part[n]
99         x_part[N_part-1] = x_part_last[1]
100
```

```
101     return x_part
```

第 6—10 行实现了并行算法中的第一步: 从数据块的第二行 (程序中的索引为 1) 开始, 将下方的副对角线元素置零.

第 12—16 行实现了并行算法中的第二步: 从数据块的倒数第三行 (程序中的索引为 $N_{\text{part}} - 3$) 开始, 将上方的副对角线元素置零.

接下来需要执行并行算法的第三步: 将位于数据块的最后一行中的副对角线元素置零. 正如我们之前讨论过的, 这个操作需要在进程之间进行消息传递. MPI 进程的标识符为 `rank`. 如果 `rank >= 1`, 那么它需要将自己的数据块中第一行的非零元素发送给标识符为 `rank - 1` 的进程; 如果 `rank <= numprocs - 2`, 那么它需要从标识符为 `rank + 1` 的进程接收类似的数据块.

为此, 我们执行以下操作: 对于具有 `rank >= 1` 的进程, 创建一个辅助数组 `temp_array_send`, 该数组包含数组 `a_part`, `b_part`, `c_part` 和 `d_part` 的第一个元素, 稍后将发送给标识符为 `rank - 1` 的进程 (第 19—21 行). 对于具有 `rank <= numprocs - 2` 的进程, 分配一个空间用于存储辅助数组 `temp_array_recv`, 稍后将从标识符为 `rank + 1` 的进程接收到的数据存储在其中 (第 23 行). 第 25—36 行实现了相应数据的发送/接收. 在这个过程中, 使用了我们熟悉的 MPI 函数.

结果, 在具有 `rank <= numprocs - 2` 的进程中, `temp_array_recv` 将包含后续计算所需的数据. 这些数据将在接下来的代码中使用 (第 38—44 行), 以实现并行算法的第三步: 将数据块中最后一行中的上副对角线元素置零.

为了实现并行算法的第四步, 需要在具有 `rank = 0` 的 MPI 进程上创建扩展矩阵的辅助线性代数系统.

为此, 在 46—48 行创建一个辅助数组 `temp_array_send`, 该数组包含扩展矩阵中的最后一行, 稍后将发送给标识符为 `rank = 0` 的进程.

第 51 行代码在具有 `rank = 0` 的 MPI 进程中为 `A_extended` 分配内存, 该数组将包含辅助线性系统的非零元素. 该数组的结构预计如下: 第一列 (索引为 0) 将包含下副对角线元素, 第二列将包含主对角线元素, 第三列将包含上副对角线元素, 第四列将包含辅助线性系统的右侧向量.

第 55—56 行代码使用 MPI 函数 `Gather()` 从通信器 `comm` 中的所有进程中收集 `temp_array_send` 数组的数据到 `rank = 0` 进程的一个数组 `A_extended` 中. 在此过程中, `temp_array_send` 数组将构成 `A_extended` 数组的行, 发送它们的进程的标识符确定 `A_extended` 数组中包含相应 `temp_array_send` 数组的行的索引.

第 59—61 行使用前面的 `consecutive_tridiagonal_matrix_algorithm()` 函数, 为求解得到的三对角矩阵系统执行了一个串行的方法. 在计算中, 只有 `rank`

`= 0` 的进程参与. 也就是说, 这些计算只由一个进程顺序执行. 计算结果是一个名为 `x_temp` 的数组, 其中包含对于所有 $n = \left\{n_k, 0 \leqslant k \leqslant \texttt{numprocs-1}: n_k = \sum_{i=0}^{k} N_{\text{part}\,(i)}\right\}$ 的未知向量 x 的元素 x_n 的值.

之后, 未知向量 x 的元素 x_n 的值将分布在参与计算的进程中. `rank = 0` 的进程将发送元素 x_{n_0}. 进程 `rank = k` 将发送元素 $x_{n_{k-1}}$ 和 x_{n_k}. 图 7.6 显示了 `x_temp` 数组的结构和进程数据分布的图形说明.

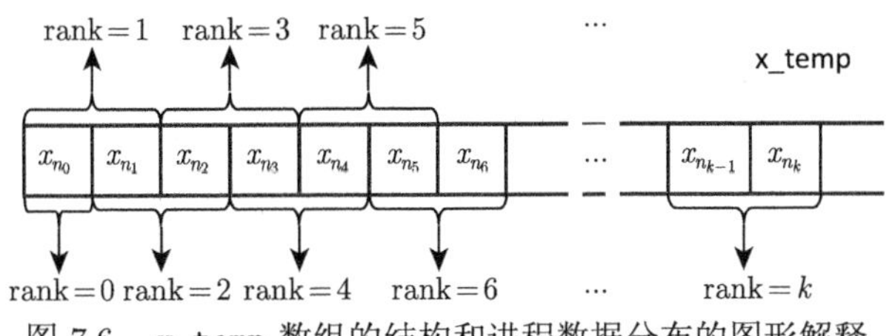

图 7.6 `x_temp` 数组的结构和进程数据分布的图形解释

在 MPI 并行计算中, 我们使用 MPI 函数 `Scatterv()` 将数据发送到参与计算的进程中. 为了使用这个函数, 需要准备辅助数组 `rcounts_temp` 和 `displs_temp`, 它们将帮助我们在所有进程之间分配数据. 回想一下, `rcounts_temp` 是一个整数数组, 它包含每个进程要接收的元素数量的信息; 数组的索引等于接收进程的标识符, 数组的大小等于通信器 `comm` 中的进程数. 考虑到 `x_temp` 数组的结构, `rcounts_temp` 数组的第一个元素 (索引为 0) 应该设置为 1, 而其他元素应该设置为 2. 另一方面, `displs_temp` 是一个整数数组, 它包含每个进程接收的数据在 `x_temp` 数组中的偏移量的信息; 数组的索引等于接收进程的标识符, 数组的大小等于通信器 `comm` 中的进程数. 这些辅助数组在第 65—74 行给出. 然后, 在第 76—85 行中使用 `Gatherv()` 函数.

注意 如果在第 76—86 行中将数字参数 `1` 和 `2` 替换为表达式 `rcounts_temp[rank]`, 则可以省略条件操作符 `if`. 但是, 在这种情况下, 辅助数组 `rcounts_temp` 和 `displs_temp` 必须在通信器 `comm` 中的所有进程上被指定.

所以每个进程包含 `x_part_last` 数组, 该数组将包含 x 向量的分量的对应值.

接下来可以实现并行算法的第 5 步: 在每个进程上计算剩余的向量 $x_{\text{part}\,(\cdot)}$ 元素. 这些操作在第 89—99 行实现.

第 8 章　求解偏微分方程的算法并行化方法: I

在本章中, 我们将继续讨论用于求解偏微分方程 (PDE) 问题的算法并行化的各种方法.

作为一个例子, 让我们考虑一个抛物线型偏微分方程的问题. 需要找到域 $(x,t) \in D \equiv [a,b] \times [t_0,T]$ 中定义的函数 $u(x,t)$ 并满足方程组

$$\begin{cases} \varepsilon\dfrac{\partial^2 u}{\partial x^2} - \dfrac{\partial u}{\partial t} = -u\dfrac{\partial u}{\partial x} - u^3, \quad x \in (a,b), \quad t \in (t_0,T], \\ u(a,t) = u_{\text{left}}(t), \quad u(b,t) = u_{\text{right}}(t), \quad t \in (t_0,T], \\ u(x,t_0) = u_{\text{init}}(x), \quad x \in [a,b]. \end{cases} \tag{8.0.1}$$

找到这种类型问题的近似数值解有很多方法. 在本章中, 我们将讨论显式离散算法的并行化; 在第 9 章中, 将讨论隐式数值格式的并行化特征.

8.1　基于显式格式的偏微分方程解的顺序算法

对于问题的数值解 (8.0.1), 我们为空间和时间变量引入了均匀网格, 其节点由公式给出

$$x_n = a + nh, \quad n = \overline{0,N}, \quad h = \frac{b-a}{N},$$

$$t_m = t_0 + m\tau, \quad m = \overline{0,M}, \quad \tau = \frac{T-t_0}{M}.$$

如果通过使用这些网格的所有节点绘制平行于相应坐标轴的直线, 那么它们的交点将给出时空网格的节点 (x_n, t_m) (图 8.1).

我们的目标是在这个网格的节点上找到函数 $u(x,t)$ 的近似值. 这样的近似值通常被称为网格值, 并表示为 $u_n^m \equiv u(x_n, t_m)$.

域 D 的下边界、左边界和右边界上的网格值是精确已知的, 因为它们是由问题的初始和边界条件 (8.0.1) 确定的:

$$u_n^0 = u_{\text{init}}(x_n), \quad n = \overline{0,N},$$

$$u_0^m = u_{\text{left}}(t_m), \quad m = \overline{1,M},$$

$$u_N^m = u_{\text{right}}(t_m), \quad m = \overline{1, M}.$$

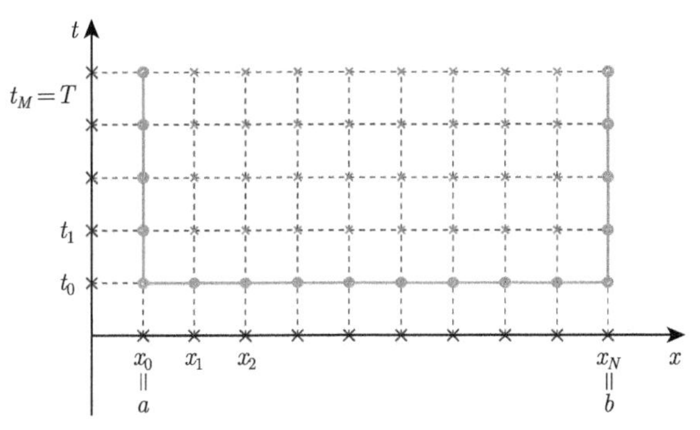

图 8.1 在时空网格上寻求问题的近似解 (8.0.1)

剩余的网格值可以使用公式找到

$$u_n^{m+1} = u_n^m + \frac{\varepsilon\tau}{h^2}\left(u_{n+1}^m - 2u_n^m + u_{n-1}^m\right) + \frac{\tau}{2h}u_n^m\left(u_{n+1}^m - u_{n-1}^m\right) + \tau\left(u_n^m\right)^3. \quad (8.1.1)$$

在差分格式理论中研究了公式 (8.1.1) 的推导方法, 这是数值方法课程的一部分 (参阅文献 [10, 第 19 章]). 该公式连接了 4 个网格节点中函数的网格值, 它们之间的关系如图 8.2 所示. 只要时间索引 m 的所有网格值都是已知的, 则时间索引 $m+1$ 的只有一个网格值是未知的, 这是明确的. 正是由于这个原因, 差分格式理论中的相应格式被称为显式格式.

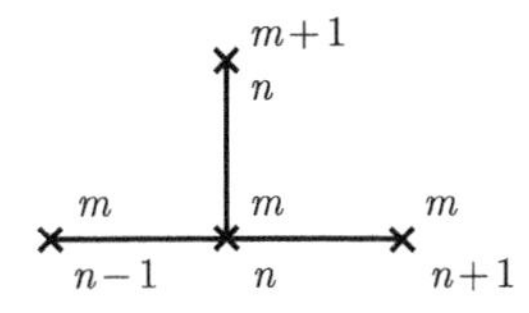

图 8.2 时空网格节点之间的关系, 其中存在于公式中的函数的网格值 (8.1.1)

注意 显式格式在获得的近似解的准确性方面相当糟糕, 但它们对于程序实现非常简单, 包括并行.

由于所有的 u_n^0, $n = \overline{0, N}$ 由初始条件已知, 通过应用在 $m = 0$ 时对于所有 $n = \overline{1, N-1}$ 的公式 (8.1.1) 可以找到所有的 u_n^1, $n = \overline{1, N-1}$.

接下来, 这个过程可以关于 $m = \overline{2, M-1}$ 迭代, 基于已找到的值 u_n^m, $n = \overline{1, N-1}$ 和由边界条件值已知的 u_0^m, u_N^m, 在每次迭代中找到 u_n^{m+1}, $n = \overline{1, N-1}$ 的值. 在差分格式理论中, 习惯上说下一时间层上的网格值是通过当前时间层上的已知网格值来搜索的. 因此, 函数的近似值将在时空网格的所有节点中找到.

注意到计算值之间没有信息依赖性: 对于每个索引 n, u_n^{m+1} 的计算可以独立于其他值 u_k^{m+1} $(k \neq n)$ 的计算来执行, 即计算 u_n^{m+1} $(n = \overline{1, N-1})$ 可以被并行完成.

我们将针对问题 (8.0.1) 的模型参数集考虑所描述算法的程序实现

$$
\begin{aligned}
&a = 0, \quad b = 1, \quad t_0 = 0, \quad T = 1.5, \quad \varepsilon = 10^{-1.5}, \\
&u_{\text{left}}(t) = -1, \quad u_{\text{right}}(t) = 1, \quad u_{\text{init}}(x) = \sin\left(3\pi\left(x - \frac{1}{6}\right)\right)
\end{aligned}
\tag{8.1.2}
$$

和数值参数

$$
N = 800, \quad M = 80000. \tag{8.1.3}
$$

8.2 顺序算法的程序实现

实现在 8.1 节中描述的求解算法的程序的顺序版本将具有以下形式.

```
1  from numpy import empty, linspace, sin, pi
2  import time
3
4  a = 0.; b = 1.
5  t_0 = 0.; T = 1.5
6
7  eps = 10**(-1.5)
8
9  def u_init(x) :
10     return sin(3*pi*(x - 1/6))
11
12 def u_left(t) :
13     return -1.
14
15 def u_right(t) :
16     return 1.
17
18 N = 800; M = 80_000
19
20 x, h = linspace(a, b, N+1, retstep=True)
21 t, tau = linspace(t_0, T, M+1, retstep=True)
22
23 u = empty((M+1, N+1))
24
25 time_start = time.time()
26
27 for n in range(N + 1) :
```

```
28      u[0, n] = u_init(x[n])
29
30  for m in range(1, M+1) :
31      u[m, 0] = u_left(t[m])
32      u[m, N] = u_right(t[m])
33
34  for m in range(M) :
35      for n in range(1, N) :
36          u[m+1, n] = u[m,n] + eps*tau/h**2*\
37              (u[m,n+1] - 2*u[m,n] + u[m,n-1]) + \
38                  tau/(2*h)*u[m,n]*(u[m,n+1] - u[m,n-1]) + \
39                      tau*u[m,n]**3
40
41  print(f'Elapsed time is {time.time()-time_start:.4f} sec')
42
43  from numpy import savez
44  savez('results_of_calculations', x=x, u=u)
```

模型参数 (8.1.2) 在第 4—16 行任务 (8.0.1) 中定义, 包括定义初始和边界条件的函数. 第 18 行定义了数值参数 (8.1.3).

第 20—21 行定义了空间和时间变量上的均匀网格 x 和 t, 以及它们的参数——区间 h 和 τ 的值定义均匀网格.

第 23 行在内存中为二维数组 u 分配空间, 其中将写入问题的近似解找到的网格值 (8.0.1). 数组的结构是 u[m,n]$\equiv u(x_n, t_m)$. 也就是说, 这个索引为 m 的数组的一行将包含问题在时间 t_m 的网格解的一组值: 所有 $u(x_n, t_m)$, $n = \overline{0, N}$.

第 25 行标记程序的计算部分的开始时间.

第 27—28 行定义了由定义问题初始条件的函数设置的网格值 (8.0.1). 在第 30—32 行中, 定义了所需函数的网格值, 由定义左右边界条件的函数设置.

在第 34—39 行中, 使用公式 (8.1.1) 实现期望函数 $u(x,t)$ 的剩余近似网格值的计算.

第 41 行显示程序的计算部分的操作时间.

最后, 在第 43—44 行, 计算结果被保存到一个文件中. 该文件中的数据可以由辅助子程序读取, 该子程序构建一个动态图片, 显示函数 $u(x,t)$ 随时间的演变 (用于固定时间点的函数 $u(x,t)$ 的几个 "切片" 的示例如图 8.3).

下面给出相应程序实现的可能变体之一.

```
from numpy import load
from matplotlib.pyplot import figure, axes
from celluloid import Camera

results_of_calculations = load('results_of_calculations.npz')
```

```
x = results_of_calculations['x']
u = results_of_calculations['u']

a = min(x); b = max(x)
M = len(u) - 1

#from IPython import get_ipython
#get_ipython().run_line_magic('matplotlib', 'qt')

fig = figure()
camera = Camera(fig)
ax = axes(xlim=(a, b), ylim=(-2.0, 2.0))
ax.set_xlabel('x'); ax.set_ylabel('u')
for m in range(0, M + 1, 300) :
    ax.plot(x, u[m], color='r', ls='-', lw=2)
    camera.snap()
animation = camera.animate(interval=15, blit=True)
```

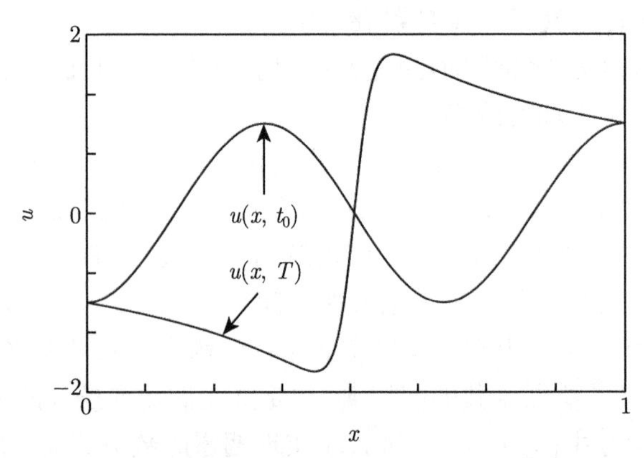

图 8.3　在一些固定的时间点解决一个测试问题

8.3　基于显式格式的并行算法

我们将搜索问题 (8.0.1) 的近似解的时空网格划分为块 (图 8.4). 单独的 MPI 进程将负责计算所接收块中的每一个中的函数 $u(x,t)$ 的网格值.

我们将假设所有具有 `rank` = $\overline{0,\texttt{numprocs-1}}$ 的 MPI 进程都参与计算.

因此, 在每次迭代中, 具有 `rank` = k 的过程必须在固定时间点为其 $N_{\text{part}(k)}$ 网格切片节点计算未知函数的近似网格值. 与此同时

$$\sum_{\{k\}} N_{\text{part}(k)} = N + 1.$$

因此, 我们需要构建本书已经熟悉的辅助数组 `rcounts` 和 `displs`, 这有助于在所有进程之间发送数据 (或收集数据). 现在数组 `rcounts` 将包含有关元素数 $N_{\text{part}(\cdot)}$ 的信息, 每个进程负责在每次迭代时处理这些元素. 数组 `displs` 将包含有关数据的相应部分相对于网格切片开始的固定时间点的偏移量的信息.

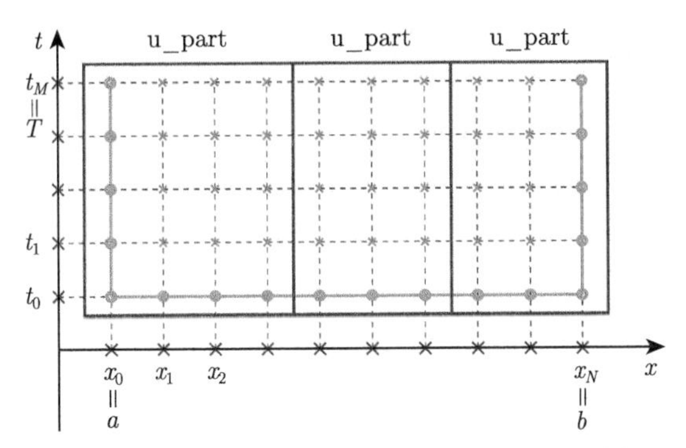

图 8.4 时空网格节点分布的一个例子: 在三个 MPI 进程之间寻求问题 (8.0.1) 的近似解

假设在时间点 t_m, 编号为 k 的进程计算出了函数 $u(x_n, t_m)$ 的一组网格值, 其中 $n = \overline{\texttt{displs[k]}, \texttt{displs[k]} + N_{\text{part}(k)}}$ (图 8.5). 那么, 为了计算下一个时间点 t_{m+1} 的网格值集合, 需要做哪些操作?

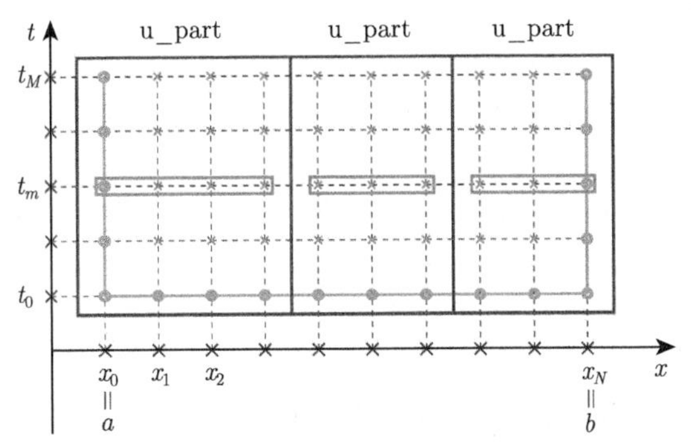

图 8.5 通过 MPI 计算的网格值处理到迭代算法的第 $m-1$ 步

仔细看看图 8.2, 它显示了时空网格的节点, 其中的函数的网格值出现在公式 (8.1.1) 中. 我们可以得出结论, 为了在下一个时间点 t_{m+1} 计算未知函数在索引为 n 的空间节点中的近似网格值, 我们应该知道在当前时间点 t_m 的索引为 $n-1$, n 和 $n+1$ 的节点中的函数网格值. 因此, 基于每个过程中当前时刻包含的数据 (图 8.5), 可以在相应区块的所有空间节点中进行计算, 除了最外层的节点. 为了计算最外层的网格值, 必须从相邻的过程中获得计算所需的网格值 (图 8.6 和

图 8.7).

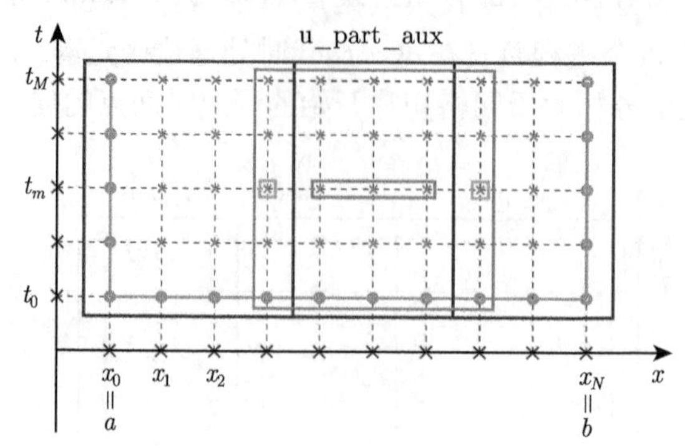

图 8.6　一个辅助扩展数据块的例子, 其最外层的列包含来自相邻进程的信息

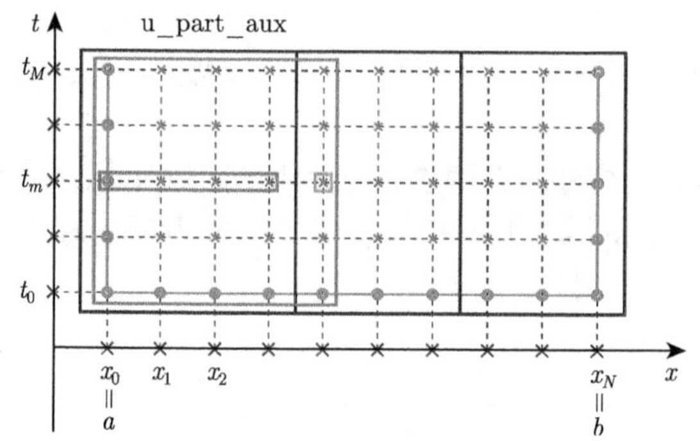

图 8.7　一个辅助扩展数据块的例子, 最右边的一列包含来自相邻进程的信息

因此, 在计算每个时间步的网格值之前, 进程间需要进行数据交换. 每个进程必须从其邻居处获取必要的数据, 以继续计算. 同时, 每个进程还需要将其网格值传递给邻居, 以便这些进程能够继续计算.

具体来说, 如果每个进程负责一组网格值 (在本书中, 这些网格值存储在数组 `u_part` 中, 参见图 8.4 和图 8.5), 则我们将使用每个进程上的辅助数组 `u_part_aux`. 该辅助数组包含额外的列, 用于存储从邻居进程接收到的网格值, 这些值在计算过程中是必要的 (参见图 8.6 和图 8.7).

8.4　并行算法的程序实现

现在让我们开始考虑并行算法的程序实现.

备注　假定读者已经熟悉了前面所学的内容, 我们将只对上面讨论的典型的并行算法进行部分评论, 而不会再次详细地重复同样的内容.

我们以标准的方式启动程序: 导入必要的库和函数, 然后确定程序运行所在的 comm ≡ MPI.COMM_WORLD 通信器中的 numprocs 进程数量.

```
1 from mpi4py import MPI
2 from numpy import empty, int32, float64, linspace, sin, pi
3 from matplotlib.pyplot import figure, axes, show
4
5 comm = MPI.COMM_WORLD
6 numprocs = comm.Get_size()
```

我们没有在通信器 comm 中定义进程的标识符 (编号/等级) rank, 因为我们不需要使用它——我们将使用新的通信器 comm_cart 中的 MPI 进程标识符 rank_cart, 该通信器定义了虚拟的笛卡儿拓扑结构, 类型为“线性” (详见第 6 章).

```
7 comm_cart = comm.Create_cart(dims=[numprocs],
8                              periods=[False], reorder=True)
9 rank_cart = comm_cart.Get_rank()
```

注意 我们正在使用一个进程号覆盖 (由函数 reorder=True 的参数值决定), 以便更好地将虚拟拓扑结构映射到系统的真实物理拓扑结构. 回顾一下, 这种操作不会降低代码实现的有效性, 而且, 在适当的情况下, 它还能提高代码的效率. 我们将在本书的所有其他章节中使用这种方法.

接下来, 在每个过程中, 我们定义任务 (8.1.2)、参数 (8.0.1) 和数值参数 (8.1.3).

```
10 a = 0.; b = 1.
11 t_0 = 0.; T = 1.5
12
13 eps = 10**(-1.5)
14
15 def u_init(x) :
16     return sin(3*pi*(x - 1/6))
17
18 def u_left(t) :
19     return -1.
20
21 def u_right(t) :
22     return 1.
23
24 N = 800; M = 80_000
```

注意 定义左边界条件的函数只需要在 rank = 0 的过程中使用, 定义右边界条件的函数只需要在 rank = numprocs - 1 的过程中使用. 然而, 为了不使程序代码中的条件运算符超载, 我们将问题的所有参数定义在参与计算的所有进程上.

然后为所有过程确定空间和时间变量的统一网格 x 和 t, 以及它们的参数、区间大小 h 和 τ.

```
25 x, h = linspace(a, b, N+1, retstep=True)
26 t, tau = linspace(t_0, T, M+1, retstep=True)
```

接下来, 准备熟悉的辅助数组 rcounts 和 displs.

```
27 ave, res = divmod(N + 1, numprocs)
28 rcounts = empty(numprocs, dtype=int32)
29 displs = empty(numprocs, dtype=int32)
30 for k in range(0, numprocs) :
31     if k < res :
32         rcounts[k] = ave + 1
33     else :
34         rcounts[k] = ave
35     if k == 0 :
36         displs[k] = 0
37     else :
38         displs[k] = displs[k-1] + rcounts[k-1]
```

MPI 进程知道它的标识符 rank_cart, 所以可以定义它的值 $N_{\text{part}(\cdot)}$, 这决定了这个 MPI 进程在每次迭代时负责计算的网格函数值的数量.

```
39 N_part = rcounts[rank_cart]
```

接下来, 我们需要为一个辅助数组 u_part_aux 分配内存空间. 回顾一下, 这个数组与数组 u_part 相比, 包含了额外的列, 这些列将存储从运行该程序代码的 MPI 进程的邻居那里获得的必要计算网格值. 因此, 我们需要确定这个辅助数组 N_part_aux 的列数.

```
40 if rank_cart == 0 :
41     N_part_aux = N_part + 1
42     displ_aux = 0
43 if rank_cart in range(1, numprocs-1) :
44     N_part_aux = N_part + 2
45     displ_aux = displs[rank_cart] - 1
46 if rank_cart == numprocs-1 :
47     N_part_aux = N_part + 1
48     displ_aux = displs[numprocs-1] - 1
```

同时, 执行该程序代码的 MPI 进程为变量 displ_aux 定义了自己的值, 该变量定义了相应数据部分相对于固定时间点的网格片开始的偏移.

我们现在可以在内存中为一个辅助数组 u_part_aux 分配空间了.

```
49 u_part_aux = empty((M + 1, N_part_aux), dtype=float64)
```

接下来，我们进入程序的计算部分. 为了评估相应程序实现的效率，我们将记录程序并行部分的运行时间 (详见第 4 章中的详细说明). 为此，首先记录计算部分的开始时间.

```
50 comm_cart.Barrier()
51 
52 time_start = empty(1, dtype=float64)
53 time_start[0] = MPI.Wtime()
```

这里 (第 50 行) 我们首先使用了集体通信函数 Barrier(), 该函数实现了通信器 comm_cart 内所有进程的同步屏障. 在调用它之后，进程只有在 comm_cart 的所有进程都调用了该函数时才会继续工作. 这样我们就确保了所有进程同时进入程序的计算部分.

然后，执行该程序代码的 MPI 进程会填充其辅助数组的空行 u_part_aux. 注意，每个 MPI 进程由其值 displ_aux 定义的移位被用来访问所需的 x 数组的元素.

```
54 for n in range(N_part_aux) :
55     u_part_aux[0, n] = u_init(x[displ_aux + n])
```

带有 rank_cart = 0 的进程定义了由定义左边界条件的函数给出的网格值.

```
56 if rank_cart == 0 :
57     for m in range(1, M + 1) :
58         u_part_aux[m, 0] = u_left(t[m])
```

而具有 rank_cart = numprocs-1 的进程确定了由定义右边界条件的函数给定的网格值.

```
59 if rank_cart == numprocs-1 :
60         for m in range(1, M + 1) :
61             u_part_aux[m, N_part_aux - 1] = u_right(t[m])
```

接下来在循环中执行迭代进程，其中每个运行此程序代码的 MPI 进程会先与其在 “线性” 笛卡儿拓扑结构中的邻居交换继续计算所需的数据，然后在新的时间步上计算未知函数的近似网格值.

```
62 for m in range(M) :
63 
64    if rank_cart == 0 :
65       comm_cart.Sendrecv(sendbuf=[u_part_aux[m,N_part_aux-2],
66                                   1, MPI.DOUBLE],
67                          dest=1, sendtag=0,
68                          recvbuf=[u_part_aux[m,N_part_aux-1:],
69                                   1, MPI.DOUBLE],
70                          source=1, recvtag=0,
```

```
71                          status=None)
72      if rank_cart in range(1, numprocs-1) :
73          comm_cart.Sendrecv(sendbuf=[u_part_aux[m, 1],
74                                      1, MPI.DOUBLE],
75                             dest=rank_cart-1, sendtag=0,
76                             recvbuf=[u_part_aux[m,N_part_aux-1:],
77                                      1, MPI.DOUBLE],
78                             source=rank_cart+1, recvtag=0,
79                             status=None)
80          comm_cart.Sendrecv(sendbuf=[u_part_aux[m, N_part_aux-2],
81                                      1, MPI.DOUBLE],
82                             dest=rank_cart+1, sendtag=0,
83                             recvbuf=[u_part_aux[m, 0:],
84                                      1, MPI.DOUBLE],
85                             source=rank_cart-1, recvtag=0,
86                             status=None)
87      if rank_cart == numprocs-1 :
88          comm_cart.Sendrecv(sendbuf=[u_part_aux[m, 1],
89                                      1, MPI.DOUBLE],
90                             dest=numprocs-2, sendtag=0,
91                             recvbuf=[u_part_aux[m, 0:],
92                                      1, MPI.DOUBLE],
93                             source=numprocs-2, recvtag=0,
94                             status=None)
95
96      for n in range(1, N_part_aux - 1) :
97          u_part_aux[m + 1, n] = u_part_aux[m, n] + \
98            eps*tau/h**2*(u_part_aux[m, n+1] - \
99                          2*u_part_aux[m, n] + \
100                         u_part_aux[m, n-1]) + \
101               tau/(2*h)*u_part_aux[m, n]*\
102                   (u_part_aux[m, n+1] - u_part_aux[m, n-1]) + \
103                       tau*u_part_aux[m, n]**3
```

注意　所有的数据交换都是用 MPI 函数 `Sendrecv()` 组织的, 其语法我们在第 6 章中讨论过.

在第 73—79 行中, 这个函数将数据从具有索引 m 的行的第二个 (索引 1) 元素的 `u_part_aux` 数组中发送到 MPI 进程的左手边的 "线性" 类型拓扑. 在这个操作的同时, 这个 MPI 函数实现了从 MPI 进程的右邻居获取数据. 数据被写入数组 `u_part_aux` 中索引为 m 的行的最后一个元素 (索引 `N_part_aux-1`).

在第 80—85 行中, MPI 函数 `Sendrecv()` 从数组 `u_part_aux` 索引为 m 的行的倒数第二 (索引为 `N_part_aux-2`) 个元素中发送数据到 MPI 进程的右邻居 "线性" 拓扑结构. 在这个动作的同时, 这个 MPI 函数实现了从 MPI 进程的左邻右舍接收数据. 收到的数据被写入数组 u_part_aux 中索引为 m 的行的第一个元素 (索引为 0).

在第 65—71 行和第 88—94 行, 对于生成的笛卡儿拓扑结构 comm_cart 类型的 "线性" 的最外层 MPI 进程, 只与相应 MPI 进程的一个邻居进行类似的数据交换.

第 96—103 行包含主要的计算部分. 相应的计算在所有的 comm_cart 通信器进程中并行.

现在使用在第 4 章中讨论的方案, 让我们确定程序的运行时间 elapsed_time[0], 它将被存储在具有 rank_cart = 0 通信器 comm_cart 的进程中.

```
104 elapsed_time = empty(1, dtype=float64)
105 total_time = empty(1, dtype=float64)
106 
107 elapsed_time[0] = MPI.Wtime() - time_start[0]
108 comm_cart.Reduce([elapsed_time, 1, MPI.DOUBLE],
109                  [total_time, 1, MPI.DOUBLE],
110                  op=MPI.MAX, root=0)
```

总的来说, 并行算法的程序实现已经完成. 剩下的就是实现辅助操作. 例如, 输出解决方案以检查程序实现的正确性. 简单起见, 我们做以下工作. 在具有 rank_cart = 0 的进程中, 为数组 u_T 分配内存空间, 在其中保存近似解 $u(x,T)$, 即在最终时间找到的网格值集合.

```
111 if rank_cart == 0 :
112     u_T = empty(N + 1, dtype=float64)
113 else :
114     u_T = None
```

接下来, 在每个 MPI 进程中, 定义一个不同的片段 slice, 其索引是数组 u_part_aux 中的 M, 将其传递给进程 rank_cart = 0. 我们将使用 MPI 函数 Gatherv() 从所有通信器进程 comm_cart 收集相关数据.

请注意, 我们需要在程序开始时定义数组 rcounts 和 displs.

```
115 if rank_cart == 0 :
116     slice = range(N_part_aux-1)
117 if rank_cart in range(1, numprocs-1) :
118     slice = range(1, N_part_aux-1)
119 if rank_cart == numprocs-1 :
120     slice = range(1, N_part_aux)
121 
122 comm_cart.Gatherv([u_part_aux[M, slice], N_part, MPI.DOUBLE],
123                   [u_T, rcounts, displs, MPI.DOUBLE], root=0)
```

最后, 绘制程序的计算部分在零进程上的运行时间. 另外, 如果程序在个人计算机上运行, 则使用数组 u_T 绘制 $u(x,T)$.

```
124 if rank_cart == 0 :
125 
126     print('Elapsed time is {:.4f} sec.'.format(total_time[0]))
127 
128     fig = figure()
129     ax = axes(xlim=(a,b), ylim=(-2.0, 2.0))
130     ax.set_xlabel('x'); ax.set_ylabel('u')
131     ax.plot(x,u_T, color='r', ls='-', lw=2)
132     show()
```

如果程序实现中没有错误, 结果应该与图 8.3 所示相同.

备注 最后, 我们注意到, 所提出的程序实现针对的是规模极大的问题, 这类问题的网格近似解值数组无法完全存储在单个 MPI 进程的内存中. 为了验证程序实现的正确性, 我们在单个进程中只收集了最后时间 $t = T$ 的计算结果. 在问题非常 "大" 的情况下, 我们需要看到解 $u(x,t)$ 随时间变化的动态, 可以在一个专门的 (控制) MPI 进程上实现对解的相关部分的收集, 只针对一些中间的时刻, 即只针对 t_m $(m = \overline{0,M})$ 的一部分数值.

8.5 并行程序的效率和可扩展性评估

我们将使用在第 4 章中描述的相同方案来评估所考虑的并行算法的拟议程序实现的效率和可扩展性.

为了运行迄今为止的程序, 我们使用了莫斯科国立大学科学研究计算中心的 "罗蒙诺索夫-2"[7] 超级计算机的测试队列. 这个测试队列 test 可以运行不超过 15 分钟 (900 秒) 的程序, 并且使用不超过 15 个计算节点, 每个节点有一个 14 核 Intel Xeon E5-2697 v3 2.60GHz 处理器和 64GB 内存 (每个节点 4.5GB).

为了测试本章中考虑的并行程序, 我们还使用了 "罗蒙诺索夫-2" 超级计算机. 然而, 请注意, 相应的并行化效果评估也可以在具有多核处理器的个人计算机上进行. 这与所考虑的软件实现假设每个 MPI 进程最多使用一个内核的事实有关. 与前面章节回顾的程序不同, 如果 MPI 进程被绑定在一个包含多核处理器的单一计算节点上, 它将无法使用多核处理器的所有内核.

我们使用 $N = 800, M = 80000$ 作为测试参数. 在这种情况下, 需要 $N \times M \times 8$ bit $= 0.48$GB 来存储一个包含整个网格解决方案的数组. 也就是说, 这是一个相对较小的问题. 对于指定的参数顺序/串行版本的, 程序的计算部分在 1 个内核上运行 196 秒. 该程序的并行版本在运行时, 每个 MPI 进程正好与一个内核绑定. 再次回顾一下, 在以前的所有章中, 每个 MPI 进程都被绑定到一个计算节点上 (我们已经详细解释了这一行动的目的).

对于指定的测试参数集, 让我们根据用于计算的内核数量绘制程序并行版本的运行时间和加速比图 (图 8.8), 以及根据用于计算的内核数量绘制的并行效率图 (图 8.9).

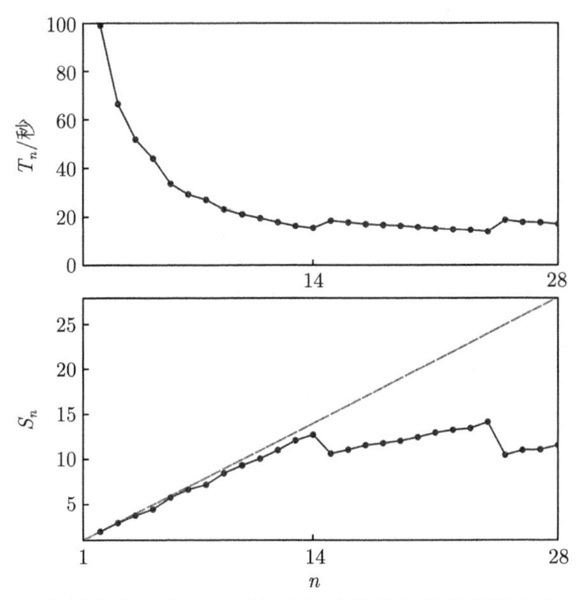

图 8.8 并行版本程序的运行时间和加速比随计算内核数变化的关系图 (单个计算节点上有 14 个内核)

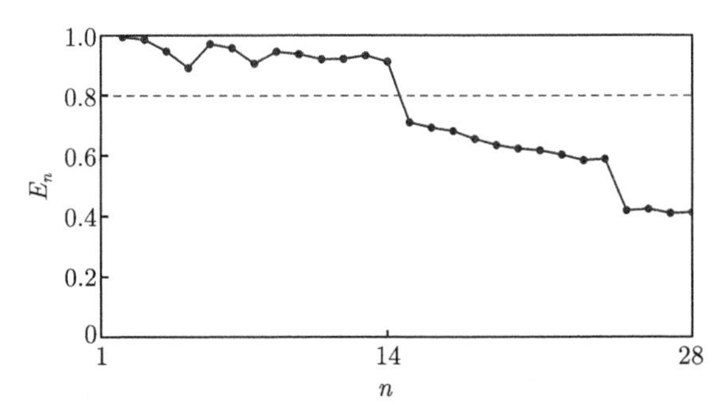

图 8.9 并行效率随计算内核数变化的关系图 (单个计算节点上有 14 个内核)

测试参数的选择是为了证明以下效果. 如果用于计算的 MPI 进程不超过 14 个, 一个处理器就足以启动和运行它们. 因此, 所有进程间的通信都是在一个计算机节点内进行的, 没有使用通信网络设备在进程间传输信息. 所以进程之间的通信开销是最小的, 程序实现的效率相当高 (图 8.9). 如果超过 14 个 MPI 进程 (15 个或更多) 参与计算, 至少需要一个额外的计算节点进行计算. 这导致部分进程之间使用通信网络设备进行信息传输. 因此, 开销也随之增加, 程序实施的效率会下降.

8.6 改进方案的实施

首先, 应该指出的是, 纯 Python 被用来实现程序的计算部分. Python 应对大量计算的能力比 C/C++/FORTRAN 差很多. 这就是为什么将计算部分作为一个单独的函数用 C/C++/FORTRAN 编写来实现是有意义的, 可以大大增加程序实现的速度.

其次, 在并行算法的程序实现中, 计算部分与数据传输部分被清晰地分开. 因此, 在数据传输期间, 进程无法进行计算, 实际上处于空闲状态. 这导致了以下问题: 随着 MPI 进程数量的增加, 纯计算时间会减少, 而消息传输的开销在最理想情况下保持不变. 因此, 消息传输的开销比例会随着参与计算的 MPI 进程数量的增长而增加, 进而导致程序实现的可扩展性变差. 在第 11 章中, 我们将研究异步进程通信操作, 它们的应用能够隐藏数据传输时间, 使其与计算时间重叠, 从而显著提高程序实现的可扩展性.

第 9 章　求解偏微分方程的算法并行化方法: II

在这章中, 我们将继续讨论用于求解偏微分方程问题的算法的并行化的各种方法.

我们考虑在第 8 章中看过的同样的抛物型偏微分方程: 要求求出定义在 $(x,t) \in D \equiv [a,b] \times [t_0, T]$ 并满足下面方程组的函数 $u(x,t)$:

$$\begin{cases} \varepsilon \dfrac{\partial^2 u}{\partial x^2} - \dfrac{\partial u}{\partial t} = -u\dfrac{\partial u}{\partial x} - u^3, \quad x \in (a,b), \quad t \in (t_0, T], \\ u(a,t) = u_{\text{left}}(t), \quad u(b,t) = u_{\text{right}}(t), \quad t \in (t_0, T], \\ u(x,t_0) = u_{\text{init}}(x), \quad x \in [a,b]. \end{cases} \tag{9.0.1}$$

在第 8 章中, 我们并行化地解决这个问题的显式数值格式. 在这一章我们讨论隐式数值格式的并行化特点.

9.1　基于隐式格式的偏微分方程解的顺序算法

为了求出问题 (9.0.1) 的数值解, 我们为空间和时间变量引入均匀网格, 其节点由下面公式给出

$$x_n = a + nh, \quad n = \overline{0, N}, \quad h = \frac{b-a}{N},$$

$$t_m = t_0 + m\tau, \quad m = \overline{0, M}, \quad \tau = \frac{T - t_0}{M}.$$

如果通过这些网格的所有节点绘制平行于相应坐标轴的直线, 那么它们的交点将给出节点 (x_n, t_m) 的时空网格 (图 9.1).

我们的目标是求出函数 $u(x,t)$ 在网格节点上的近似值. 这些值通常称为网格值, 并表示为 $u_n^m \equiv u(x_n, t_m)$.

域 D 的下边界、左边界和右边界上的网格值是精确已知的, 因为它们是由问题的初始和边界条件 (9.0.1) 确定的.

$$u_n^0 = u_{\text{init}}(x_n), \quad n = \overline{0, N},$$

$$u_0^m = u_{\text{left}}(t_m), \quad m = \overline{1, M},$$

$$u_N^m = u_{\text{right}}(t_m), \quad m = \overline{1, M}.$$

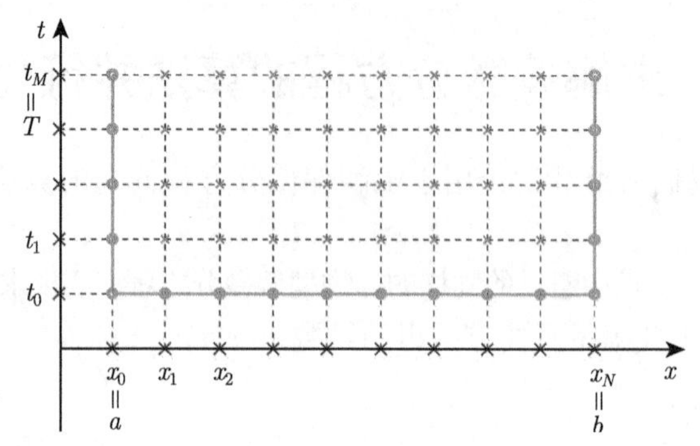

图 9.1 在其上寻求问题 (9.0.1) 的近似解的时空网格

剩余的网格值可以使用以下迭代算法找到, 用该算法可以通过当前时间层上的已知网格值找到下一个时间层上的网格值 (提醒一下, 时间层意味着一组固定时间点的函数的网格值).

我们将当前时刻 t_m 的网格值 $\left(u_1^m, u_2^m, \cdots, u_{N-1}^m\right)$ 存储在数组 y 中. 也就是说, `y[0]` $\equiv u_1^m$, `y[1]` $\equiv u_2^m, \cdots,$ `y[N-2]` $\equiv u_{N-1}^m$.

(1) 用从初始条件 u_n^0 已知的网格值填充数组 y, $n = \overline{1, N-1}$. 那么, 数组 y 最初将包含时间 t_0 时的函数网格值:

$$y[n-1] := u_n^0, \quad n = \overline{1, N-1}.$$

(2) 包含下一时刻 t_{m+1} 的相应网格值的数组 y 通过如下重新定义数组的当前值来找到

$$y := y + \tau \operatorname{Re} w_1, \tag{9.1.1}$$

这里 Re 是取实数部分的算子, 而 w_1 是有三对角矩阵的线性代数方程组的解:

$$\begin{pmatrix} b[0] & c[0] & & \\ a[1] & b[1] & c[1] & \\ & \ddots & \ddots & \ddots \\ & a[N-2] & b[N-2] & c[N-2] \end{pmatrix} \begin{pmatrix} w_1[0] \\ w_1[1] \\ \vdots \\ w_1[N-2] \end{pmatrix} = \begin{pmatrix} f[0] \\ f[1] \\ \vdots \\ f[N-2] \end{pmatrix}. \tag{9.1.2}$$

方程组 (9.1.2) 的右端元素将会被包含在数组 f 中, 并以下列公式给出:

$$f[0] = \varepsilon \frac{y[1] - 2y[0] + u_{\text{left}}(t_m)}{h^2} + y[n] \frac{y[1] - u_{\text{left}}(t_m)}{2h} + y[0]^3;$$

当 $n=\overline{1,N-3}$ 时,

$$f[n]=\varepsilon\frac{y[n+1]-2y[n]+y[n-1]}{h^2}+y[n]\frac{y[n+1]-y[n-1]}{2h}+y[n]^3;$$

$$\begin{aligned}f[N-2]=&\varepsilon\frac{u_{\text{right}}(t_m)-2y[N-2]+y[N-3]}{h^2}\\&+y[N-2]\frac{u_{\text{right}}(t_m)-y[N-3]}{2h}+y[N-2]^3.\end{aligned}$$

注意 不同于第 7 章, 我们当时使用变量 d 来表示三对角矩阵系统的右端部分, 而现在我们改用变量 f. 这样做是为了遵循构建数值格式时常用的传统符号规范, 这些符号通常用于求解微分方程的相关问题 (参见文献, 例如 [12]).

方程组 (9.1.2) 矩阵的非零元素将按照下列公式给出 (同时, 我们将遵守第 7 章中的约定, 符合将这些元素存储在辅助数组中的结构).

下对角线的元素将保存在数组 a 中, 在 $n=\overline{1,N-2}$ 按照下列公式给出:

$$a[n]=-\alpha\,\tau\left(\frac{\varepsilon}{h^2}-\frac{y[n]}{2h}\right).$$

注意 算法中出现在第 7 章中的 `a[0]` 不会被使用到.

对角线元素会包含在数组 b 中并由下列公式给出:

$$b[0]=1-\alpha\,\tau\left(-\frac{2\varepsilon}{h^2}+\frac{y[1]-u_{\text{left}}(t_m)}{2h}+3y[0]^2\right);$$

当 $n=\overline{1,N-3}$ 时,

$$b[n]=1-\alpha\,\tau\left(-\frac{2\varepsilon}{h^2}+\frac{y[n+1]-y[n-1]}{2h}+3y[n]^2\right);$$

$$b[N-2]=1-\alpha\,\tau\left(-\frac{2\varepsilon}{h^2}+\frac{u_{\text{right}}(t_m)-y[N-3]}{2h}+3y[N-2]^2\right).$$

上对角线元素将会包含在数组 c 中, 当 $n=\overline{0,N-3}$ 时元素由以下公式给出:

$$c[n]=-\alpha\,\tau\left(\frac{\varepsilon}{h^2}+\frac{y[n]}{2h}\right).$$

注意 提醒一下, 第 7 章中看过的算法中 $c[N-2]$ 不会被用到.

(3) 存储在时间 t_{m+1} 得到的网格值:

$$u_n^{m+1}:=y[n-1],\quad n=\overline{1,N-1}.$$

(4) 重新定义 $m := m + 1$. 如果 $m < M$, 那么转到算法第 2 步. 相反情况下, 停止算法, 因为未知函数 $u(x,t)$ 所有待求网格值都已得到.

构造这种数值方案过程的详细描述可以在文献 [6, 第 19 章] 中找到, 或者在书 [12] 中找到. 本书的第 2 章提供了一个数值方法的详细分析, 该方法允许将偏微分方程的问题简化为常微分方程组的问题, 然后通过一步罗森布罗克系列方案 (ROS1) 解决. 这是由于在系统矩阵的元素中存在参数 α. 这个参数定义了这类方法的一个具体实现方案. 特别地, 当 $\alpha = 1$ 时, 为全隐格式 (DIRK1), 其具有一阶精度 $O(\tau^1)$ 和可接受的 L_1-稳定性; 当 $\alpha = \dfrac{1}{2}$ 时, 为半隐格式 (KN), 其具有 $O(\tau^2)$ 的二阶精度和平庸 A-稳定性; 当 $\alpha = \dfrac{1+i}{2}$ 时, 为具有复系数的罗森布罗克方案 (CROS1), 其具有 $O(\tau^2)$ 的二阶精度和优秀的 L_2-稳定性 (也正是这个系数使得在方案中存在取实部的算子 Re).

为了简化演示, 我们将在下面的程序实现中使用 $\alpha = \dfrac{1}{2}$, 但是, 读者可以很容易地修改为具有复数运算情况下的程序示例.

注意　当时间索引 m 的所有网格值都是已知时, 时间索引 $m+1$ 的所有 (边界除外) 网格值都是未知的. 为了找到它们, 需要解一个线性代数方程组. 也就是说, 它们是隐式给定的. 正是由于这个原因, 差分格式理论中的相应格式被称为隐式格式. 隐式格式在获得的近似解的准确性方面相当好, 但对于程序实现来说相当复杂, 并行程序也不例外.

我们将考虑所描述的算法的程序实现, 对于问题 (9.0.1) 的以下一组模型参数

$$\begin{aligned}
&a = 0, \quad b = 1, \quad t_0 = 0, \quad T = 1.5, \quad \varepsilon = 10^{-1.5}, \\
&u_{\text{left}}(t) = -1, \quad u_{\text{right}}(t) = 1, \quad u_{\text{init}}(x) = \sin\left(3\pi\left(x - \frac{1}{6}\right)\right),
\end{aligned} \tag{9.1.3}$$

以及数值参数

$$N = 800, \quad M = 100, \quad \alpha = \frac{1}{2}. \tag{9.1.4}$$

9.2 顺序算法的程序实现

实现 9.1 节所描述的求解算法的程序的顺序版本具有以下形式:

```
1  from numpy import empty, linspace, sin, pi, float64
2  import time
3
4  a = 0.; b = 1.
```

```
5   t_0 = 0.; T = 1.5
6
7   eps = 10**(-1.5)
8
9   def u_init(x) :
10      return sin(3*pi*(x - 1/6))
11
12  def u_left(t) :
13      return -1.
14
15  def u_right(t) :
16      return 1.
17
18  def consecutive_tridiagonal_matrix_algorithm(a, b, c, d) :
19
20      N = len(d)
21
22      x = empty(N, dtype=float64)
23
24      for n in range(1, N) :
25          coef = a[n]/b[n-1]
26          b[n] = b[n] - coef*c[n-1]
27          d[n] = d[n] - coef*d[n-1]
28
29      x[N-1] = d[N-1]/b[N-1]
30
31      for n in range(N-2, -1, -1) :
32          x[n] = (d[n] - c[n]*x[n+1])/b[n]
33
34      return x
35
36  def f(y, t, h, N, u_left, u_right, eps) :
37
38      f = empty(N-1, dtype=float64)
39
40      f[0] = eps*(y[1] - 2*y[0] + u_left(t))/h**2 + \
41          y[0]*(y[1] - u_left(t))/(2*h) + y[0]**3
42      for n in range(1, N-2) :
43          f[n] = eps*(y[n+1] - 2*y[n] + y[n-1])/h**2 + \
44          y[n]*(y[n+1] - y[n-1])/(2*h) + y[n]**3
45      f[N-2] = eps*(u_right(t) - 2*y[N-2] + y[N-3])/h**2 + \
46          y[N-2]*(u_right(t) - y[N-3])/(2*h) + y[N-2]**3
47
48      return f
49
```

```
50 def diagonals_preparation(y, t, h, tau, N,
51                          u_left, u_right, eps, alpha) :
52
53     a = empty(N-1, dtype=float64)
54     b = empty(N-1, dtype=float64)
55     c = empty(N-1, dtype=float64)
56
57     b[0] = 1. - alpha*tau*(-2*eps/h**2 +
58                 (y[1] - u_left(t))/(2*h) + 3*y[0]**2)
59     c[0] = - alpha*tau*(eps/h**2 + y[0]/(2*h))
60     for n in range(1, N-2) :
61         a[n] = - alpha*tau*(eps/h**2 - y[n]/(2*h))
62         b[n] = 1. - alpha*tau*(-2*eps/h**2 +
63                     (y[n+1] - y[n-1])/(2*h) + 3*y[n]**2)
64         c[n] = - alpha*tau*(eps/h**2 + y[n]/(2*h))
65     a[N-2] = - alpha*tau*(eps/h**2 - y[N-2]/(2*h))
66     b[N-2] = 1. - alpha*tau*(-2*eps/h**2 +
67                 (u_right(t) - y[N-3])/(2*h) + 3*y[N-2]**2)
68
69     return a, b, c
70
71 N = 800; M = 100; alpha = 0.5
72
73 x, h = linspace(a, b, N+1, retstep=True)
74 t, tau = linspace(t_0, T, M+1, retstep=True)
75
76 u = empty((M+1, N+1))
77
78 time_start = time.time()
79
80 for n in range(N+1) :
81     u[0, n] = u_init(x[n])
82
83 for m in range(1, M+1) :
84     u[m, 0] = u_left(t[m])
85     u[m, N] = u_right(t[m])
86
87 y = u_init(x[1:N])
88
89 for m in range(M) :
90
91     codiagonal_down, diagonal, codiagonal_up = \
92         diagonals_preparation(y, t[m], h, tau, N,
93                               u_left, u_right, eps, alpha)
94     w_1 = consecutive_tridiagonal_matrix_algorithm(
```

```
95                  codiagonal_down, diagonal, codiagonal_up,
96                  f(y, t[m]+tau/2, h, N, u_left, u_right, eps))
97      y = y + tau*w_1.real
98
99      u[m+1, 1:N] = y
100
101 print(f'Elapsed time is {time.time()-time_start:.4f} sec')
102
103 from matplotlib.pyplot import figure, axes, show
104 fig = figure()
105 ax = axes(xlim=(a,b), ylim=(-2.0, 2.0))
106 ax.set_xlabel('x'); ax.set_ylabel('u')
107 ax.plot(x, u[M], color='r', ls='-', lw=2)
108 show()
```

第 4—16 行定义问题 (9.0.1) 的模型参数 (9.1.3), 其中包括定义初边值的函数.

第 18—34 行定义函数 `consecutive_tridiagonal_matrix_algorithm()`, 它实现顺序追赶法. 这个函数在第 7 章我们探讨过, 所以这里我们只提醒一下, 四个数组被作为该函数的输入, 其中前三个包含分别位于下对角线、主对角线和上对角线上的方程组的矩阵的非零元素, 第四个数组包含被求解的方程组的右端.

在第 36—48 行定义函数 f, 它给出待解方程组的右端部分, 而在第 50—69 行函数 `diagonals_preparation()`, 其中定义了包含方程组的矩阵的非零元素的三个向量, 分别位于下对角线、主对角线和上对角线上.

在第 71 行定义了数值参数 (9.1.4).

在第 73—74 行由空间和时间变量以及它们的参数间隔 h 和 τ 的值定义了均匀网格 x 和 t.

第 76 行为二维数组 u 分配内存空间, 将问题 (9.0.1) 的近似解的网格值写入其中. 数组的结构是 `u[m,n]`$\equiv u(x_n, t_m)$. 也就是说, 这个索引为 m 的数组的行将包含问题在时间 t_m 的网格解的一组值: 全部的 $u(x_n, t_m)$, $n = \overline{0, N}$.

第 78 行标记程序的计算部分的开始时间.

在第 80—81 行定义了由问题 (9.0.1) 初始条件的函数给出的网格值. 在第 83—85 行定义了由左右边界条件的函数给出的待求函数网格值.

第 87 行辅助数组 y 使用从初始条件已知的网格值 u_n^0, $n = \overline{1, N-1}$ 填入.

在第 89—99 行通过上面制定的算法实现了待求函数 $u(x,t)$ 其他近似网格值的计算. 同时在算法的每次迭代定义包含下对角线、主对角线、上对角线元素的向量 (第 91—93 行), 然后在第 94—96 行实现相应三对角矩阵方程组的解的过程. 此后在第 97 行数组 y 根据公式 (9.1.1) 重新定义, 从而获得下一个时刻的相应网格值 (第 99 行).

在第 101 行实现程序计算部分运行时间的输出.

最终, 在第 103—108 行实现在最终时间 $t = T$ 解得到图像的构建, 即函数 $u(x, T)$ (图 9.2).

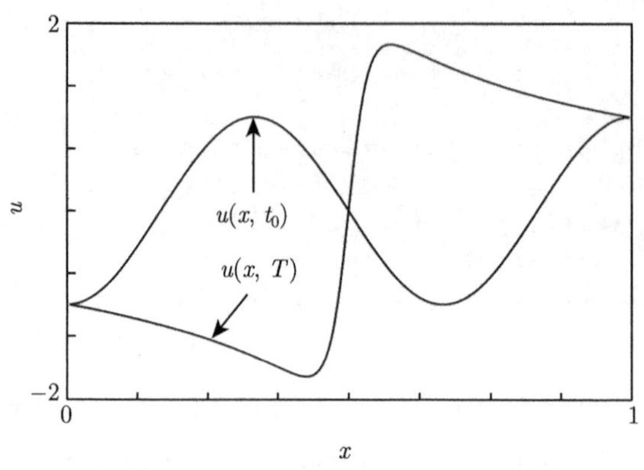

图 9.2 测试问题在某些固定时间的解

9.3 基于隐式格式的并行算法

我们将寻找问题 (9.0.1) 近似解的时空网格划分为块 (图 9.3), 每个单独的 MPI 进程将会负责在每个获得的块上计算函数 $u(x, t)$ 的网格值.

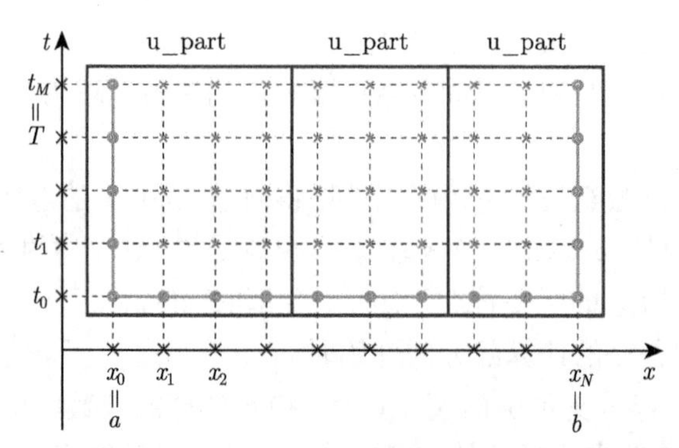

图 9.3 时空网格的节点分布的一个例子, 其中在三个 MPI 进程之间求问题 (9.0.1) 的近似解

我们将假设, 所有 `rank` = $\overline{\texttt{0,numprocs-1}}$ 的 MPI 进程会参与到计算中. 因此, 在每次迭代中, `rank = k` 的进程应该为其在固定时间的网格切片节点 $N_{\mathrm{part}(k)}$ 计算未知函数的近似网格值. 同时

$$\sum_{\{k\}} N_{\mathrm{part}(k)} = N + 1.$$

因此, 我们应该构建本书中很常用的辅助数组 rcounts 和 displs, 它们帮助我们在所有进程之间分配或收集数据. 现在数组 rcounts 将包含关于每个进程在每次迭代时负责处理的元素数量 $N_{\text{part}_{(\cdot)}}$ 的信息. 而数组 displs 将包含关于数据的相应部分在固定时间相对于网格切片开始的偏移的信息.

假设在时间 t_m 时, 秩为 rank=k 的进程已经计算出其对应的网格函数 $u(x_n, t_m)$ 的值, 范围为 $n = \overline{\texttt{displs[k]},\texttt{displs[k]} + N_{\text{part}_{(k)}}}$. 具体来说, 每个进程计算了其数组 y_part 的元素, 而 y_part 是整体数组 y 的一部分 (见图 9.4). 值得注意的是, 在并行算法中, 我们不需要将各个进程的 y_part 数组汇总到整体数组 y 中, 也无需重新分配数组 y 的元素到各个进程中. 这里提到数组 y 仅是为了更直观地解释算法.

现在我们提出一个问题: 要计算下一个时间点 t_{m+1} 的网格函数值, 应该采取哪些步骤?

根据求解问题的数值算法, 我们需要求解三对角矩阵的线性代数方程组 (参见顺序算法的第一步). 由此我们得到了数组 w_1, 再根据公式 (9.1.1) 可以重新定义数组 y 的值, 它们将包含未知函数 $u(x, t)$ 在下一个时间 t_{m+1} 在所有节点 (除了边界节点) 的网格值. 解相应的三对角矩阵方程组我们将并行地使用第 7 章中讨论的追赶法的并行实现: parallel_tridiagonal_matrix_algorithm() 函数. 这个函数运行的结果是, 在每个进程上都会有包含数组 w_1 自己部分的数组 w_1_part. 为了使用这个函数每个进程需要提前创建包含对角线、两个与其相邻的副对角线和右端向量的部分的辅助数组. 根据算法的第二步, 使用数组 y 的元素可以做到这一点. 但同时要记住, 正如上面所提醒的, 我们假设每个进程只知道这个数组的一部分元素, 这些元素存储在 y_part 数组中每个进程的内存中.

让我们仔细看看算法第二步的公式. 可以看出, 要计算四个辅助数组中任何一个索引为 n 的元素, 需要知道索引为 $n-1$, n 和 $n+1$ 的数组 y 的元素. 因此, 基于每个进程上当前时间包含的数据 (图 9.4), 可以计算辅助数组的部分的所有元素, 除了边界元素. 要计算辅助数组部分的边界元素, 必须从相邻进程中获得计算所需的数据 (图 9.5 和图 9.6).

因此, 在实现三对角矩阵线性代数方程组的并行算法 (顺序算法的步骤二) 之前, 进程之间必须进行数据交换. 每个进程必须从其邻居接收继续计算所需的数据 (一对网格值). 此外, 每个进程必须将继续计算的这些进程所必需的网格值传递给其邻居. 注意: 数据交换可以并行.

在数据交换完成后, 包含系统矩阵非零元素及右端项的相应数组将并行生成. 系统的求解过程也将并行进行. 此外, 数组 y_part 在每个进程上的重新分配也将并行执行.

因此, 所有计算都是并行化的. 得出这样的推论, 我们从一个事实出发, 即并行追赶法的小顺序部分可以被忽略 (见第 7 章).

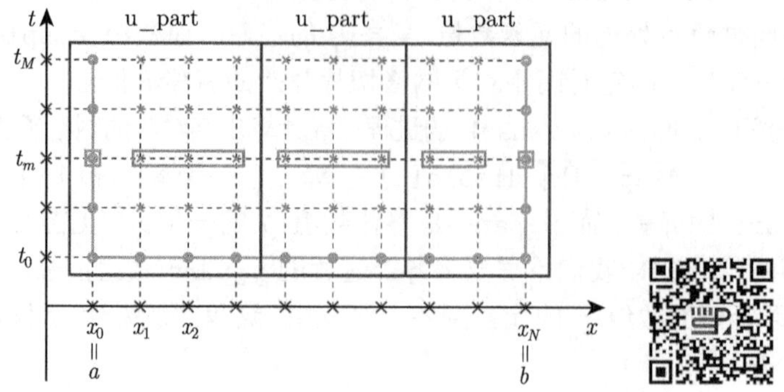

图 9.4 到迭代算法的 $m+1$ 步由 MPI 进程计算的网格值. 辅助数组 `y_part` 中包含的网格值和从边界条件确定的网格值用其他颜色标出

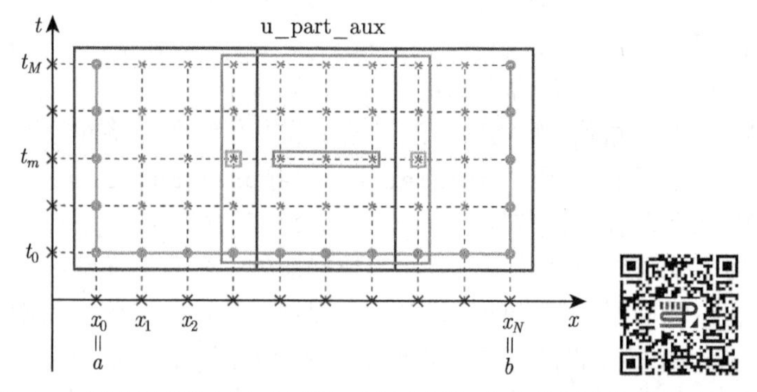

图 9.5 辅助扩展数据块的示例, 其边界列包含从相邻进程接收的信息

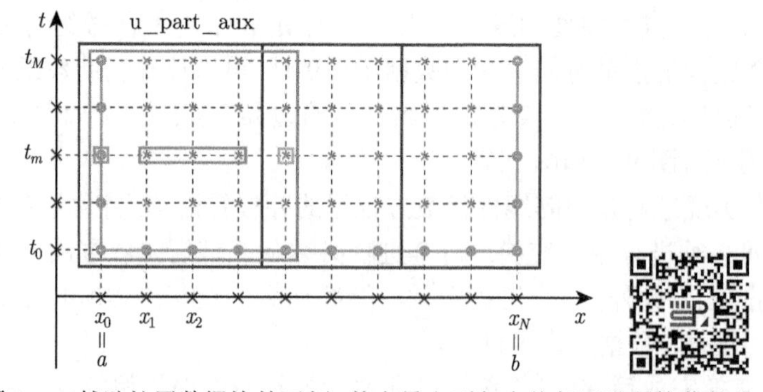

图 9.6 辅助扩展数据块的示例, 其中最右列包含从邻近进程接收的信息

与此同时, 为了程序实现的方便, 我们将考虑到以下内容. 如果在课程中接收的符号中, 每个进程负责计算的一组网格值包含在 `u_part` 数组中 (图 9.3 和

图 9.4), 那么我们将在每个进程上使用一个辅助的 u_part_aux 数组, 它将包含额外的列, 其中有存储计算所需的从这些进程的邻居中获得 (图 9.5 和图 9.6) 的网格值.

9.4 并行算法的程序实现

现在让我们来到考虑的并行算法的程序实现. 让我们以标准方式启动程序: 导入必要的库和函数, 然后确定将运行程序的: 通信器 comm ≡ MPI.COMM_WORLD 中进程的数量 numprocs.

```
1  from mpi4py import MPI
2  from numpy import empty, array, int32, float64,linspace,sin,pi
3  #from module import *
4
5  comm = MPI.COMM_WORLD
6  numprocs = comm.Get_size()
```

注意 注释的第 3 行. 在这个程序中, 将使用四个自己定义的函数:

- consecutive_tridiagonal_matrix_algorithm();
- parallel_tridiagonal_matrix_algorithm();
- diagonals_preparation();
- f_part().

第一个函数实现用来解三对角矩阵的线性代数方程组的顺序的追赶法 (见第 7 章), 而第二个是并行版本的追赶法 (同第 7 章). 最后两个函数负责在每个进程上准备辅助数组, 这些数组在并行函数 parallel_tridiagonal_matrix_algorithm() 中使用. 如果需要, 这些函数可以包含在程序的主列表中, 并将它们放在一个单独的模块中. 在后一种情况下, 需要取消指定行的注释, 提前创建一个文件 module.py, 并将必要的函数放入.

注意 可以看到, 在代码第 1—94 行几乎完全重复了上节课所探究的程序实现例子的相应行. 但是, 我们将重复代码的相应部分的描述, 以更全面地呈现本章的材料并符合上面描述的并行算法.

我们无须在通信器 comm 中定义进程标识符 (编号/等级) rank, 因为它不再需要使用. 相反, 我们将使用新的通信器 comm_cart 中的进程标识符 rank_cart, 该通信器定义了 “线性” 类型的虚拟笛卡儿拓扑结构 (详见第 6 章).

```
7  comm_cart = comm.Create_cart(dims=[numprocs],
8                               periods=[False], reorder=True)
9  rank_cart = comm_cart.Get_rank()
```

注意 我们使用进程编号的重新定义 (由 reorder=True 函数的自变量的值确定), 以便更好地将系统的虚拟拓扑映射为系统的真实物理拓扑. 提醒一下, 这样做不会降低程序实现的效率, 并且通过有效的组合, 可以提高效率.

接下来, 我们在每个进程上定义问题 (9.0.1) 的参数 (9.1.3), 以及数值参数 (9.1.4).

```
10 a = 0.; b = 1.
11 t_0 = 0.; T = 1.5
12
13 eps = 10**(-1.5)
14
15 def u_init(x) :
16     return sin(3*pi*(x - 1/6))
17
18 def u_left(t) :
19     return -1.
20
21 def u_right(t) :
22     return 1.
23
24 N = 800; M = 100; alpha = 0.5
```

然后, 在所有进程中, 关于空间和时间变量定义均匀网格 x 和 t 以及它们的参数——间隔值 h 和 τ.

```
25 x, h = linspace(a, b, N+1, retstep=True)
26 t, tau = linspace(t_0, T, M+1, retstep=True)
```

接下来, 准备我们已经熟悉的 rcounts 和 displs 辅助数组.

```
27 ave, res = divmod(N + 1, numprocs)
28 rcounts = empty(numprocs, dtype=int32)
29 displs = empty(numprocs, dtype=int32)
30 for k in range(0, numprocs) :
31     if k < res :
32         rcounts[k] = ave + 1
33     else :
34         rcounts[k] = ave
35     if k == 0 :
36         displs[k] = 0
37     else :
38         displs[k] = displs[k-1] + rcounts[k-1]
```

MPI 进程知道其 rank_cart 标识符, 因此它可以确定其函数的网格值的数量的 $N_{\text{part}(\cdot)}$ 值, 在每次迭代中由这个 MPI 进程负责计算.

```
39 N_part = rcounts[rank_cart]
```

接下来, 我们需要在内存中为辅助数组 u_part_aux 分配空间. 提醒一下, 这个数组与 u_part 数组不同, 它包含额外的列, 其中存储计算所需的网格值, 这些值从执行此程序代码的 MPI 进程的邻居获得. 所以需要确定这个辅助数组的列数 N_part_aux.

```
40 if rank_cart == 0 :
41     N_part_aux = N_part + 1
42     displ_aux = 0
43 if rank_cart in range(1, numprocs-1) :
44     N_part_aux = N_part + 2
45     displ_aux = displs[rank_cart] - 1
46 if rank_cart == numprocs-1 :
47     N_part_aux = N_part + 1
48     displ_aux = displs[numprocs-1] - 1
```

与此同时, 对于执行此程序代码的 MPI 进程来说, 它的 displ_aux 变量的值被定义, 该变量确定了相应部分数据相对于网格切片起点在固定时间点的偏移量.

现在我们可以在内存中为辅助数组 u_part_aux 分配空间.

```
49 u_part_aux = empty((M + 1, N_part_aux), dtype=float64)
```

接下来, 我们将进入程序的计算部分. 为评估并行实现的效率, 我们将记录程序并行部分的执行时间 (详见第 4 章的详细说明). 首先, 需要记录计算部分的起始时间.

```
50 comm_cart.Barrier()
51
52 time_start = empty(1, dtype=float64)
53 time_start[0] = MPI.Wtime()
```

在这里 (第 50 行), 我们首先使用了 Barrier() 集体通信函数来同步通信器 comm_cart 中的所有进程. 该函数实现了一个同步屏障, 确保在 comm_cart 中的所有进程都调用它之前, 任何进程都不会继续执行. 通过这种方式, 我们确保所有进程能够同时进入程序的计算部分.

接下来, 执行此程序代码的 MPI 进程填充其辅助数组 u_part_aux 的空行. 有必要注意这样一点, 即要访问数组 x 的必要元素, 需使用由每个 MPI 进程的 displ_aux 值确定的移位.

```
54 for n in range(N_part_aux) :
55     u_part_aux[0, n] = u_init(x[displ_aux + n])
```

rank_cart = 0 的进程定义了由左边界条件的函数设置的网格值.

```
56 if rank_cart == 0 :
57     for m in range(1, M + 1) :
58         u_part_aux[m, 0] = u_left(t[m])
```

rank_cart = numprocs-1 的进程定义了由右边界条件的函数设置的网格值.

```
59  if rank_cart == numprocs-1 :
60      for m in range(1, M + 1) :
61          u_part_aux[m, N_part_aux - 1] = u_right(t[m])
```

之后, 每个进程定义其辅助数组 y_part 的元素.

```
62  y_part = u_part_aux[0, 1:N_part_aux-1]
```

接下来, 在循环中执行迭代过程. 每个运行该代码的 MPI 进程首先在 "线性" 笛卡儿拓扑结构中与相邻进程交换继续计算所需的数据, 随后计算未知函数在当前时间步的近似网格值.

```
63  for m in range(M) :
64
65      if rank_cart == 0 :
66          comm_cart.Sendrecv(sendbuf = [u_part_aux[m,N_part_aux-2],
67                                        1, MPI.DOUBLE],
68                             dest = 1, sendtag=0,
69                             recvbuf = [u_part_aux[m,N_part_aux-1:],
70                                        1, MPI.DOUBLE],
71                             source=1, recvtag=0,
72                             status=None)
73      if rank_cart in range(1, numprocs-1) :
74          comm_cart.Sendrecv(sendbuf=[u_part_aux[m, 1],
75                                      1, MPI.DOUBLE],
76                             dest=rank_cart-1, sendtag=0,
77                             recvbuf=[u_part_aux[m,N_part_aux-1:],
78                                      1, MPI.DOUBLE],
79                             source=rank_cart+1, recvtag=0,
80                             status=None)
81          comm_cart.Sendrecv(sendbuf=[u_part_aux[m, N_part_aux-2],
82                                      1, MPI.DOUBLE],
83                             dest=rank_cart+1, sendtag=0,
84                             recvbuf=[u_part_aux[m, 0:],
85                                      1, MPI.DOUBLE],
86                             source=rank_cart-1, recvtag=0,
87                             status=None)
88      if rank_cart == numprocs-1 :
89          comm_cart.Sendrecv(sendbuf=[u_part_aux[m, 1],
90                                      1, MPI.DOUBLE],
91                             dest=numprocs-2, sendtag=0,
92                             recvbuf=[u_part_aux[m, 0:],
93                                      1, MPI.DOUBLE],
94                             source=numprocs-2, recvtag=0,
95                             status=None)
```

```
96
97      codiagonal_down_part, diagonal_part, codiagonal_up_part = \
98          diagonals_preparation(u_part_aux[m],t[m],h,N_part_aux,
99                                u_left,u_right,eps,tau,alpha)
100
101     w_1_part =  parallel_tridiagonal_matrix_algorithm(
102         codiagonal_down_part,diagonal_part,codiagonal_up_part,
103         f_part(u_part_aux[m], t[m]+tau/2, h,
104                N_part_aux, u_left, u_right, eps),
105         rank_cart, comm_cart)
106
107     y_part = y_part + tau*w_1_part.real
108
109     u_part_aux[m + 1, 1:N_part_aux-1] = y_part
```

必须注意到, 所有数据交换通过 MPI 函数 `Sendrecv()` 组织, 其代码在第 6 章我们已经看过.

在第 73—79 行中, 使用此函数, 数据从 `u_part_aux` 数组的索引为 m 的行的第二个 (索引为 `1`) 元素发送到"标尺"类型拓扑中的 MPI 进程的左邻居. 做此操作的同时, 此 MPI 函数实现从 MPI 进程的右邻居接收数据. 接收到的数据被写入数组 `u_part_aux` 的索引为 m 的行的最后一个元素 (索引为 `N_part_aux1`).

在第 80—85 行中, MPI 函数 `Sendrecv()` 将数据从数组 `u_part_aux` 的索引为 `m` 行的倒数第二个 (索引为 `N_part_aux-2`) 元素发送到"标尺"类型拓扑中的 MPI 进程的右邻居. 与此动作同时, 此 MPI 函数实现从 MPI 进程的左邻居接收数据. 接收到的数据被写入 `u_part_aux` 数组的索引为 m 的行的第一个元素 (索引为 `0`).

在第 65—71 行和第 88—94 行中, 对于所生成的"标尺"类型笛卡儿拓扑 `comm_cart` 的边界 MPI 进程, 仅与相应 MPI 进程的一个邻居进行类似的数据交换.

第 97—109 行包含主要的计算部分. 相应的计算在 `comm_cart` 通信器的所有进程上并行. 第 97—99 行并行地在每个进程上准备辅助数组, 这些数组包含矩阵系统非零元素所在向量的对应部分 (参见下文的函数 `diagonals_preparation()`). 在第 101—105 行中, 实现了追赶法的并行版本 (有关详细信息, 请参阅第 7 章). 执行这些行的结果是数组 `w_1` 的自身部分 `w_1_part`, 其用于根据第 107 行中的公式 (9.1.1) 重新定义 `y_part` 数组的值. 最后, 在第 109 行, 从该向量中提取在下一时间层上找到的网格值并存储在辅助数组 `u_part_aux` 中.

下面给出了函数 `f_part()`, 该函数在调用它的 MPI 进程上准备线性代数方程组 (9.1.2) 右端项的相应部分.

```
def f_part(y, t, h, N_part_aux, u_left, u_right, eps) :

    f_part = empty(N_part_aux-2, dtype=float64)

    if rank_cart == 0 :
        f_part[0] = eps*(y[2] - 2*y[1] + u_left(t))/h**2 + \
            y[1]*(y[2] - u_left(t))/(2*h) + y[1]**3
        for n in range(2, N_part_aux-1) :
            f_part[n-1] = eps*(y[n+1]-2*y[n]+y[n-1])/h**2 + \
                y[n]*(y[n+1] - y[n-1])/(2*h) + y[n]**3

    if rank_cart in range(1, numprocs-1) :
        for n in range(1, N_part_aux-1) :
            f_part[n-1] = eps*(y[n+1]-2*y[n]+y[n-1])/h**2 + \
                y[n]*(y[n+1] - y[n-1])/(2*h) + y[n]**3

    if rank_cart == numprocs-1 :
        for n in range(1, N_part_aux-2) :
            f_part[n-1] = eps*(y[n+1]-2*y[n]+y[n-1])/h**2 + \
                y[n]*(y[n+1] - y[n-1])/(2*h) + y[n]**3
        f_part[N_part_aux-3] = eps*(u_right(t) -
                                    2*y[N_part_aux-2] +
                                    y[N_part_aux-3])/h**2 + \
            y[N_part_aux-2]*(u_right(t) -
                             y[N_part_aux-3])/(2*h) + \
            y[N_part_aux-2]**3

    return f_part
```

注意　在第 97—99 行调用此函数时, 传入的参数并非直接对应的数组 `y_part`, 而是辅助数组 `u_part_aux` 中索引为 m 的行切片. 此切片包含 `y_part` 数组的元素, 以及沿此数组的边缘从执行此程序代码的 MPI 进程的邻居接收的两个附加元素. 在这方面, 当确定数组 `f` 的元素时, 与顺序算法的公式中展示的索引相比, 在访问数组 `y` 的相应元素时出现了索引的移位. 还要注意, 在这个函数中, 为了编写程序代码的更紧凑形式, 使用符号 `y` 而不是 `y_part`.

下面给出了函数 `diagonals_preparation()`, 该函数在调用它的 MPI 进程上准备向量的对应部分, 这些部分包含所求解系统的线性代数方程组 (9.1.2) 中的非零元素.

```
def diagonals_preparation(y, t, h, N_part_aux,
                          u_left, u_right, eps, tau, alpha) :

    a_part = empty(N_part_aux-2, dtype=float64)
    b_part = empty(N_part_aux-2, dtype=float64)
```

```
    c_part = empty(N_part_aux-2, dtype=float64)

    if rank_cart == 0 :
        b_part[0] = 1. - alpha*tau*(-2*eps/h**2 +
                                    (y[2] - u_left(t))/(2*h)+
                                    3*y[1]**2)
        c_part[0] = - alpha*tau*(eps/h**2 + y[1]/(2*h))
        for n in range(2, N_part_aux-1) :
            a_part[n-1] = - alpha*tau*(eps/h**2 - y[n]/(2*h))
            b_part[n-1] = 1. - alpha*tau*(-2*eps/h**2 +
                                    (y[n+1] - y[n-1])/(2*h) +
                                    3*y[n]**2)
        c_part[n-1] = - alpha*tau*(eps/h**2 + y[n]/(2*h))

    if rank_cart in range(1, numprocs-1) :
        for n in range(1, N_part_aux-1) :
            a_part[n-1] = - alpha*tau*(eps/h**2 - y[n]/(2*h))
            b_part[n-1] = 1. - alpha*tau*(-2*eps/h**2 +
                                    (y[n+1] - y[n-1])/(2*h) +
                                    3*y[n]**2)
            c_part[n-1] = - alpha*tau*(eps/h**2 + y[n]/(2*h))

    if rank_cart == numprocs-1 :
        for n in range(1, N_part_aux-2) :
            a_part[n-1] = - alpha*tau*(eps/h**2 - y[n]/(2*h))
            b_part[n-1] = 1. - alpha*tau*(-2*eps/h**2 +
                                    (y[n+1] - y[n-1])/(2*h) +
                                    3*y[n]**2)
            c_part[n-1] = - alpha*tau*(eps/h**2 + y[n]/(2*h))
        a_part[N_part_aux-3] = - alpha*tau*(eps/h**2 -
                                    y[N_part_aux-2]/(2*h))
        b_part[N_part_aux-3] = 1. - alpha*tau*(-2*eps/h**2  +
                (u_right(t) - y[N_part_aux-3])/(2*h) +
                3*y[N_part_aux-2]**2)

    return a_part, b_part, c_part
```

现在, 根据在第 4 章中讨论的方案, 我们将确定 `elapsed_time[0]` 程序的运行时间, 该程序被保存在 `comm_cart` 通信器的 `rank_cart = 0` 的进程上.

```
110 elapsed_time = empty(1, dtype=float64)
111 total_time = empty(1, dtype=float64)
112
113 elapsed_time[0] = MPI.Wtime() - time_start[0]
114 comm_cart.Reduce([elapsed_time, 1, MPI.DOUBLE],
115                  [total_time, 1, MPI.DOUBLE],
```

```
116                    op=MPI.MAX, root=0)
```

整体而言, 并行算法的程序实现完成了. 剩下的是实现辅助操作. 例如, 输出解从而可以检验程序实现的正确性. 为简便起见, 在 rank_cart = 0 的进程中, 我们在内存中为数组 u_T 分配一个位置. 在这个位置中我们存储近似解 $u(x,T)$, 即找到在最后时刻的一组网格值.

```
117 if rank_cart == 0 :
118     u_T = empty(N + 1, dtype=float64)
119 else :
120     u_T = None
```

接下来, 在每个 MPI 进程中, 我们将提取数组 u_part_aux 中索引为 M 的行切片, 并将其传递给 rank_cart = 0 的进程. 通过 MPI 函数 Gatherv() 收集来自通信器 comm_cart 的所有相关数据. 需要注意的是, 在使用该函数时, 我们需要依赖程序开头定义的数组 rcounts 和 displs.

```
121 if rank_cart == 0 :
122     slice = range(N_part_aux-1)
123 if rank_cart in range(1, numprocs-1) :
124     slice = range(1, N_part_aux-1)
125 if rank_cart == numprocs-1 :
126     slice = range(1, N_part_aux)
127 
128 comm_cart.Gatherv([u_part_aux[M, slice], N_part, MPI.DOUBLE],
129                   [u_T, rcounts, displs, MPI.DOUBLE], root=0)
```

最后, 我们将在零进程上输出程序的计算部分的运行时间. 此外, 如果程序使用数组 u_T 在多核个人计算机上运行, 我们将绘制图形 $u(x,T)$.

```
130 if rank_cart == 0 :
131 
132     print('Elapsed time is {:.4f} sec.'.format(total_time[0]))
133 
134     fig = figure()
135     ax = axes(xlim=(a,b), ylim=(-2.0, 2.0))
136     ax.set_xlabel('x'); ax.set_ylabel('u')
137     ax.plot(x,u_T, color='r', ls='-', lw=2)
138     show()
```

如果程序实现中没有错误, 结果应该与图 9.2 中所示的结果相匹配.

总之, 我们注意到, 本章所提出的程序实现假设正在完成较大的任务, 以至于包含问题 (9.0.1) 近似解的所有网格值的数组不能被放入单个 MPI 进程的内存. 这就是为什么, 为了验证程序实现的正确性, 我们只在时间 $t=T$ 的最后时刻收集了一个进程的计算结果. 在问题非常 “大” 的情况下, 我们需要看到解关于时间的

动态变化 $u(x,t)$, 可以仅针对一些中间时间点, 即仅针对 t_m 的一部分, $m=\overline{0,M}$, 在专用 (控制) MPI 进程上实现解的相应部分的收集.

9.5 并行程序的效率和可扩展性评估

我们按照第 8 章中的相同方案对本章所研究的并行算法的程序实现的效率和可扩展性进行评估. 只需要注意到, 在本章里数值参数 $N=800$ 和 $M=80000$ 定义了问题的计算复杂度. 现在, 使用隐式数值格式我们能够获得对于时间网格间隔数量 $M=100$ 在精度上类似的结果, 这比第 8 章中使用的少两个数量级.

针对指定的测试参数集, 我们将绘制并行程序的运行时间和加速比随计算内核数量变化图像 (见图 9.7), 以及并行效率随计算内核数量变化图像 (见图 9.8).

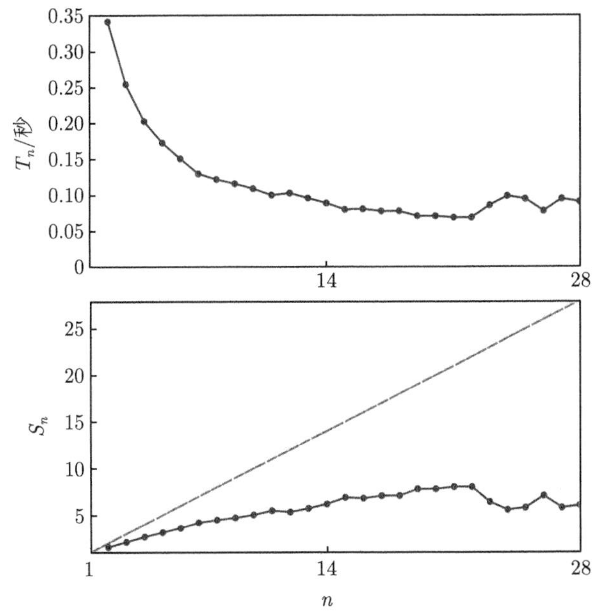

图 9.7 程序并行版本的运行时间和加速比关于用于计算的内核数量 (一个计算节点上的 14 个内核) 的图像

从呈现的图 9.7 中可以看出, 程序实现的效率和可扩展性明显差于第 8 章讨论的程序实现. 但这并不意味着该程序实现本身或所采用的数值计算方案质量较差. 另外, 隐式格式的并行化允许与需要用于使用显式格式的计算的网格相比, 在时间上在密度低得多的网格上以可接受的精度进行计算. 仅由于这一点, 已经实现了计算资源的显著节省.

与此同时, 有必要请读者注意以下一点. 在确定并行程序实现的速度提升时,我们计算串行版本程序的运行时间与并行版本程序的运行时间的比值. 但在使用隐式格式的情况下, 这些方案在计算复杂性方面并不等同 (参见第 7 章). 与串行版本相比, 用于其实现的追赶法的并行版本需要大约 2 倍的算术运算次数. 这自然导致程序实现的效率的 “虚假” 下降.

还需要注意以下内容. 在第 14 章, 在讨论并行算法的程序实现时, 我们注意到进程之间的交换以这样一种方式组织, 即数据交换的时间不相关于计算中涉及的进程数. 在当前的程序实现中, 情况不再如此——进程之间的数据交换所需的时间随着参与计算的进程数量的增加而增加. 这是由于我们内部使用的并行函数 parallel_tridiagonal_matrix_algorithm() 包含进程集体通信的 MPI 函数, 并且它们的工作时间与 $\log_2$(numprocs) 成正比. 因此, 在当前的程序实现中, 与第 8 章的程序实现相比, 用于在进程之间进行数据交换的计算所涉及的进程数量增加的开销成本份额增长得更快.

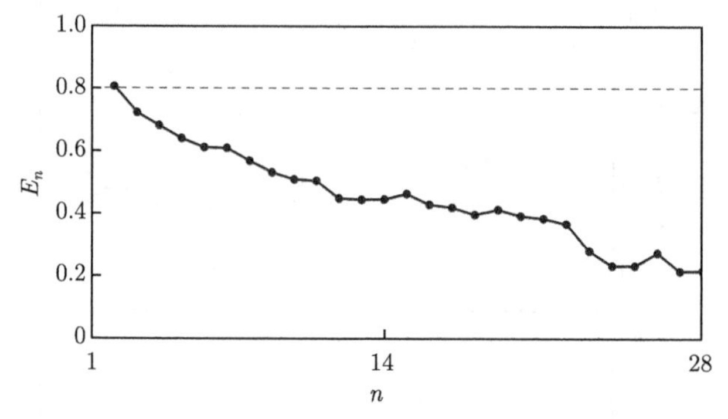

图 9.8 并行化效率图, 取决于用于计算的内核数 (每个计算节点上有 14 个内核)

第 10 章　求解偏微分方程的算法并行化方法: III

在第 8, 9 章中, 我们研究了空间是一维的偏微分方程的问题. 在本章中, 我们将介绍一些基本的并行化技术, 这些技术用于解决空间中的多维方程的问题.

作为一个例子, 考虑偏微分方程的问题, 这是问题 (8.0.1) 到空间二维情况的概括: 要求找到域 $(x,y,t) \in D \equiv [a,b] \times [c,d] \times [t_0,T]$ 中定义的函数 $u(x,y,t)$, 并满足方程组:

$$\begin{cases} \varepsilon\left(\dfrac{\partial^2 u}{\partial x^2}+\dfrac{\partial^2 u}{\partial y^2}\right)-\dfrac{\partial u}{\partial t}=-u\left(\dfrac{\partial u}{\partial x}+\dfrac{\partial u}{\partial y}\right)-u^3,\ (x,y)\in(a,b)\times(c,d),\ t\in(t_0,T], \\ u(a,y,t)=u_{\text{left}}(y,t), \quad u(b,y,t)=u_{\text{right}}(y,t), \quad y\in(c,d), \quad t\in(t_0,T], \\ u(x,c,t)=u_{\text{bottom}}(x,t), \quad u(x,d,t)=u_{\text{top}}(x,t), \quad x\in[a,b], \quad t\in(t_0,T], \\ u(x,y,t_0)=u_{\text{init}}(x,y), \quad (x,y)\in[a,b]\times[c,d]. \end{cases} \tag{10.0.1}$$

通过类比第 8 章, 我们将并行化该问题的一个显式数值算法.

10.1　基于二维空间显式格式的偏微分方程解的顺序算法

对于问题 (10.0.1) 的数值解法引入关于时间和空间变量的均匀网格, 其节点由公式给出:

$$\begin{aligned} x_i &= a + ih_x, \quad i=\overline{0,N_x}, \quad h_x=\frac{b-a}{N_x}, \\ y_j &= c + jh_y, \quad j=\overline{0,N_y}, \quad h_y=\frac{d-c}{N_y}, \\ t_m &= t_0 + m\tau, \quad m=\overline{0,M}, \quad \tau=\frac{T-t_0}{M}. \end{aligned}$$

如果我们通过网格的所有节点绘制平行于相应坐标平面的平面, 那么它们的交点将给出空间-时间网格的节点 (x_i, y_j, t_m) (图 10.1).

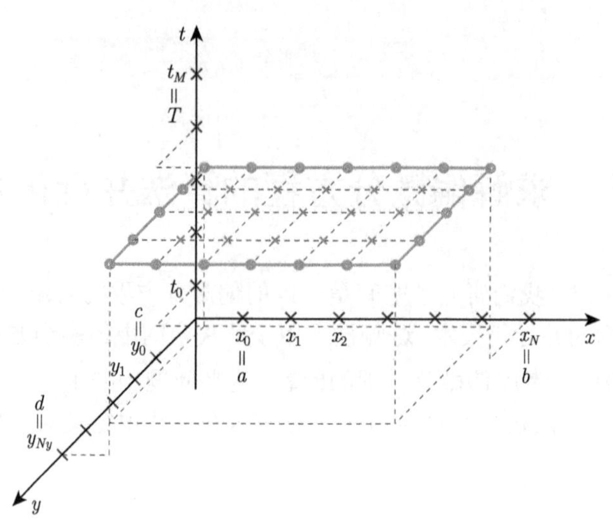

图 10.1 空间-时间网格的一个切片, 在其上寻求问题 (10.0.1) 在某个固定的时间的近似解

我们的目标是寻找函数 $u(x, y, t)$ 在这个网格节点的近似值. 这些值通常称为网格值并表示为 $u^m_{i,j} \equiv u(x_i, y_j, t_m)$.

域 D 的下边界和横向边界上的网格值是精确已知的, 因为它们是由问题 (10.0.1) 的初始和边界条件确定的.

$$
\begin{aligned}
&u^m_{0,j} = u_{\text{left}}(y_j, t_m), \quad m = \overline{1, M}, \quad j = \overline{1, N_y - 1}, \\
&u^m_{N_x,j} = u_{\text{right}}(y_j, t_m), \quad m = \overline{1, M}, \quad j = \overline{1, N_y - 1}, \\
&u^m_{i,0} = u_{\text{bottom}}(x_i, t_m), \quad m = \overline{1, M}, \quad i = \overline{0, N_x}, \\
&u^m_{i,N_y} = u_{\text{top}}(x_i, t_m), \quad m = \overline{1, M}, \quad i = \overline{0, N_x}, \\
&u^0_{i,j} = u_{\text{init}}(x_i, y_j), \quad i = \overline{0, N_x}, \quad j = \overline{0, N_y}.
\end{aligned}
$$

其他网格值可以通过公式求到

$$
\begin{aligned}
u^{m+1}_{i,j} = u^m_{i,j} &+ \frac{\varepsilon\tau}{h_x^2}\left(u^m_{i+1,j} - 2u^m_{i,j} + u^m_{i-1,j}\right) \\
&+ \frac{\varepsilon\tau}{h_y^2}\left(u^m_{i,j+1} - 2u^m_{i,j} + u^m_{i,j-1}\right) \\
&+ \frac{\tau}{2h_x} u^m_{i,j}\left(u^m_{i+1,j} - u^m_{i-1,j}\right) \\
&+ \frac{\tau}{2h_y} u^m_{i,j}\left(u^m_{i,j+1} - u^m_{i,j-1}\right) + \tau\left(u^m_{i,j}\right)^3.
\end{aligned} \tag{10.1.1}
$$

公式 (10.1.1) 的推导方法是在差分格式理论中进行研究的, 该理论是数值方法课程的一部分 (参见文献 [10] 的第 27 章). 该公式连接时空网格 6 个节点中函数的网格值, 其关系如图 10.2 所示. 如果时间索引 m 的所有网格值都是已知的, 则时间索引 $m+1$ 只有一个显式表示的网格值是未知的. 正是由于这个原因, 差分格式理论中的相应格式被称为显式格式.

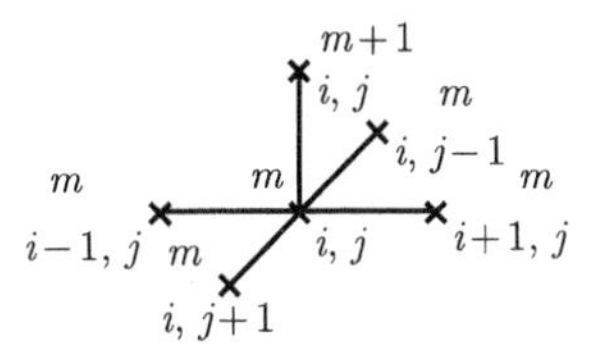

图 10.2 时空网格的节点之间的关系, 其中函数的网格值存在于公式 (10.1.1) 中

注意 显式格式在获得的近似解的准确性方面非常糟糕, 但它们对于程序实现包括并行程序来说足够简单.

因为从初始条件中可以知道对所有的 $u^0_{i,j}$, $i=\overline{0,N_x}$, $j=\overline{0,N_y}$, 所以当 $m=0$ 时, 对所有的 $i=\overline{1,N_x-1}$, $j=\overline{1,N_y-1}$ 运用公式 (10.1.1), 可以求出所有的 $u^1_{i,j}$, $i=\overline{1,N_x-1}$, $j=\overline{1,N_y-1}$.

然后这个过程可以迭代地对 $m=\overline{2,M-1}$, 在每次迭代中根据已求得的 $u^{m+1}_{i,j}$, $i=\overline{1,N_x-1}$, $j=\overline{1,N_y-1}$ 和从边界条件已知的值 $u^m_{0,j}$, $u^m_{N_x,j}$, $u^m_{i,0}$ 和 u^m_{i,N_y}, $i=\overline{0,N_x}$, $j=\overline{0,N_y}$ 可以求出 $u^m_{i,j}$, $i=\overline{1,N_x-1}$, $j=\overline{1,N_y-1}$. 在差分格式理论中, 习惯上说下一时间层上的网格值是通过当前时间层上的已知网格值来得到的. 因此, 函数的近似值将在空间-时间网格的所有节点中找到.

我们注意到计算的值之间没有信息依赖关系: 对于每对索引 (i,j) 值 $u^{m+1}_{i,j}$ 的计算可以不依赖于其他值 $u^{m+1}_{k,l}$ $((k,l)\neq(i,j))$ 的计算. 也就是说 $u^{m+1}_{i,j}$ $(i=\overline{1,N_x-1}$, $j=\overline{1,N_y-1})$ 的计算可以并行执行.

我们将考虑所描述的算法的程序实现, 用于问题 (10.0.1) 的以下一组模型参数:

$$
\begin{aligned}
&a=-2,\quad b=2,\quad c=-2,\quad d=2,\quad t_0=0,\quad T=5,\quad \varepsilon=10^{-1.0},\\
&u_{\text{left}}(y,t)=\frac{1}{3},\quad u_{\text{right}}(y,t)=\frac{1}{3},\quad u_{\text{top}}(x,t)=\frac{1}{3},\quad u_{\text{bottom}}(x,t)=\frac{1}{3},\\
&u_{\text{init}}(x)=\frac{1}{2}\tanh\frac{(x-0.5)^2+(y-0.5)^2-0.35^2}{\varepsilon}-0.17,
\end{aligned}
\tag{10.1.2}
$$

以及数值参数

$$
N_x=50,\quad N_y=50,\quad M=500. \tag{10.1.3}
$$

10.2 顺序算法的程序实现

实现在 10.1 节中描述的解算法程序的顺序版本将具有以下形式:

```
1  from numpy import empty, linspace, tanh
2  import time
3
4  a = -2.; b = 2.
5  c = -2.; d = 2.
6  t_0 = 0.; T = 5.
7
8  eps = 10**(-1.0)
9
10 def u_init(x, y) :
11     return 0.5*tanh(1/eps*((x - 0.5)**2 +
12                          (y - 0.5)**2 - 0.35**2)) - 0.17
13
14 def u_left(y, t) :
15     return 0.33
16
17 def u_right(y, t) :
18     return 0.33
19
20 def u_top(x, t) :
21     return 0.33
22
23 def u_bottom(y, t) :
24     return 0.33
25
26 N_x = 50; N_y = 50; M = 500
27
28 x, h_x = linspace(a, b, N_x+1, retstep=True)
29 y, h_y = linspace(c, d, N_y+1, retstep=True)
30 t, tau = linspace(t_0, T, M+1, retstep=True)
31
32 u = empty((M+1, N_x+1, N_y+1))
33
34 time_start = time.time()
35
36 for i in range(N_x+1) :
37     for j in range(N_y+1) :
38         u[0, i, j] = u_init(x[i], y[j])
39
40 for m in range(1, M+1) :
41     for j in range(1, N_y) :
```

```
42            u[m, 0, j] = u_left(y[j], t[m])
43            u[m, N_x, j] = u_right(y[j], t[m])
44        for i in range(0, N_x + 1) :
45            u[m, i, N_y] = u_top(x[i], t[m])
46            u[m, i, 0] = u_bottom(x[i], t[m])
47
48    for m in range(M) :
49        for i in range(1, N_x) :
50            for j in range(1, N_y) :
51                u[m+1, i, j] =  u[m,i,j] + \
52                eps*tau/h_x**2*(u[m,i+1,j]-2*u[m,i,j]+u[m,i-1,j])+\
53                eps*tau/h_y**2*(u[m,i,j+1]-2*u[m,i,j]+u[m,i,j-1])+\
54                tau/(2*h_x)*u[m,i,j]*(u[m,i+1,j]-u[m,i-1,j])+\
55                tau/(2*h_y)*u[m,i,j]*(u[m,i,j+1]-u[m,i,j-1])+\
56                tau*u[m,i,j]**3
57
58    print(f'Elapsed time is {time.time()-time_start:.4f} sec')
59
60    from numpy import savez
61    savez('results_of_calculations', x=x, y=y, t=t, u=u)
```

在第 4—24 行定义了问题 (8.0.1) 的模型参数 (8.1.2), 其中包含定义边界条件和初始条件的函数. 在第 26 行定义了数值参数 (8.1.3).

第 28—30 行定义了关于空间、时间变量的均匀网格 x, y 和 t 及数值参数——区间 h_x, h_y 和 τ 的值.

第 32 行在内存中为三维数组 `u` 分配空间, 将问题 (10.0.1) 近似解的网格值写入其中. 数组的结构是这样的: `u[m,i,j]`$\equiv u(x_i, y_j, t_m)$. 第一索引值为 m 的数组的二维切片将包含问题的解在时间 t_m 时的一组网格值: 所有的 $u(x_i, y_j, t_m)$, $i = \overline{0, N_x}$, $j = \overline{0, N_y}$.

第 34 行标记程序的计算部分的开始时间.

第 36—38 行定义了由问题 (10.0.1) 初始条件函数给出的网格值.

第 40—46 行定义了由边界条件函数给出的待求函数的网格值.

第 48—56 行通过公式 (10.1.1) 实现了待求函数 $u(x, y, t)$ 其他近似网格值的计算.

第 58 行实现了程序计算部分工作时间的输出.

最终, 第 60—61 行实现了将计算结果存入文件. 文件中的数据可以由辅助子程序计算得到, 该程序实现了展示函数 $u(x, y, t)$ 关于时间演化的动态图的构建 (函数 $u(x, y, t)$ 在固定时间 $t = T$ 的 “切片” 的例子见图 10.3). 下面给出相应程序实现的可能版本之一.

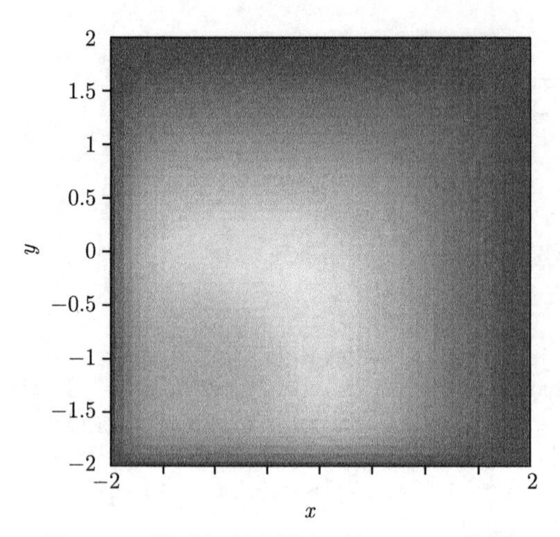

图 10.3　测试问题在固定时间 $t = T$ 的解

```
from numpy import load, size, meshgrid
from matplotlib.pyplot import figure
from celluloid import Camera

results_of_calculations = load('results_of_calculations.npz')

x = results_of_calculations['x']
y = results_of_calculations['y']
t = results_of_calculations['t']
u = results_of_calculations['u']

a = min(x); b = max(x)
c = min(y); d = max(y)
M = size(u, 0) - 1

#from IPython import get_ipython
#get_ipython().run_line_magic('matplotlib', 'qt')

fig = figure()
camera = Camera(fig)
ax = fig.add_subplot(111, xlim=(a, b), ylim=(c, d))
ax.set_xlabel('x'); ax.set_ylabel('y'); ax.set_aspect('equal')
X, Y = meshgrid(x, y)
for m in range(0, M + 1, 2) :
    ax.pcolor(X, Y, u[m,:,:], shading='auto')
    camera.snap()
animation = camera.animate(interval=15, blit=True)
```

10.3 基于显式格式的并行算法

我们在第 8 章中给出的一维空间偏微分问题的并行解算法很容易拓展到二维空间方程. 为此, 有必要将正在寻求的问题 (10.0.1) 的近似解的空间-时间网格划分为沿着其中一个空间变量的块. 不同 MPI 进程负责计算函数网格值所在的任意空间-时间切片的节点分布的例子见图 10.4.

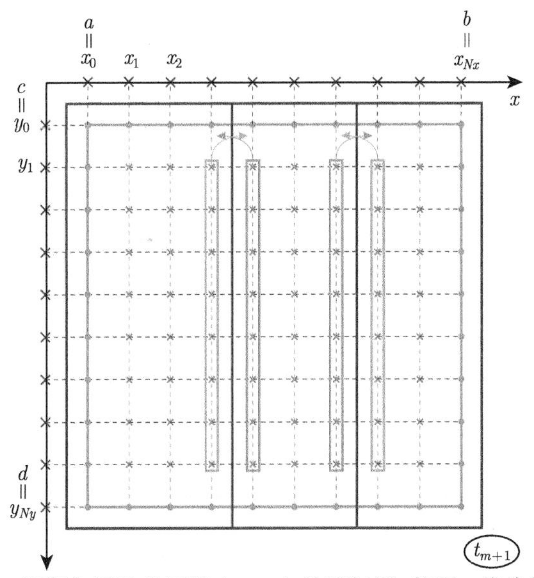

图 10.4 在三个 MPI 进程之间寻求问题 (10.0.1) 的近似解, 使用一维块划分的空间-时间网格的空间切片的节点分布的示例

这样的分块称为一维的. 在这种情况下, 计算算法的每次迭代中进程会被强迫与自己的邻居交换长度为 $N_y - 1$ 的数组 (或者沿着坐标轴 Oy 进行的块的一维划分的情况下长度为 $N_x - 1$). 在这种情况下, 改写第 8 章所写的程序变得非常简单. 但这个并行算法将具有下面的重要缺点. MPI 进程必须相互交换的数据量不取决于计算中涉及的进程数, 而是恒定的, 并且纯计算的时间随着参与计算的进程数量的增加而减少. 也就是说, 用于接收或发送消息的开销成本的比例将随着进程数量的增加而增加. 因此, 程序实现的效率将下降. 这意味着程序实现的可扩展性将明显变差.

因此我们立即考虑网格到块的二维划分的情况. 注意到, 在实施这种方法时, MPI 进程必须相互交换的数据量将随着参与计算的 MPI 进程数量的增加而减少. 因此, 我们将能够编写更高效的并行程序实现.

沿着空间坐标轴以二维的形式将寻找问题 (10.0.1) 近似解的空间-时间网格划分为块. 图 10.5 展示了以这种块划分方式的一个空间-时间网格的空间切片的节点分布的例子. 单独的 MPI 进程将负责计算每一个所接收块中的函数 $u(x, y, t)$ 的网格值. 在这种情况下, 沿垂线的划分数量 (关于变量 y)——`num_row` (number of rows 的缩写), 沿水平线的划分数量 (关于变量 x)——`num_col` (number of columns 的缩写).

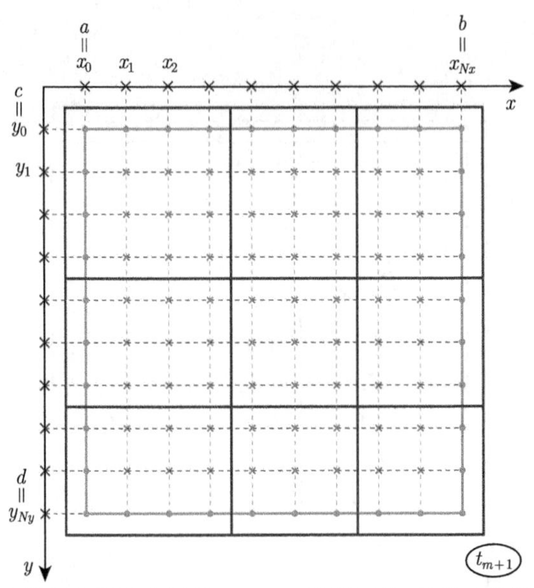

图 10.5　在九个 MPI 进程之间寻求问题 (10.0.1) 的近似解, 使用二维划分成块的时空网格的空间切片的节点分布的示例

假设所有 `rank` = $\overline{0,\texttt{numprocs-1}}$ 和 `num_row` · `num_col` ≡ `numprocs` 的 MPI 进程都会参与到计算中. 同时我们认为, 所有进程有序且构成进程的二维笛卡儿网格 (见第 6 章).

这样一来, `rank = k` 的进程在每一次迭代中都应该计算对自己在固定时间网格切片的 $N_{y_{\text{part}(m)}} \times N_{x_{\text{part}(n)}}$ 的节点的未知函数的近似网格值. 同时参与到计算的进程序号 k, $k \in \overline{0,\texttt{numprocs}-1}$ 以下面的方式与索引 m 和 n (块的坐标) 相关

$$m = \left\lfloor \frac{k}{\texttt{num\_col}} \right\rfloor, \quad n = k - \left\lfloor \frac{k}{\texttt{num\_col}} \right\rfloor \cdot \texttt{num\_col}.$$

同时注意到

$$\sum_{m=0}^{\texttt{num\_row}-1} N_{y_{\text{part}(m)}} = N_y + 1, \qquad \sum_{n=0}^{\texttt{num\_col}-1} N_{x_{\text{part}(n)}} = N_x + 1.$$

这样一来, 应该定义从我们的课程中非常熟知的两对辅助数组 `rcounts_N_x` + `displs_N_x` 和 `rcounts_N_y` + `displs_N_y`. 后缀 `_N_y` 意味着相应的数组包含有关元素数目 N_y+1 如何沿进程网格的列在块之间分布的信息. 后缀 `_N_x` 意味着, 相应的数组包含有关元素数目 N_x+1 如何沿进程网格的行在块之间分布的信息. 提醒一下, `displs_` 数组应该包含有关数据的相应部分相对于网格切片的开始沿相应方向的偏移量的信息.

现在假设, 在 t_m 时刻 `rank = k` 的进程对

$$i = \overline{\texttt{displs\_N\_x[my\_col]}, \texttt{displs\_N\_x[my\_col]} + \texttt{rcounts\_N\_x[my\_col]}},$$

$$j = \overline{\texttt{displs\_N\_y[my\_row]}, \texttt{displs\_N\_y[my\_row]} + \texttt{rcounts\_N\_y[my\_row]}}$$

计算函数 $u(x_i, y_j, t_m)$ 的一组网格值. 这里 (`my_row, my_col`) 是 MPI 进程在二维笛卡儿坐标中的坐标. 我们提出问题: 为了计算下一个时刻 t_{m+1} 的类似的一组网格值必须要有什么?

让我们仔细看图 10.2, 它显示了空间、时间网格的节点, 其中函数的网格值出现在公式 (10.1.1) 中. 可以得出结论, 为了计算未知函数在具有成对索引 (i,j) 的空间节点中, 在下一时刻 t_{m+1} 的近似网格值, 必须知道具有成对索引 (i,j), $(i-1,j)$, $(i+1,j)$, $(i,j-1)$ 和 $(i,j+1)$ 节点上的函数在当前时刻 t_m 的网格值. 因此, 基于每个进程上当前时间包含的数据 (图 10.5), 可以在相应块的所有空间节点中执行计算, 除了边界节点. 要计算边界节点的网格值, 必须从相邻进程中获得计算所需的网格值 (图 10.6 和图 10.7).

因此, 在计算每个时间步的网格值之前, 进程间需要进行数据交换. 每个进程必须从其邻居处获取继续计算所需的数据, 同时也需要将自身的网格值传递给邻居, 以便他们能够继续完成各自的计算.

所以, 如果每个进程负责的网格值集合存储在 `u_part` 数组中 (如本书所采用的表示法), 那么我们将在每个进程上使用 `u_part_aux` 数组. 该数组包含额外的元素, 用于存储从邻居进程接收的必要网格值, 以便在计算过程中使用 (参见图 10.6 和图 10.7).

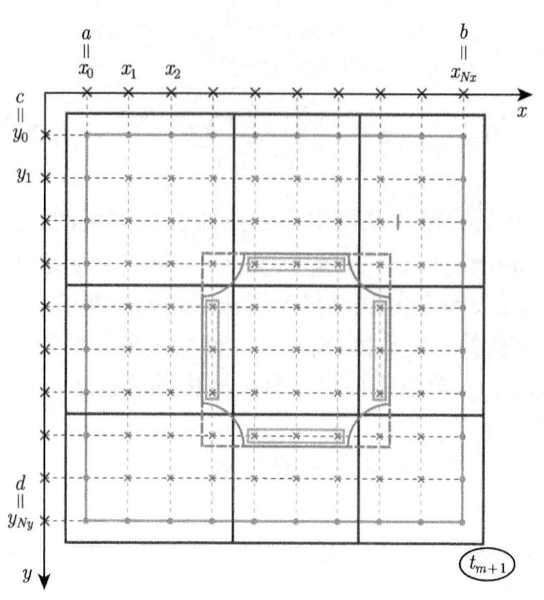

图 10.6 辅助扩展数据块的示例, 其边界列包含从相邻进程接收的信息

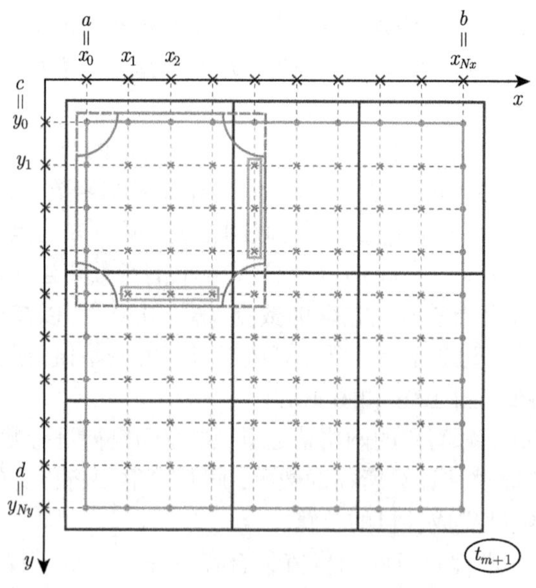

图 10.7 辅助扩展数据块的示例, 其最右列包含从邻近进程接收的信息

10.4 并行算法的程序实现

现在来讨论所研究的并行算法的程序实现.

注意 我们默认读者已经熟悉本课程前面的材料, 因此前面已经研究过的并行编程典型方法只部分地注释, 不在此详细重复相同的材料.

以标准的方式开始我们的程序: 导入必要的库和函数, 然后在运行程序的通信器 comm $\equiv$ MPI.COMM_WORLD 中定义进程数量 numprocs.

```
1  from mpi4py import MPI
2  from numpy import empty, int32, float64, linspace, tanh, sqrt
3  #from module import *
4
5  comm = MPI.COMM_WORLD
6  numprocs = comm.Get_size()
```

不去定义通信器 comm 中进程 rank 的标识符 (序号或秩), 我们将在新的 comm_cart 通信器中使用 rank_cart 进程的 MPI 标识符进行操作, 该标识符定义了 "二维网格" 类型的虚拟笛卡儿拓扑 (参见第 6 章). 为此定义值 num_row 和 num_col, 它们定义了进程网格的行数和列数.

```
7  num_row = num_col = int32(sqrt(numprocs))
```

所选的参数 num_row 和 num_col 要求程序只能在进程数 numprocs 为自然数的平方时运行 (例如 1、4、9、16、25、36、49 等). 请注意这一程序实现的特殊要求.

接下来, 我们将创建一种二维网格类型的虚拟拓扑结构 comm_cart (参见第 6 章).

```
8  comm_cart = comm.Create_cart(dims=(num_row, num_col),
9                               periods=(False, False),
10                              reorder=True)
```

再次提醒一下, 我们使用进程编号的重新定义 (由函数的自变量的值 reorder = True 确定), 以便更好地将系统的虚拟拓扑映射为系统的真实物理拓扑. 提醒一下, 此操作不会损害程序实现的效率, 并且通过成功的情况组合, 它可以提高效率.

现在定义在新的通信器 comm_cart 中的 MPI 进程的编号 rank_cart, 以及根据在具有笛卡儿拓扑的新的通信器 comm_cart 中的 MPI 进程的编号 rank_cart 定义进程的笛卡儿坐标 (my_row, my_col) .

```
11 rank_cart = comm_cart.Get_rank()
12
13 my_row, my_col = comm_cart.Get_coords(rank_cart)
```

然后在每个进程上定义问题 (10.0.1) 的参数 (10.1.2) 和数值参数 (10.1.3).

```
14 a = -2.; b = 2.
15 c = -2.; d = 2.
16 t_0 = 0.; T = 4.
17
```

```
18 eps = 10**(-1.0)
19
20 def u_init(x, y) :
21     return 0.5*tanh(1/eps*((x - 0.5)**2 +
22                            (y - 0.5)**2 - 0.35**2)) - 0.17
23
24 def u_left(y, t) :
25     return 0.33
26
27 def u_right(y, t) :
28     return 0.33
29
30 def u_top(x, t) :
31     return 0.33
32
33 def u_bottom(y, t) :
34     return 0.33
35
36 N_x = 50; N_y = 50; M = 500
```

然后在所有进程上关于空间、时间变量定义 x, y 和 t 的均匀网格, 以及它们的参数——间隔 h_x, h_y 和 τ 的值.

```
37 x, h_x = linspace(a, b, N_x+1, retstep=True)
38 y, h_y = linspace(c, d, N_y+1, retstep=True)
39 t, tau = linspace(t_0, T, M+1, retstep=True)
```

随后, 在每个进程上定义两对辅助数组: **rcounts_N_x** + **displs_N_x** 和 **rcounts_N_y** + **displs_N_y**. 由于这里是两对辅助数组, 准备这些数组的算法将分配给一个单独的函数, 该函数应该包含在一个单独的模块中 (在这种情况下, 不能忘记取消注释第 3 行), 或者将此函数添加到此程序的程序代码第 39 行之后.

```
def auxiliary_arrays(M, num) :
    ave, res = divmod(M, num)
    rcounts = empty(num, dtype=int32)
    displs = empty(num, dtype=int32)
    for k in range(0, num) :
        if k < res :
            rcounts[k] = ave + 1
        else :
            rcounts[k] = ave
        if k == 0 :
            displs[k] = 0
        else :
            displs[k] = displs[k-1] + rcounts[k-1]
    return rcounts, displs
```

通过这个函数准备相应数组:

```
40 rcounts_N_x, displs_N_x = auxiliary_arrays(N_x+1, num_col)
41 rcounts_N_y, displs_N_y = auxiliary_arrays(N_y+1, num_row)
```

MPI 进程知道在具有笛卡儿拓扑的通信器 comm_cart 中的自己的笛卡儿坐标 (my_row, my_col). 所以它可以定义自己的值 $N_{x\text{part}_{(\cdot)}}$ 和 $N_{y_{\text{part}_{(\cdot)}}}$, 这些值定义了该进程负责计算的网格函数值块的大小, 每次迭代时该 MPI 进程都将负责这些计算.

```
42 N_x_part = rcounts_N_x[my_col]
43 N_y_part = rcounts_N_y[my_row]
```

然后我们需要给辅助数组 u_part_aux 分配内存. 提醒一下, 这个数组与 u_part 不同, 包含附加的元素, 在这些元素上存储着从执行这段代码的 MPI 进程的邻居获得的计算网格值必需的数据. 这样我们需要定义这个辅助数组沿相应轴的大小 N_x_part_aux 和 N_y_part_aux.

```
44 if my_col in [0, num_col - 1] :
45     N_x_part_aux = N_x_part + 1
46 else :
47     N_x_part_aux = N_x_part + 2
48
49 if my_row in [0, num_row - 1] :
50     N_y_part_aux = N_y_part + 1
51 else :
52     N_y_part_aux = N_y_part + 2
```

此外, 对于执行此程序代码的 MPI 进程, 定义变量 displ_x_aux 和 displ_y_aux, 用于指定相应数据块相对于网格切片起始位置的偏移量, 这些偏移量是针对固定时间步沿对应方向计算的.

```
53 displs_N_x_aux = displs_N_x - 1; displs_N_x_aux[0] = 0
54 displs_N_y_aux = displs_N_y - 1; displs_N_y_aux[0] = 0
55
56 displ_x_aux = displs_N_x_aux[my_col]
57 displ_y_aux = displs_N_y_aux[my_row]
```

现在我们为辅助数组 u_part_aux 分配内存.

```
58 u_part_aux = empty((M + 1, N_x_part_aux, N_y_part_aux),
59                    dtype=float64)
```

接下来, 我们进入程序的计算部分. 为评估并行实现的效率, 我们将记录程序并行部分的执行时间 (见第 4 章的详细说明). 首先, 需要记录计算部分的起始时间.

```
60 comm_cart.Barrier()
61
```

```
62 time_start = empty(1, dtype=float64)
63 time_start[0] = MPI.Wtime()
```

在第 60 行, 我们首先调用了集体通信函数 Barrier(), 对通信器 comm_cart 中的所有进程进行同步. 该函数创建了一个同步屏障, 确保所有进程在调用完成之前不会继续执行. 这样, 我们能够确保所有进程同时进入程序的计算部分.

然后执行这段代码的 MPI 进程, 根据辅助数组 u_part_aux 的第一个索引填充二维切片. 必须注意, 访问数组 x 和 y 的必要元素, 使用每个 MPI 进程的值 displ_x_aux 和 displ_y_aux 定义的移位.

```
64 for i in range(N_x_part_aux) :
65     for j in range(N_y_part_aux) :
66         u_part_aux[0, i, j] = u_init(x[displ_x_aux + i],
67                                      y[displ_y_aux + j])
```

接下来, 每个负责处理边界数据块的进程都会确定由函数定义的网格值, 这些函数用于设置边界条件.

```
68 for m in range(1, M+1) :
69     for j in range(1, N_y_part_aux - 1) :
70         if my_col == 0 :
71             u_part_aux[m, 0, j] = \
72                     u_left(y[displ_y_aux + j], t[m])
73         if my_col == num_col - 1 :
74             u_part_aux[m, N_x_part_aux - 1, j] = \
75                     u_right(y[displ_y_aux + j], t[m])
76     for i in range(N_x_part_aux) :
77         if my_row == 0 :
78             u_part_aux[m, i, 0] = \
79                     u_bottom(x[displ_x_aux + i], t[m])
80         if my_row == num_row - 1 :
81             u_part_aux[m, i, N_y_part_aux - 1] = \
82                     u_top(x[displ_x_aux + i], t[m])
```

之后, 在循环中实现执行这段代码的 MPI 进程与在 “二维网格” 类型的笛卡儿拓扑中的邻居预先交换继续运算所必需的数据所在的迭代过程, 然后实现未知函数在下一个时间层的近似网格值的计算.

```
83 for m in range(M) :
84
85     if my_col > 0 :
86         comm_cart.Sendrecv(sendbuf=[u_part_aux[m, 1, 1:],
87                                     N_y_part, MPI.DOUBLE],
88                            dest=my_row*num_col + (my_col-1),
89                            sendtag=0,
```

```
90                             recvbuf=[u_part_aux[m, 0, 1:],
91                                      N_y_part, MPI.DOUBLE],
92                             source=my_row*num_col + (my_col-1),
93                             recvtag=MPI.ANY_TAG, status=None)
94
95      if my_col < num_col-1 :
96          comm_cart.Sendrecv(sendbuf=[u_part_aux[m,
97                                             N_x_part_aux-2, 1:],
98                                       N_y_part, MPI.DOUBLE],
99                              dest=my_row*num_col + (my_col+1),
100                             sendtag=0,
101                             recvbuf=[u_part_aux[m,
102                                             N_x_part_aux-1, 1:],
103                                       N_y_part, MPI.DOUBLE],
104                             source=my_row*num_col + (my_col+1),
105                             recvtag=MPI.ANY_TAG, status=None)
106
107     if my_row > 0 :
108         temp_array_send = u_part_aux[m, 1:N_x_part+1,1].copy()
109         temp_array_recv = empty(N_x_part, dtype=float64)
110         comm_cart.Sendrecv(sendbuf=[temp_array_send,
111                                      N_x_part, MPI.DOUBLE],
112                             dest=(my_row-1)*num_col + my_col,
113                             sendtag=0,
114                             recvbuf=[temp_array_recv,
115                                      N_x_part, MPI.DOUBLE],
116                             source=(my_row-1)*num_col + my_col,
117                             recvtag=MPI.ANY_TAG, status=None)
118         u_part_aux[m, 1:N_x_part+1, 0] = temp_array_recv
119
120     if my_row < num_row-1 :
121         temp_array_send = u_part_aux[m,
122                          1:N_x_part+1, N_y_part_aux-2].copy()
123         temp_array_recv = empty(N_x_part, dtype=float64)
124         comm_cart.Sendrecv(sendbuf=[temp_array_send,
125                                      N_x_part, MPI.DOUBLE],
126                             dest=(my_row+1)*num_col + my_col,
127                             sendtag=0,
128                             recvbuf=[temp_array_recv,
129                                      N_x_part, MPI.DOUBLE],
130                             source=(my_row+1)*num_col + my_col,
131                             recvtag=MPI.ANY_TAG, status=None)
132         u_part_aux[m, 1:N_x_part+1, N_y_part_aux-1] = \
133                                           temp_array_recv
134
```

```
135     for i in range(1, N_x_part_aux - 1) :
136         for j in range(1, N_y_part_aux - 1) :
137             u_part_aux[m+1, i, j] =  u_part_aux[m,i,j] + \
138                 eps*tau/h_x**2*(u_part_aux[m,i+1,j] -
139                                 2*u_part_aux[m,i,j] +
140                                 u_part_aux[m,i-1,j]) + \
141                 eps*tau/h_y**2*(u_part_aux[m,i,j+1] -
142                                 2*u_part_aux[m,i,j] +
143                                 u_part_aux[m,i,j-1]) + \
144                 tau/(2*h_x)*u_part_aux[m,i,j]*(
145                                 u_part_aux[m,i+1,j] -
146                                 u_part_aux[m,i-1,j]) + \
147                 tau/(2*h_y)*u_part_aux[m,i,j]*(
148                                 u_part_aux[m,i,j+1] -
149                                 u_part_aux[m,i,j-1]) + \
150                 tau*u_part_aux[m,i,j]**3
```

正如第 8, 9 章一样, 数据的交换通过 MPI 函数 Sendrecv() 组织, 关于其代码, 我们在第 6 章第一次遇到过.

在第 86—93 行, 通过该函数实现了数据传递操作, 即将二维切片数组 u_part_aux 的第二行 (索引为 1) 传递给二维网格拓扑中指定的 MPI 进程的左侧邻居. 发送目标的编号在第 88 行通过发送进程的通信器 comm_cart 坐标 (my_row, my_col) 计算得出, 其左邻居的坐标为 (my_row, my_col-1). 与此同时, 该 MPI 函数还从同一左侧邻居进程接收数据, 并将接收到的内容写入二维切片数组 u_part_aux 的第一行 (索引为 0). 这样, 实现了数据的高效交换, 同时保持了网格拓扑的逻辑一致性.

在第 96—105 行通过 MPI 函数 Sendrecv() 的帮助实现数据从数组 u_part_aux, 索引为 m 的二维切片的导数的第二 “行” (索引为 N_part_aux-2) 传送到类型为 “二维网格” 的拓扑的 MPI 进程的右邻居. 同时这个邻居的编号在第 99 行通过通信器 comm_cart 发送进程的坐标 (my_row,my_col) 来定义. 与此操作同时这个 MPI 函数实现从 MPI 进程同样邻居获取数据. 获得的数据写入数组 u_part_aux, 索引为 m 的二维切片的最后一 “行” (索引为 N_part_aux-1).

一般而言, 在第 108—118 行和第 121—133 行中, “二维网格” 类型的拓扑中 MPI 进程的上邻居和下邻居之间的数据交换以类似的方式组织. 这些进程的坐标分别为 (my_row+1,my_col) 和 (my_row-1,my_col). 组织信息交换的重要区别在于时间辅助数组 temp_array_send 和 temp_array_recv 的使用. 这是由于被传输或接收的数据获取或写入数组 u_part_aux 索引 m 的二维切片的 “列” 之一, 而在内存中响应数据以非连续的方式放置. 提醒一下, 所有被我们使用的 MPI 函数要求被传输的数据在内存中连续放置. 例如, 在第 108 行我们将相应元素复制到辅助数组 temp_array_send 中. 因此, 所需的数据会被连续存储在与数组 temp_array_send 关联的内存区域中. 同理, 在第 109 行会为数组 temp_array_recv 分配内存, 用于存储接收到的数据. 然后, 在第 118 行, 获得的数据被复制到数组 u_part_aux 的相应部分中.

注意　编程语言为 C 或 C++ 时重写这一部分很容易. 但是当重写到 FORTRAN 时, 必须重新组织辅助临时数组的使用. 这是因为在 FORTRAN 中二维数组在内存中以列的方式存储, 而非行.

第 135—150 行包含主要的计算部分. 相应的计算在通信器 comm_cart 上所有进程并行实现.

现在按照我们在第 4 章中讨论过的方案定义程序 elapsed_time[0] 的工作时间, 它将被存储在通信器 comm_cart 上 rank_cart = 0 的进程上.

```
151 elapsed_time = empty(1, dtype=float64)
152 total_time = empty(1, dtype=float64)
153 
154 elapsed_time[0] = MPI.Wtime() - time_start[0]
155 comm_cart.Reduce([elapsed_time, 1, MPI.DOUBLE],
156                  [total_time, 1, MPI.DOUBLE],
157                  op=MPI.MAX, root=0)
```

总体来说算法的并行程序实现完成了. 剩下的是实现辅助操作. 例如, 为了检验程序实现的正确性、输出解. 为了简便我们这样做: 在进程 rank_cart = 0 为数组 u_T 划分内存, 在该数组存储 $u(x,y,T)$ 的近似解, 也就是在最终时间获得的一组网格值.

```
158 if rank_cart == 0 :
159     u_T = empty((N_x + 1, N_y + 1), dtype=float64)
160 else :
161     u_T = None
```

当前执行的操作在程序实现的效率上并非最优, 但其目的是引导读者关注数组在内存中的存储特性, 以及在传输数组部分数据时与其交互的具体方式.

首先来看辅助的图 10.8. 在这个图上绘制了数据存入 u_T 的例子, 其应当由辅助数组 u_part_aux 的元素, 以及在具有坐标 $(1,1)$ 的 MPI 进程上, 在辅助数组 u_part_aux 中数据存储的结构收集得来. 假设数组 u_T 在通信器 comm_cart 的 rank_cart = 0 进程上进行汇总. 显然, 来自 rank_cart = 4 的进程的 u_part_aux 数组的必要数据 (维度为 3×3 的进程的笛卡儿网格中坐标为 $(1,1)$ 的进程) 不能在一条消息中传输到 rank_cart = 0 的进程. 这是由于从 u_part_aux 数组传输的数据必须连续位于内存中, 而这一点, 从说明图中可以看出, 情况并非如此. 解决该问题的可能方法之一是逐行地从 u_part_aux 数组传输数据 (以

“行” 的相应切片的形式), 因为 u_part_aux 数组的 “行” 的每个相应切片可以以连续的方式放置在 u_T. 相应的动作可以这样实现.

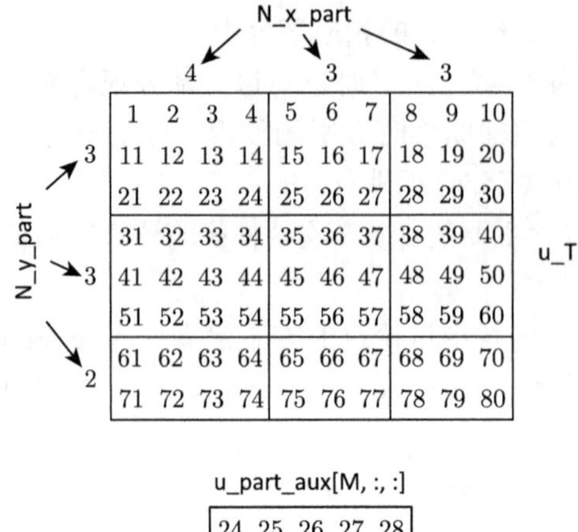

u_part_aux[M, :, :]

24	25	26	27	28
34	35	36	37	38
44	45	46	47	48
54	55	56	57	58
64	65	66	67	68

图 10.8 示例 (1) u_T 数组中的数据存储结构, 必须由辅助数组 u_part_aux 的元素组装而成, 以及 (2) 坐标为 $(1, 1)$ MPI 进程上的辅助数组 u_part_aux 中的数据存储结构

```
162 if rank_cart == 0 :
163     for m in range(num_row) :
164         for n in range(num_col) :
165             if m == 0 and n == 0 :
166                 u_T[0:N_x_part, 0:N_y_part] = \
167                         u_part_aux[M, 0:N_x_part, 0:N_y_part]
168             else :
169                 for i in range(rcounts_N_x[n]) :
170                     comm_cart.Recv([u_T[displs_N_x[n] + i,
171                                         displs_N_y[m]:],
172                                    rcounts_N_y[m],MPI.DOUBLE],
173                                    source=(m*num_col + n),
174                                    tag=0, status=None)
175 else :
176     for i in range(N_x_part) :
177         if my_row == 0 and my_col in range(1, num_col) :
178             comm_cart.Send([u_part_aux[M, 1+i, 0:],
179                             N_y_part, MPI.DOUBLE],
180                            dest=0, tag=0)
181         if my_row in range(1, num_row) :
```

```
182             if my_col == 0 :
183                 comm_cart.Send([u_part_aux[M, i, 1:],
184                                 N_y_part, MPI.DOUBLE],
185                                dest=0, tag=0)
186             if my_col in range(1, num_col) :
187                 comm_cart.Send([u_part_aux[M, 1+i, 1:],
188                                 N_y_part, MPI.DOUBLE],
189                                dest=0, tag=0)
```

这里, 在第 176—189 行中, `rank_cart > 0` 的所有进程根据其数组 `u_part_aux` 的二维切片的行的切片数调用 `Send()` 函数, 并将相应的数据发送给 `rank_cart = 0` 的进程. 与此同时, 条件语句 `if` 运算符考虑了在进程网格边缘的那些进程上的数组结构的细节 (比较图 10.6 和图 10.7).

第 163—174 行 `rank_cart = 0` 的进程从所有其他进程接收相应数据并将它们写入数组 `u_T` 的必需的部分. 同时在第 165—167 行考虑到具有 `rank_cart = 0` 的进程不向自身传输数据, 而是立即从自身的辅助数组 `u_part_aux` 复制它们.

最终, 将程序计算部分运行时间输出到零进程. 同时, 如果程序在多核个人计算机上启动, 那么使用数组 `u_T` 构建 $u(x,y,T)$ 的图像.

```
190 if rank_cart == 0 :
191
192     print('Elapsed time is {:.4f} sec.'.format(total_time[0]))
193
194     from matplotlib.pyplot import figure, axes, show
195     from numpy import meshgrid
196
197     fig = figure()
198     ax = axes(xlim=(a,b), ylim=(c, d))
199     ax.set_xlabel('x'); ax.set_ylabel('y')
200     ax.set_aspect('equal')
201     X, Y = meshgrid(x, y)
202     ax.pcolor(X, Y, u_T, shading='auto')
203     show()
```

在没有错误时程序实现的结果应该与图 10.3 中所画一致.

注意 总之, 我们注意到所提出的程序实现假设正在解决如此大的问题, 即包含问题 (10.0.1) 的近似解的所有网格值的数组不能放入单个 MPI 进程的内存. 这就是为什么, 为了验证程序实现的正确性, 我们只在 $t = T$ 的最后时刻收集了一个过程的计算结果. 在问题非常 “大” 的情况下, 我们需要看到解 $u(x,y,t)$ 随时间的动态变化, 可以在一个专门的 (控制) MPI 进程中只对一些中间时间点, 即只对 t_m 值的一部分, $m = \overline{0, M}$.

10.5　并行程序的效率与可扩展性评估

根据我们在第 4 章中描述的相同方案评估本章的并行算法的程序实现的效率和可扩展性.

为了测试本章中讨论的并行程序, 我们还将使用 "罗蒙诺索夫-2" 超级计算机. 然而, 我们注意到, 并行化效率的相应估计也可以在具有多核处理器的个人计算机上进行. 这是由于考虑的程序具有每个 MPI 进程将使用最多一个内核的特点.

作为测试参数使用 $N_x = 200$, $N_y = 200$, $M = 4\,000$ $(T = 4)$. 在这种情况下, 为了存储完全包含所有网格值的数组, 必须 $N_x \times N_y \times M \times 8$ bit $= 1.20$ GB. 也就是说, 它是一个相对较小的问题. 对于指定的参数, 程序的计算部分的顺序版本在 1 内核上运行约 868 秒. 该程序的并行版本与每个 MPI 进程绑定到一个内核. 在这种情况下, 使用的 MPI 进程的数量应该是 $\geqslant 2$ 的整数的平方.

对于指定的测试参数集, 我们将绘制并行版本程序的运行时间和加速比 (参见图 10.9) 以及并行化效率 (参见图 10.10) 关于用于计算的内核数量的图像.

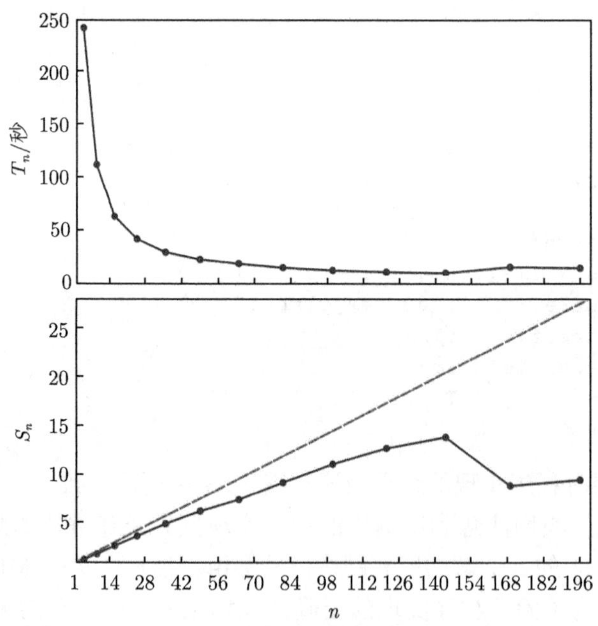

图 10.9　该程序并行版本的运行时间和加速比的图像, 具体取决于用于计算的内核数量 (一个计算节点上 14 个内核)

从图 10.9 可以看出, 并行程序实现在某些限度内具有较高的效率, 但可扩展性普通. 我们将在 10.6 节讨论提高可扩展性的方法.

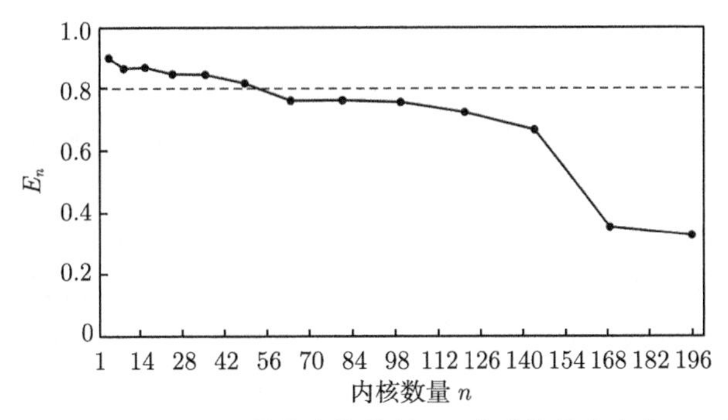

图 10.10 并行化效率关于用于计算的内核数量 (一个计算节点上有 14 个内核) 的图像

10.6 关于程序实现的改进方法的讨论

首先, 应该注意的是, 实现程序的计算部分的是纯 Python. Python 处理大量计算比 C/C+ +/FORTRAN 差得多. 因此, 为了大幅提高程序实现的速度, 将计算部分实现为用 C/C++/FORTRAN 编写的单独函数是有意义的. 与此同时, 我们注意到程序实现的效率和可扩展性可能会恶化. 这与计算部分的运行速度变快有关. 这意味着消息传递的开销比例将会增加.

其次, 在并行算法的程序实现中, 计算部分与数据传输部分被明确分离. 在数据传输阶段, 进程无法执行计算任务, 处于闲置状态, 这种设计导致了以下问题: 随着 MPI 进程数量的增加, 纯计算时间逐渐减少, 而消息传递的开销却始终存在, 因此程序效率必然低于 1. 然而, 值得注意的是, 部分节点的网格值计算可以在数据传输之前完成 (详见图 10.11). 在第 11 章和第 12 章中, 我们将深入探讨异步进程交互操作. 通过采用异步技术, 可以有效地将数据传输的延迟隐藏在计算过程中. 这一优化方法能够显著提高程序实现的可扩展性, 在某些情况下, 进程几乎不会因等待消息的接收或发送而浪费时间, 从而使程序的执行效率接近 1, 展现出极高的并行性能.

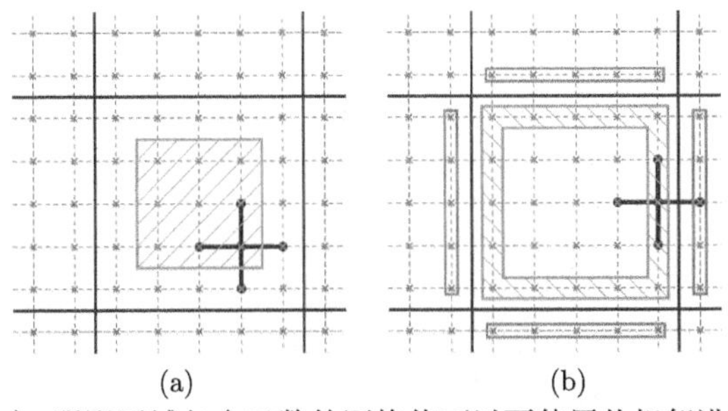

图 10.11 在图 (a) 中, 阴影区域包含函数的网格值可以不使用从相邻进程接收的数据计算的节点. 在图 (b) 中, 标记了函数的网格值的计算需要在进程之间提前进行数据交换的节点

最后, 目前的数据交换实现中存在一种隐蔽的设计缺陷, 导致程序的扩展性较差. 通过 MPI 函数 `Sendrecv()` 实现的数据传输并未达到进程间同时通信的理想效果, 而是出现了每对进程在进行数据交换之前必须等待相邻进程完成通信的情况. 这种依赖性使得数据传输在时间上形成了链式排队, 从而引发了额外的通信延迟. 随着参与计算的进程数量增加, 数据交换的开销也随之显著增长, 导致程序效率不断下降. 这一问题是并行程序设计中较为常见的错误之一, 我们将在第 14 章中详细分析其成因, 并讨论它对并行程序扩展性的不利影响. 目前, 解决该问题的可行方法是重新组织 `Sendrecv()` 函数中的通信模式, 通过优化发送和接收操作的并行性, 避免进程间的依赖性. 这种改进方式与第 8 章中提到的实现方法类似, 能够显著降低通信延迟, 提升程序的扩展性和整体性能.

第 11 章 异步操作

在本章和接下来的章节中，我们将研究使用异步 MPI 函数在不同 MPI 进程之间接收/传输消息的特性. 使用其中的一些异步函数可显著提高我们在之前的一些章中考虑过的并行算法的程序实现效率. 特别是，对于求解偏微分方程的算法，这些函数使我们能够在计算的同时隐藏进程之间的通信，从而提升整体性能.

11.1 死锁问题与顺序消息交换替代同步交换

让我们通过一个简单示例来分析异步操作的使用特点及其细节. 假设有一组 MPI 进程通过一个"环"类型的拓扑连接，我们将给每个进程一个任务：让 MPI 进程在这个拓扑中向它的左邻居发送它的秩 (编号/标识符)，并从它的右邻居接收一个包含发送进程秩的消息.

原则上，这样的任务非常简单，但它模拟了我们不断遇到的情况，从第 6 章开始，我们经常需要在不同进程之间实现消息的"联合"接收和传输. 在我们编写的许多并行算法的程序实现中，MPI 进程形成了"标尺""环""二维网格""二维环面"等拓扑，MPI 进程不得不在这些拓扑中与邻居成对交换消息. 制定的任务正是对相应情况的模型.

现在让我们第一次尝试实现任务.

```
1  from mpi4py import MPI
2  from numpy import array, int32
3
4  comm = MPI.COMM_WORLD
5  numprocs = comm.Get_size()
6  rank = comm.Get_rank()
7
8  a = array(rank, dtype=int32); b = array(100, dtype=int32)
9
10 if rank == 0 :
11     comm.Recv([b, 1, MPI.INT], source=1, tag=0, status=None)
12     comm.Send([a, 1, MPI.INT], dest=numprocs-1, tag=0)
13 elif rank == numprocs - 1 :
14     comm.Recv([b, 1, MPI.INT], source=0, tag=0, status=None)
15     comm.Send([a, 1, MPI.INT], dest=numprocs-2, tag=0)
16 else :
```

```
17        comm.Recv([b, 1, MPI.INT], source=rank+1, tag=0)
18        comm.Send([a, 1, MPI.INT], dest=rank-1, tag=0)
19
20  print(f'I, process with {rank}, got number {b}')
```

如果您将此脚本 (程序) 保存在名称 script.py 下, 并使用命令在终端中运行它.

```
> mpiexec -n 4 python script.py
```

在 4 个 MPI 进程上, 我们期望 4 个 MPI 进程中的每一个都输出一个比其秩高 1 的数字. 但这不会发生, 我们将得到以下输出.

```
...
```

也就是说, 我们没有收到任何来自正在运行的程序的响应.

让我们弄清楚这个程序是做什么的, 如何得到这样的结论, 即为什么没有得到任何该计划工作的结果?

第 1—6 行对我们来说已经非常熟悉了, 所以省略了对其内容的讨论.

在第 8 行中, 为两个数组分配内存空间, 每个数组将包含一个数字. 数组 a 包含执行此程序代码的进程的 MPI 秩 (即数组 a 保存正在发送的消息), 数组 b 用于将接收到的消息写入其中.

备注　请注意, 数组 b 可以通过为单个数字分配内存空间来正式初始化, 例如函数 empty() 在内存中为一个数字分配了一个位置, 并立即将数字 100 写入此位置. 基于此, 我们在讨论新的 MPI 函数的过程中, 也会考虑典型的错误. 其中一个错误是尚未收到预期消息的情况, 但我们假设相反 (消息已成功接收). 在这种情况下, 输出值 b = 100 将表示失败.

在第 10—18 行中, 实现了在 comm 通信器的进程之间的 “环” 类型拓扑中的消息的交换. 每个进程调用 MPI 函数 Recv(), 以便在 “环” 类型的拓扑中从其右邻居接收消息. 接收到的消息将写入与数组 b 相关联的内存区域, 执行此函数后, 调用 MPI 函数 Send(), 目的是将数据从与数组 a 相关联的内存区域发送到 “环” 类型拓扑中的左邻居.

因此, 在每个进程上, 必须首先执行 Recv() 函数以接收消息, 然后执行 Send() 命令以发送相应的消息. 接下来, 通过 print() 输出, 将显示每个进程接收到的消息数量.

回想一下 Send() 和 Recv() 函数是如何工作的. 它们是块捆绑的, 也就是说, 只要我们调用了 Recv() 函数, 只有当一条消息实际上来自相应的进程时, 它才会被写入与为此分配的数组相关联的内存区域. 然而, 如果所有进程都调用了 Recv(), 而没有任何进程调用 Send() 发送消息, 则 Recv() 将无法退出, 导致所有进程陷入等待状态. 这种情况被称为死锁 (“deadlock”).

怎么才能摆脱这种情况? 例如, 如果我们在进程之间交换消息, 而不是在 “环” 类型的拓扑中进行的, 而是在 “标尺” 类型的拓扑中进行的, 那么情况就会有所不同. 让我们用下面的程序代码替换第 10—18 行.

```
if rank == 0:
    comm.Recv([b, 1, MPI.INT], source=1, tag=0, status=None)

elif rank == numrocs - 1 :

    comm.Send([a, 1, MPI.INT], dest=numprocs-2, tag=0)
else :
    comm.Recv([b, 1, MPI.INT], source=rank+1, tag=0)
    comm.Send([a, 1, MPI.INT], dest=rank-1, tag=0)
```

也就是说, 源代码中发生了最小的变化: `rank = 0` 的进程无法向其左邻居发送消息, 因为它在 “标尺” 类型拓扑中没有左邻居; 同样, `rank = numprocs-1` 的进程由于逻辑原因没有人接收消息 (它没有正确的邻居). 在这方面, 相应的 `Send()` 和 `Recv()` 函数已从源代码中删除.

现在, 如果我们在 4 个 MPI 进程上运行修改后的脚本, 将得到以下输出:

```
I, process with rank 3, got number 100
I, process with rank 2, got number 3
I, process with rank 1, got number 2
I, process with rank 0, got number 1
```

很明显, 秩为 3 的进程什么也不接收, 因此它输出数组 b 中包含的当前值, 即 100.

尽管该程序成功运行, 但以下问题仍然存在. 我们希望每对进程之间的数据交换在时间上同时发生, 但这不会发生, 并且消息的交换在时间上被安排在一个链中. 这是由于以下原因. 首先, 除了 `rank = numprocs-1` 的进程之外, 所有进程都调用 `Recv()` 函数, 只有 `rank = numprocs-1` 的进程调用 `Send()` 函数 (向其左邻居发送消息). 因此, 具有 `rank = numprocs-2` 和 `rank = numprocs-1` 的进程之间的消息交换首先开始. 然后等待这个过程的其余部分. 当此消息传递结束时, `rank = numprocs-1` 的进程调用 `print()` 函数, `rank = numprocs-2` 的进程退出 `Recv()` 函数并调用 `Send()` 函数 (向其左邻居发送消息). 因此, 消息在具有 `rank = numprocs-3` 和 `rank = numprocs-2` 的进程之间交换. 然后等待这个过程的其余部分.

让我们再次考虑在 “环” 类型拓扑中接收/传输消息的组织, 但是, 将在具有 `rank = numprocs-1` 的进程必须执行的程序代码部分的位置交换 `Send()` 和 `Recv()` 函数. 第 10—18 行如下所示.

```
if rank == 0:
    comm.Recv([b, 1, MPI.INT], source=1, tag=0, status=None)
    comm.Send([a, 1, MPI.INT], dest=numprocs-1, tag=0)
elif rank == numrocs - 1 :
    comm.Send([a, 1, MPI.INT], dest=numprocs-2, tag=0)
    comm.Recv([b, 1, MPI.INT], source=0, tag=0, status=None)
else :
    comm.Recv([b, 1, MPI.INT], source=rank+1, tag=0)
    comm.Send([a, 1, MPI.INT], dest=rank-1, tag=0)
```

如果我们在 4 个 MPI 进程上运行这个修改后的脚本, 将得到以下输出.

```
I, process with rank 2, got number 3
I, process with rank 1, got number 2
I, process with rank 0, got number 1
I, process with rank 3, got number 0
```

然而, 即使在这里, 输出结果的顺序也是预定的, 因为接收/发送消息的过程将沿着链顺序发生, 从具有 `rank = numprocs-2` 和 `rank = numprocs-1` 的一对进程开始, 以数量递减的顺序进行.

现在让我们考虑第 10—18 行更改的另一个变体. 我们将交换 `Send()` 和 `Recv()` 函数.

```
if rank == 0:
    comm.Send([a, 1, MPI.INT], dest=numprocs-1, tag=0)
    comm.Recv([b, 1, MPI.INT], source=1, tag=0, status=None)
elif rank == numrocs - 1 :
    comm.Send([a, 1, MPI.INT], dest=numprocs-2, tag=0)
    comm.Recv([b, 1, MPI.INT], source=0, tag=0, status=None)
else :
    comm.Send([a, 1, MPI.INT], dest=rank-1, tag=0)
    comm.Recv([b, 1, MPI.INT], source=rank+1, tag=0)
```

根据上面描述的逻辑, 似乎应该出现类似的死锁情况, 其中所有进程首先调用 `Send()` 函数, 但不能退出它, 因为 `Recv()` 函数不被接收进程调用. 然而, 情况并非总是如此. 这是由于 `Send()` 函数的特殊性: 发送的消息可以直接复制到接收缓冲区 (如果 `Recv()` 函数被接收进程调用), 或者放在一些系统缓冲区 (如果 MPI 提供). 在后一种情况下, `Send()` 函数的退出会立即发生, 因此不会出现死锁. 与此同时, 不同进程对之间的所有消息交换可以同时 (并行) 发生. 但是, 我们无法确定该选项是否会由系统实现.

异步消息发送/接收功能, 将在 11.2 节中考虑, 这将会帮助我们解决所有这些问题.

11.2 进程间非阻塞消息传递函数: Isend 和 Irecv

MPI 为异步数据传输提供了一组函数. 与块捆绑函数不同, 该组函数的返回在调用后立即发生, 而不会中断进程. 在程序进一步执行的背景下, 异步启动函数的处理也在同一时间发生.

那么, 让我们来看看 Isend() 和 Irecv() 函数的语法.

```
request = comm.Isend([buf, count, datatype], dest, tag)
```

这是一个非块捆绑发送函数, 它将数组 buf 发送给通信器 comm 中编号为 dest 的进程. 消息由 count 个 datatype 类型的元素组成, 带有标识符 tag. 发送的消息元素必须在缓冲区 buf 中连续存储. 该函数在初始化消息传输过程后立即返回, 而不会等待消息缓冲区 buf 中的全部数据被处理完成. 因此, 在确认消息发送完成之前, 不能将缓冲区 buf 重新用于其他目的. 要确定何时可以安全地重新使用缓冲区 buf 而不影响数据传输, 可以通过返回的对象 request 和函数族 Wait() 和 Test() 来实现, 后续将对此进行详细讨论. 返回的参数 request 用于标识具体的非块捆绑发送操作.

在默认情况下 tag=0. 在 Python 中, 这个参数是可选的.

```
request = comm.Irecv([buf, count, datatype], source, tag)
```

这是一个非块捆绑接收到 buf 缓冲区的函数, 不超过 count 元素的 datatype 类型消息从一个进程与 source 编号在 comm 通信器. 与块捆绑接收函数不同, 来自函数的返回在接收过程初始化之后立即发生, 而不等待整个消息被接收并记录在 buf 缓冲器中. 要确定预期数据已经写入 buf 缓冲区的时间, 可以使用返回的 request 对象以及 Wait() 和 Test() 族函数.

默认情况下, 参数 source=ANY_SOURCE 和 tag=ANY_TAG. 在 Python 中, 这些参数并非必须指定. 需要注意的是, 与块捆绑接收函数 Recv() 不同, 非块捆绑接收函数 Irecv() 不包含参数 status, 因为在函数返回时消息可能尚未接收到, 因此该参数在这种情况下没有意义.

备注 由 MPI Isend() 函数 (或它的任意修正后生成的函数) 所发出的传递信息, 可以被任意的函数 Recv() 或 Irecv() (或它们相关 (修正后) 的函数) 所接收.

```
MPI.Request.Wait(request, status)
```

该函数用于等待与对象 request 相关联的异步操作完成, 这些操作是通过 Isend() 或 Irecv() 函数启动的. 在相应的异步操作完成之前, 执行 Wait() 的进程将保持阻塞状态. 对于非块捆绑接收操作 Irecv(), 收到的消息属性会存储在 status 对象中.

默认情况下, 参数 status=None, 即在 Python 中, 这个参数是可选的.

```
MPI.Request.Waitall(requests, statuses)
```

该函数用于等待列表 requests 中所有异步操作完成. 这些操作与类型为 request 的对象关联. 对于非块捆绑接收操作 Irecv(), 收到的消息属性会存储在 statuses 列表中的 status 对象内.

在默认情况下, 参数 statuses = None, 即在 Python 中, 这个参数是可选的.

备注 在我们的课程中, 将仅限于使用上述函数的示例来分析异步操作的特性. 但是, 许多读者可能会发现以下函数非常有用, 允许它们控制发送/接收消息的非块捆绑函数的完成: Waitany(), Waitsome(), Test(), Testany(), Testsome(). 我们为读者提供自己熟悉的这些功能的知识.

使用这些函数, 我们可以修改如下所讨论示例的原始程序实现.

```
1  from mpi4py import MPI
2  from numpy import array, int32
3
4  comm = MPI.COMM_WORLD
5  numprocs = comm.Get_size()
6  rank = comm.Get_rank()
7
8  a = array(rank, dtype=int32); b = array(100, dtype=int32)
9
10 requests = [MPI.Request() for i in range(2)]
11
12 if rank == 0 :
13     requests[0] = comm.Isend([a, 1, MPI.INT],
14                              dest=numprocs-1, tag=0)
15     requests[1] = comm.Irecv([b, 1, MPI.INT],
16                              source=1, tag=0)
17 elif rank == numprocs - 1 :
18     requests[0] = comm.Isend([a, 1, MPI.INT],
19                              dest=numprocs-2, tag=0)
20     requests[1] = comm.Irecv([b, 1, MPI.INT],
21                              source=0, tag=0)
22 else :
23     requests[0] = comm.Isend([a, 1, MPI.INT],
```

```
24                                     dest=rank-1, tag=0)
25     requests[1] = comm.Irecv([b, 1, MPI.INT],
26                                     source=rank+1, tag=0)
27
28 MPI.Request.Waitall(requests, statuses=None)
29
30 print(f'I, process with {rank}, got number {b}')
```

如果将此脚本 (程序) 保存在 script.py 文件下, 并使用命令在终端中运行它.

```
> mpiexec -n 4 python script.py
```

在 4 个 MPI 进程上, 我们得到以下输出

```
I, process number 2, got number 3
I, process number 1, got number 2
I, process number 0, got number 1
I, process number 3, got number 0
```

一切正常! 与此同时, 当程序重新启动时, 相应行的输出顺序将发生变化, 这表明消息的交换是同时进行的, 而不是在一个链中及时建立起来.

那么, 我们改变了什么? 在第 10 行中, request 类型对象列表的创建已经通过对用于接收/传输将由 MPI 进程调用的消息的非块捆绑函数的调用次数而被添加. 在第 12—28 行中, 所有 Recv() 和 Irecv() 函数都被替换为它们的非块捆绑 (异步) 对应项 Isend() 和 Irecv(). 第 28 行使用 Waitall() 函数等待异步操作完成, 以便确保到第 30 行 (数组 b 输出) 执行时, 数组 b 已经包含接收到的消息.

因此, 我们解决了两个问题. 首先, 我们避免了死锁的可能性. 其次, 不同进程对之间的消息交换是同时进行的.

或者, 程序代码的第 28 行可以用下面的程序代码替换.

```
MPI.Request.Wait(requests[1], status=None)
```

在这种情况下, 进程只等待完成一个异步操作, 该操作与 requests[2] 相关联, 即接收消息并将其写入数组 b.

现在让我们来看看与 Wait() 类型函数 (不合时宜调用) 相关的一些典型错误.

首先, 删除第 28 行. 在这种情况下, 当在 4 个 MPI 进程上运行程序时, 我们会得到以下输出:

```
I, process number 2, got number 100
I, process number 0, got number 100
I, process number 1, got number 100
I, process number 3, got number 100
```

为什么会这样? 每个进程首先调用 Isend() 函数向另一个进程发送消息. 然后此函数立即退出. 我们不知道消息何时实际发送. 接下来, 调用 Irecv() 函数以接收另一条消息. 然后此函数立即退出. 与此同时, 并不确切知道何时会收到相应的消息. 此外, 我们仍然不知道之前计划使用 Isend() 函数发送的消息是否已经发送. 然后使用 print() 函数输出数组 b 的内容. 但是, 我们不知道数组 b 在调用 print() 函数的那一刻包含了什么. 这既可以是接收到的消息, 也可以是初始化数组值为 100, 该值在接收消息之前存储在数组中.

正是为了避免这种不确定性, 所以有必要添加 Wait() 类型的函数, 以便在调用 print() 函数之前, 确保它准确地输出接收到的消息, 即正在等待的成功传递. 实际上, Wait() 函数会暂停该过程, 直到 request 对象中出现发送/接收相应消息已成功完成的信息.

其次, 让我们在第 28 行之前添加一行.

```
a += 10
```

这是为了在它的内容被发送到另一个进程之后, 实现我们想要改变数组 a 内容的情况.

在这种情况下, 在 4 个 MPI 进程上运行程序时, 我们将得到以下输出.

```
I, process number 1, got number 12
I, process number 0, got number 11
I, process number 3, got number 0
I, process number 2, got number 3
```

也就是说, rank = 2 和 rank = 3 的进程正常工作, 但 rank = 0 和 rank = 1 的进程没有, 即 rank = 0 和 rank = 1 的进程在其数组 a 被更改后发送消息, 而不是在此之前. 为了避免这种不好情况的出现, 需要写上

```
MPI.Request.Wait(requests[0], status=None)
a += 10
```

因此, 我们首先确保与 requests[0] 对象关联的异步操作 (从数组 a 发送消息) 完成, 然后再更改数组 a 的内容.

所以, 使用异步操作需要更加小心. 正是由于这个原因, 如果可能的话, 有必要使用具有等效结果的标准函数. 例如, 原始示例可以使用 Sendrecv() 函数成功实现.

11.3　在计算过程中进行消息传递

使用 MPI 技术编程时的典型错误之一是计算阶段和转发消息阶段的刚性分离, 即使某些传输可以在计算的背景下隐藏. 这导致用于接收/发送消息的开销成本的份额增加, 并且, 导致算法实现的可扩展性差.

特别在第 8 章至第 10 章中讨论的并行算法的所有程序实现都以这样的方式实现, 即计算阶段和消息转发阶段被明确分开, 尽管它们可以部分组合.

让我们看看第 8 章的最终程序的计算部分.

```
for m in range(M) :

   if rank_cart == 0 :
      comm_cart.Sendrecv(sendbuf=[u_part_aux[m,N_part_aux-2],
                                  1, MPI.DOUBLE],
                         dest=1, sendtag=0,
                         recvbuf=[u_part_aux[m,N_part_aux-1:],
                                  1, MPI.DOUBLE],
                         source=1, recvtag=0,
                         status=None)
   if rank_cart in range(1, numprocs-1) :
      comm_cart.Sendrecv(sendbuf=[u_part_aux[m, 1],
                                  1, MPI.DOUBLE],
                         dest=rank_cart-1, sendtag=0,
                         recvbuf=[u_part_aux[m,N_part_aux-1:],
                                  1, MPI.DOUBLE],
                         source=rank_cart+1, recvtag=0,
                         status=None)
      comm_cart.Sendrecv(sendbuf=[u_part_aux[m, N_part_aux-2],
                                  1, MPI.DOUBLE],
                         dest=rank_cart+1, sendtag=0,
                         recvbuf=[u_part_aux[m, 0:],
                                  1, MPI.DOUBLE],
                         source=rank_cart-1, recvtag=0,
                         status=None)
   if rank_cart == numprocs-1 :
      comm_cart.Sendrecv(sendbuf=[u_part_aux[m, 1],
                                  1, MPI.DOUBLE],
                         dest=numprocs-2, sendtag=0,
                         recvbuf=[u_part_aux[m, 0:],
                                  1, MPI.DOUBLE],
                         source=numprocs-2, recvtag=0,
                         status=None)

   for n in range(1, N_part_aux - 1) :
      u_part_aux[m + 1, n] = u_part_aux[m, n] + \
        eps*tau/h**2*(u_part_aux[m, n+1] - \
                      2*u_part_aux[m, n] + \
                      u_part_aux[m, n-1]) + \
           tau/(2*h)*u_part_aux[m, n]*\
               (u_part_aux[m, n+1] - u_part_aux[m, n-1]) + \
```

```
                    tau*u_part_aux[m, n]**3
```

回想一下, 这里在 “大” (“外部”) 循环中实现了一个迭代过程. 在这个过程中, 每个运行此程序的 MPI 进程会先与其在 “线性” 笛卡儿拓扑结构中的邻居交换继续计算所需的数据, 然后计算未知函数在当前时间步的近似网格值.

通过分析算法可以发现, MPI 进程从其左右邻居获取的数据仅用于在内部循环中计算索引 `n = 1` 和 `n = N_part_aux - 2` 的值. 对于其他索引值的计算, 这些数据并未被使用.

这允许您在计算的背景下部分隐藏消息的转发. 为此, 必须使用非块捆绑 (异步)`Isend()` 和 `Irecv()` 函数来发送/接收消息. 在调用这些函数并立即退出它们之后, 每个 MPI 进程可以在内部循环中开始计算索引值 $n = \overline{2, \mathtt{N\_part\_aux-3}}$. 在完成这些基本计算之后, 仍然要对索引 `n = 1` 和 `n = N_part_aux-2` 的值执行计算. 但在此之前, 通过调用 `Waitall()` 函数, 您需要确保已经接收了这些计算所需的所有数据. 回想一下, 调用 `Waitall()` 函数会停止 MPI 进程, 直到此函数的参数 (`request` 类型对象) 中出现发送/接收相应消息已成功完成的信息.

在下方我们对程序代码进行了相应的更改.

```
requests = [MPI.Request() for i in range(4)]

for m in range(M) :

    if rank_cart > 0 :
        requests[0] = comm_cart.Isend([u_part_aux[m, 1],
                                        1, MPI.DOUBLE],
                                       dest=rank_cart-1,
                                       tag=0)
        requests[1] = comm_cart.Irecv([u_part_aux[m, 0:],
                                        1, MPI.DOUBLE],
                                       source=rank_cart-1,
                                       tag=0)

    if rank_cart < numprocs-1 :
        requests[2]=comm_cart.Isend([u_part_aux[m,N_part_aux-2],
                                      1, MPI.DOUBLE],
                                     dest=rank_cart+1,
                                     tag=0)
        requests[3]=comm_cart.Irecv([u_part_aux[m,N_part_aux-1:]
                                      1, MPI.DOUBLE],
                                     source=rank_cart+1,
                                     tag=0)

    for n in range(2, N_part_aux-2) :
```

```
        u_part_aux[m + 1, n] = u_part_aux[m, n] + \
          eps*tau/h**2*(u_part_aux[m, n+1] -
                        2*u_part_aux[m, n] +
                        u_part_aux[m, n-1]) + \
              tau/(2*h)*u_part_aux[m, n]*\
                  (u_part_aux[m, n+1] - u_part_aux[m, n-1]) + \
                       tau*u_part_aux[m, n]**3

    MPI.Request.Waitall(requests, statuses=None)

    for n in [1, N_part_aux-2] :
        u_part_aux[m + 1, n] = u_part_aux[m, n] + \
          eps*tau/h**2*(u_part_aux[m, n+1] -
                               2*u_part_aux[m, n] +
                               u_part_aux[m, n-1]) + \
                      tau/(2*h)*u_part_aux[m, n]*\
                          (u_part_aux[m, n+1] - u_part_aux[m, n-1])+\
                               tau*u_part_aux[m, n]**3
```

因此, 如果数据传输时间小于主要计算的时间, 则传输可以纯粹在计算的背景下进行. 最终程序实现的效率可能接近 1.

如果对第 8 章的最终程序进行适当的更改, 则并行版本程序的运行时间和加速的时间表, 取决于用于计算的内核数量, 以及并行化效率的曲线图 (图 11.1 和图 11.2).

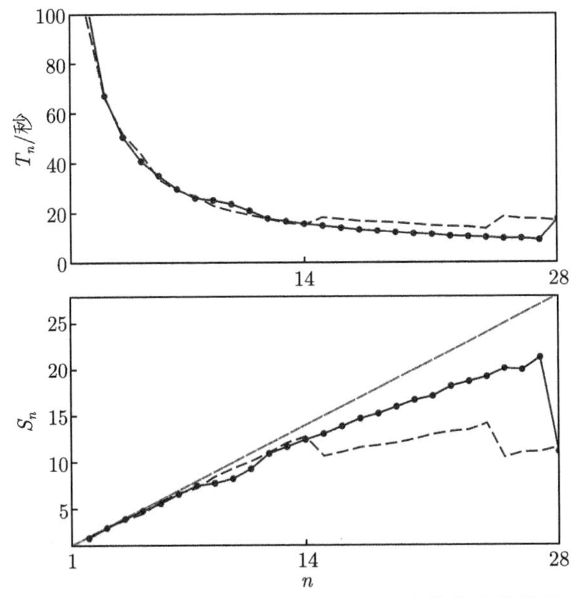

图 11.1 程序并行版本的运行时间和加速图, 取决于用于计算的内核数量 (一个计算节点上有 14 个内核). 虚线对应于在第 8 章讨论的程序实现的基础上构建的图

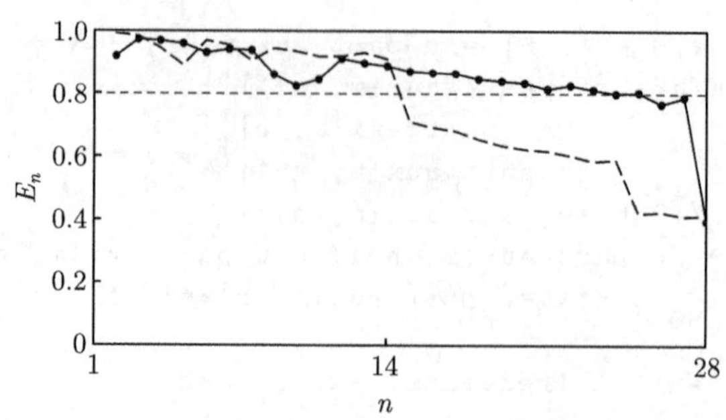

图 11.2 并行化效率图, 取决于用于计算的内核数量 (一个计算节点上有 14 个内核). 虚线对应于第 8 章讨论的程序实现的效率的曲线图

回想一下, 在第 8 章中, 测试参数的选择是为了证明以下效果. 如果不超过 14 个 MPI 进程用于计算, 那么一个处理器就足以启动它们并工作. 所以所有进程间通信都在单个计算节点内进行, 因此通信网络设备不用于在进程之间传输消息. 因而, 进程之间通信的开销是最小的. 因此, 程序实现的效率相当高 (图 11.2). 如果超过 14 个 MPI 进程 (15 个或更多) 参与计算, 那么至少还有一个计算节点额外参与计算. 这导致在使用通信网络设备的进程的一部分之间传送消息. 结果, 间接费用增加, 程序实现的效率降低.

使用非块捆绑 (异步) 函数 `Isend()` 和 `Irecv()`, 从图 11.2 可以看出, 显著降低了发送/接收消息的开销, 部分隐藏了在计算背景下的数据传输.

备注 同样地可以改进第 9 章和第 10 章讨论的并行算法的程序实现.

第 12 章　延迟的交互请求

在本章中, 我们将继续讨论异步函数的具体细节, 特别是讨论一种新型的异步函数 (延迟交互请求), 在某些情况下, 它可以大大降低在不同 MPI 进程之间接收/传输消息的消耗.

12.1　结构相同的数据的多次转移

先讨论一个例子, 这个例子是第 6 章 (6.1.2 节) 开始时我们第一次介绍了虚拟拓扑的例子.

让某个通信器的每个进程包含其由两个元素组成的数组 a. 我们的目标是对所有这些数组进行求和, 并得到所有进程求和的结果. 就实现所需的功能而言, 此示例等效于 Allreduce() 函数.

首先, 我们使用块捆绑函数 Sendrecv_replace() 完成此任务.

```
1  from mpi4py import MPI
2  from numpy import array, empty, int32
3  
4  comm = MPI.COMM_WORLD
5  numprocs = comm.Get_size()
6  
7  comm_cart = comm.Create_cart(dims=[numprocs],
8                               periods=[True], reorder=True)
9  
10 rank_cart = comm_cart.Get_rank()
11 
12 neighbour_left, neighbour_right = comm_cart.Shift(direction=0,
13                                                   disp=1)
14 
15 a = array([rank_cart, -rank_cart], dtype=int32)
16 
17 summa = a.copy()
18 for n in range(numprocs-1) :
19     comm_cart.Sendrecv_replace([a, 2, MPI.INT],
20                   dest=neighbour_right, sendtag=0,
21                   source=neighbour_left, recvtag=0,
22                   status=None)
23     summa = summa + a
```

```
24
25 print(f'I, process with rank {rank_cart}, has summa={summa}')
```

在第 1—2 行, 我们导入了所需的库和函数, 然后在第 4—5 行, 定义了 comm ≡ MPI.COMM_WORLD 通信器和这个程序所运行的 numprocs 进程的数量. 我们不需要原始通信器中进程编号 rank, 因为将使用新的 comm_cart 通信器中进程的编号 (等级/标识符) 与虚拟环形拓扑结构 (在第 7—8 行创建) 一起工作. 该通信器中 MPI 进程的 rank_cart 编号在第 10 行中定义.

然后在第 12—13 行中, 确定该 MPI 进程最近的邻居的数字 (等级/识别码).

在第 15 行中, 在每个 MPI 进程上创建一个由两个元素组成的数组 a. 指定的定义数组元素的方式是任意选择的, 没有任何意义.

第 17—23 行实现了 Allreduce() 函数的类比. 我们需要将不同的 comm_cart 通信器进程中包含的所有数组 a 相加, 并将结果存储在每个进程中. 我们将按如下方式实现这一操作. 求和的最终结果将包含在数组 summa 中. 第 17 行将 MPI 进程内存中包含的数组 a 的值复制到数组 summa 中, 然后循环地 (在第 18 行循环) 将数组 a 的值传递给右邻, "同时" 从左邻获取类似的值并将其写入数组 a (第 19—22 行), 接着将这个数组逐步加入数组 summa 的值 (第 23 行).

注意　回顾一下, 这种算法的运行时间与 numprocs-1 成正比, 而 Allreduce() 的运行时间与 $\log_2$(numprocs) 成正比. 尽管如此, 我们提出的 Allreduce() 在某些条件下的实现有一定的改进潜力, 将在本章中使用延迟交互请求来实现.

注意　建议实现 Allreduce() 函数的一个重要缺点是, 每个进程都会加入相同的和值, 但是加入的顺序会不同. 因此, 可能会出现这样的情况: 不同进程的 summa 数组的总值不同, 而不是相同. 但这只有在使用浮点计算时才有可能, 而且只在数字的最后几位有效数字中出现.

现在, 让我们用第 11 章学到的非块捆绑 (异步) Isend() 和 Irecv() 函数实现 Sendrecv_replace() 函数. 要做到这一点, 请用以下代码替换第 17—23 行.

```
requests = [MPI.Request() for i in range(2)]

a_recv = empty(2, dtype=int32)

summa = a.copy()
for n in range(numprocs-1) :
    requests[0] = comm.Isend([a, 2, MPI.INT],
                             dest=neighbour_right, tag=0)
    requests[1] = comm.Irecv([a_recv, 2, MPI.INT],
                             source=neighbour_left, tag=0)
    MPI.Request.Waitall(requests, statuses=None)
    a = a_recv
```

```
    summa = summa + a
```

在这里, 调用 Isend() 函数的指定参数告诉我们访问与数组 a 相关的内存区域, 并从相应的内存区域的开头取出两个元素, 并将它们发送到其右边的虚拟拓扑邻居. 这个函数将立即退出, 不管消息是否已经离开. 然后调用 Irecv() 函数, 其参数表示从左邻右舍收到的消息应该被写入与 a_recv 数组相关的内存区域. a_recv 数组实际上是一个中间缓冲区, 这就是为什么我们事先在内存中为它分配了空间. 不管是否收到消息, 函数 Irecv() 都将输出结果.

要执行后续操作, 您需要确保相应的消息已成功发送/接收. 为此, 请将 Waitall() 函数与 requests 参数一起使用.

与此同时, 应该注意的是, 仅等待完成使用 Wait(requests[1]) 命令接收消息的操作的替代方法是不可接受的, 因为在这种情况下, 我们确保来自左邻居的消息已经被执行此程序代码的 MPI 进程接收, 但消息可能还没有从它发送到右邻居. 所以传输的消息可能被 "损坏".

这也表明了我们利用非块捆绑 (异步) 函数 Isend() 和 Irecv() 实现了一个基于块捆绑函数 Sendrecv_replace() 的变体.

在这个例子中, 我们重复地 (在一个循环中) 进行了具有相同参数的消息交换 (相同大小的发送/接收数组, 在循环的每个迭代中可能驻留在相同的内存区域). 在这种情况下, 可以对一个消息传递操作进行一次初始化, 然后多次运行, 而不需要在每次迭代时花费额外的时间进行初始化和设置相应的内部数据结构.

12.2 延迟请求函数: Send_init 和 Recv_init

本节讨论的函数允许您在进程和网络控制器之间移动必要信息时减少单个进程内发生的开销. 通常, 程序必须重复执行具有相同参数的交换 (发送/接收相同大小的数组, 它们位于相同的内存区域). 在这种情况下, 可以初始化一次接收/发送消息的操作, 然后重复地运行它, 而无须在每次迭代处花费额外的时间来初始化和建立相应的内部数据结构. 此外, 通过这种方式, 可以将用于接收/传输消息的几个请求组合在一起, 以便随后可以用单个命令运行它们.

因此, 让我们看看 Send_init() 和 Recv_init() 函数的语法.

```
request = comm.Send_init([buf, count, datatype], dest, tag)
```

该函数创建了一个延迟的非阻塞发送请求, 用于将数组 buf (包含 count 个 datatype 类型的元素), 通过标识符 tag, 发送给通信器 comm 中编号为 dest 的进程. 需要注意, 发送操作不会立即执行! 可通过返回的 request 对象以及 Start() 或 Startall() 函数 (将在下文介绍) 来启动该延迟请求. 返回的 request 参数用于标识特定的延迟请求以便后续操作. 默认情况下, tag = 0. 在 Python 中, 此参数是可选的.

```
request = comm.Recv_init([buf, count, datatype], dest, tag)
```

此函数创建了一个延迟的非阻塞接收请求, 用于从通信器 comm 中编号为 source 的进程接收消息, 消息包含最多 count 个 datatype 类型的元素, 存储在缓冲区 buf 中. 请注意, 接收操作不会立即启动! 可以通过返回的 request 对象及 Start() 或 Startall() 函数来激活该延迟接收请求 (将在下文中详细说明). 返回的 request 参数用于标识特定的延迟请求, 以便进行后续操作.

接收信息的方法与发送方法无关: 使用延迟通信请求或正常方法发送的信息可以使用正常和延迟通信请求接收.

```
MPI.Prequest.Start(request)
```

该函数触发延迟请求, 以执行与请求参数 request 的值相关联的消息发送/接收函数. 消息发送/接收函数作为非块捆绑启动.

```
MPI.Prequest.Startall(requests)
```

此函数启动延迟请求, 以执行与 requests 数组元素的值相关联的消息传输/接收函数, 这是此函数的参数. 发送/接收消息的所有功能都以非块捆绑方式启动.

注意 request 对象和 Wait() 与 Test() 函数可以用来确定在什么时间点可以重复使用 buf 缓冲区, 而不会有破坏正在发送的消息的风险 (如果它被发送) 或预期的数据已经被写入 buf 缓冲区 (如果它被接收).

利用这些函数, 我们可以对有关例子的原始软件实现进行修改. 程序代码的一部分

```
requests = [MPI.Request() for i in range(2)]

a_recv = empty(2, dtype=int32)

summa = a.copy()
for n in range(numprocs-1) :
    requests[0] = comm.Isend([a, 2, MPI.INT],
                             dest=neighbour_right, tag=0)
    requests[1] = comm.Irecv([a_recv, 2, MPI.INT],
                             source=neighbour_left, tag=0)
```

```
    MPI.Request.Waitall(requests, statuses=None)
    a = a_recv
    summa = summa + a
```

必须作如下修改:

```
requests = [MPI.Request() for i in range(2)]

a_recv = empty(2, dtype=int32)

requests[0] = comm_cart.Send_init([a, 2, MPI.INT],
                                  dest=neighbour_right, tag=0)
requests[1] = comm_cart.Recv_init([a_recv, 2, MPI.INT],
                                  source=neighbour_left,tag=0)

summa = a.copy()
for n in range(numprocs-1) :
    MPI.Prequest.Startall(requests)
    MPI.Request.Waitall(requests, statuses=None)
    a[:] = a_recv
    summa = summa + a
```

注意 在使用延迟通信请求中, 一个常见的错误是使用形式为 "分配" 的方法. 用

```
    a = a_recv
```

替代

```
    a[:] = a_recv
```

这里的错误与 Python 的引用模型有关. 当 `Send_init()` 和 `Recv_init()` 函数被调用时, 将读取数据发送到另一个进程或将接收到的数据写入其区域. `a = a_recv` 命令不会将接收到的消息写入所需的内存区域. 也就是说, `a` 现在不是指与使用 `Start()` 函数发送消息时读取数据的内存位置关联的对象, 而是指 `a_recv` 对象. 但是在下一次循环迭代中, 当用 `Start()` 函数发送消息时, 数据将从最初固定的内存区域中获取, 那里的内容没有改变. 因此, 循环的所有迭代都将发送一个内容相同的消息 (并且不修改, 算法假定).

命令 `a[:] = a_recv` 意味着我们已经将一个数组 `a_recv` 写到了与原始数组 `a` 相关的内存位置, 这意味着一切都会正常工作.

总而言之, 延迟交互请求减少了进程间的通信消耗, 因为在一个周期中重复执行的相同操作的部分实际上是 "为一个周期执行" (类似于在代数表达式中用括号表示一个普通的乘数), 并且只执行一次, 而不是重复执行. 使用延迟交互请求只有在从同一内存区域获取信息 (这很重要), 并将其发送到同一进程的相同类型的消息在某些周期中被重复调用时才有意义. 如果消息的发送/接收进行一次, 那

么这些函数将没有意义, 因为在这种情况下它们只会减慢程序. 结果, 它们会降低软件实现的效率和可伸缩性.

12.3 求解偏微分方程问题的程序实现的改进

让我们来看看第 11 章的程序的计算部分, 这是对第 8 章中讨论的并行算法的软件实现的计算部分的改进.

```
requests = [MPI.Request() for i in range(4)]

for m in range(M) :

    if rank_cart > 0 :
        requests[0] = comm_cart.Isend([u_part_aux[m, 1],
                                       1, MPI.DOUBLE],
                                      dest=rank_cart-1,
                                      tag=0)
        requests[1] = comm_cart.Irecv([u_part_aux[m, 0:],
                                       1, MPI.DOUBLE],
                                      source=rank_cart-1,
                                      tag=0)

    if rank_cart < numprocs-1 :
        requests[2]=comm_cart.Isend([u_part_aux[m,N_part_aux-2],
                                     1, MPI.DOUBLE],
                                    dest=rank_cart+1,
                                    tag=0)
        requests[3]=comm_cart.Irecv([u_part_aux[m,N_part_aux-1:]
                                     1, MPI.DOUBLE],
                                    source=rank_cart+1,
                                    tag=0)

    for n in range(2, N_part_aux-2) :
        u_part_aux[m + 1, n] = u_part_aux[m, n] + \
           eps*tau/h**2*(u_part_aux[m, n+1] -
                         2*u_part_aux[m, n] +
                         u_part_aux[m, n-1]) + \
              tau/(2*h)*u_part_aux[m, n]*\
                 (u_part_aux[m, n+1] - u_part_aux[m, n-1]) + \
                    tau*u_part_aux[m, n]**3

    MPI.Request.Waitall(requests, statuses=None)

    for n in [1, N_part_aux-2] :
        u_part_aux[m + 1, n] = u_part_aux[m, n] + \
```

```
        eps*tau/h**2*(u_part_aux[m, n+1] -
                      2*u_part_aux[m, n] +
                      u_part_aux[m, n-1]) + \
            tau/(2*h)*u_part_aux[m, n]*\
                (u_part_aux[m, n+1] - u_part_aux[m, n-1]) + \
                     tau*u_part_aux[m, n]**3
```

回顾一下, 这里的 “大” (外部) 循环实现了一个迭代过程, 其中执行这个编程代码的 MPI 进程.

• 调用非块捆绑 (异步) 的 `Isend()` 和 `Irecv()` 函数, 以便交换包含数据的消息, 这些数据以后将被用于部分计算;

• 在内循环中对索引值 n = $\overline{\texttt{2, N\_part\_aux-3}}$ 进行基本计算 (假设不参与这些计算的数据交换主要发生在这些计算的背景下);

• 通过调用 `Waitall()`, 确保剩余计算所需的所有数据已经被取走;

• 对索引值 `n = 1` 和 `n = N_part_aux-2` 进行剩余计算.

我们现在将使用延迟的交互请求来修改这个编程代码.

```
1  requests = [MPI.Request() for i in range(4)]
2
3  if rank_cart > 0 :
4      temp_array_left_send = empty(1, dtype=float64)
5      requests[0] = comm_cart.Send_init([temp_array_left_send,
6                                          1, MPI.DOUBLE],
7                                         dest=rank_cart-1, tag=0)
8      temp_array_left_recv = empty(1, dtype=float64)
9      requests[1] = comm_cart.Recv_init([temp_array_left_recv,
10                                         1, MPI.DOUBLE],
11                                       source=rank_cart-1, tag=0)
12
13 if rank_cart < numprocs-1 :
14     temp_array_right_send = empty(1, dtype=float64)
15     requests[2] = comm_cart.Send_init([temp_array_right_send,
16                                         1, MPI.DOUBLE],
17                                        dest=rank_cart+1, tag=0)
18     temp_array_right_recv = empty(1, dtype=float64)
19     requests[3] = comm_cart.Recv_init([temp_array_right_recv,
20                                         1, MPI.DOUBLE],
21                                        source=rank_cart+1, tag=0)
22
23 for m in range(M) :
24
25     if rank_cart > 0 :
26         temp_array_left_send[:] = u_part_aux[m, 1]
27         MPI.Prequest.Startall(requests[0:2])
```

```
28
29     if rank_cart < numprocs-1 :
30         temp_array_right_send[:] = u_part_aux[m, N_part_aux-2]
31         MPI.Prequest.Startall(requests[2:4])
32
33     for n in range(2, N_part_aux-2) :
34        u_part_aux[m + 1, n] = u_part_aux[m, n] + \
35          eps*tau/h**2*(u_part_aux[m, n+1] -
36                        2*u_part_aux[m, n] +
37                        u_part_aux[m, n-1]) + \
38             tau/(2*h)*u_part_aux[m, n]*\
39                 (u_part_aux[m, n+1] - u_part_aux[m, n-1]) + \
40                      tau*u_part_aux[m, n]**3
41
42     if rank_cart > 0 :
43         MPI.Request.Waitall(requests[0:2], statuses=None)
44         u_part_aux[m, 0] = temp_array_left_recv
45
46     if rank_cart < numprocs-1 :
47         MPI.Request.Waitall(requests[2:4], statuses=None)
48         u_part_aux[m, N_part_aux-1] = temp_array_right_recv
49
50     for n in [1, N_part_aux-2] :
51        u_part_aux[m + 1, n] = u_part_aux[m, n] + \
52          eps*tau/h**2*(u_part_aux[m, n+1] -
53                        2*u_part_aux[m, n] +
54                        u_part_aux[m, n-1]) + \
55             tau/(2*h)*u_part_aux[m, n]*\
56                 (u_part_aux[m, n+1] - u_part_aux[m, n-1]) + \
57                      tau*u_part_aux[m, n]**3
```

在第 3—21 行中, 我们使用 `Send_init` 和 `Recv_init` 函数生成延迟交互请求. 回想一下, 当调用相应的函数时, 内存中的一个位置是固定的, 当使用 `Start()` 函数初始化相应的延迟请求时, 将从该位置读取数据发送到另一个进程, 或者当从另一个进程接收到数据时将写入数据. 为此, 我们使用 `temp_array_` 类型的临时数组, 为其预先分配并相应地修复内存中的位置 (例如, 见第 4 行).

此外, 在 “大” (外部) 循环中, 形成以下操作:

• 非块捆绑 (异步) 函数 `Isend()` 和 `Irecv()` 的调用被 `Startall()` 的调用所取代, 其参数定义了要启动的那些待定通信请求的集合 (例如第 27 行); 同时, 转发所需的数据必须事先放在相应的内存区域中 (例如第 26 行).

• 在索引 $\texttt{n} = \overline{\texttt{2, N\_part\_aux-3}}$ 的值的内部循环中实现主要计算的程序代码不发生任何改变 (假设数据交换主要在这些计算的背景下发生).

• 通过调用 Waitall(), 我们确保剩余计算所需的所有数据已经被接收, 但要记住它们位于内存的一个固定区域, 从那里它们应该被移到 u_part_aux 数组的适当部分 (例如第 44 行).

• 对于索引值 n = 1 和 n = N_part_aux-2, 实现其余计算的程序代码, 不做任何修改.

因此, 如果数据传输时间小于主要计算的时间, 则传输可以纯粹在计算的背景下进行. 所以软件实现的效率可以接近 1.

这与我们在第 11 章中的说法完全相同. 那么有什么区别呢? 不同的是, 通过使用延迟的交互请求, 数据传输时间进一步减少. 因此, 在处理较少的数据的同时, 可以达到足够高的效率.

注意　第 9 章和第 10 章中讨论的并行算法的程序实现也可以用同样的方法来改进.

12.4　优化共轭梯度法的一个程序实现

在第 6 章的最后, 实现了一种共轭梯度法的并行版本的函数, 在这个函数中使用了我们自己的 Allreduce() 函数来实现. 我们已经多次讨论过, 该函数的自定义实现存在一些明显的缺陷. 然而, 考虑到这个函数在一个 “大型” 计算循环中必须被调用大量次数的事实, 当在相对较少的 MPI 进程上运行一个并行程序时, 使用延迟交互请求可以减少发送/接收消息的消耗. 这是由于我们实现的运行时间是 numprocs-1, 而经典的 Allreduce() 函数的运行时间与 $\log_2$(numprocs) 成正比. 也就是说, 对于小数量的进程, 这些时间是相当的. 考虑到第 5 章和第 6 章中讨论的实现共轭梯度法的并行算法的特殊性, 这个 “足够小” 的数字是在第 16—64 行之内, 这相当于相对强大的计算系统.

例如, 在第 6 章中, 提出了源代码

```
Ax_part_temp = dot(A_part, x_part)
Ax_part = empty(M_part, dtype=float64)
comm_row.Allreduce([Ax_part_temp,M_part,MPI.DOUBLE]
                   [Ax_part, M_part, MPI.DOUBLE],
                   op=MPI.SUM)
```

用以下等价 (就结果而言) 的程序代码代替.

```
Ax_part_temp = dot(A_part, x_part)
Ax_part = Ax_part_temp.copy()
for n in range(num_col-1) :
    comm_cart.Sendrecv_replace(
                   [Ax_part_temp, M_part, MPI.DOUBLE],
                   dest=neighbour_right, sendtag=0,
```

```
                  source=neighbour_left, recvtag=0,
                  status=None)
    Ax_part = Ax_part + Ax_part_temp
```

现在, 使用延迟交互请求, 必要的延迟交互请求必须事先生成 (在 “大” 周期之外).

```
requests = [MPI.Request() for i in range(6)]

Ax_part_temp = empty(M_part, dtype=float64)
requests[0] = comm_cart.Send_init([Ax_part_temp,
                                    M_part, MPI.DOUBLE],
                                   dest=neighbour_right, tag=0)

Ax_part_temp_recv = empty(M_part, dtype=float64)
requests[1] = comm_cart.Recv_init([Ax_part_temp_recv,
                                    M_part, MPI.DOUBLE],
                                   source=neighbour_left,tag=0)
```

然后, 在 “大” 循环内, 将指定的编程代码替换为

```
Ax_part_temp[:] = dot(A_part, x_part)
Ax_part = Ax_part_temp.copy()
for n in range(num_col-1) :
    MPI.Prequest.Startall(requests[0:2])
    MPI.Request.Waitall(requests[0:2], statuses=None)
    Ax_part_temp[:] = Ax_part_temp_recv
    Ax_part = Ax_part + Ax_part_temp
```

注意　在这种情况下, 不要忘记 `[:]` 字符的组合, 这将导致数据被准确地写入内存区域, 当使用 `Startall()` 函数启动待处理的通信请求时, 数据将从该区域被取出/存储.

或者, 另一个例子, 在第 6 章中我们提出了以下代码:

```
ScalP_temp[0] = dot(p_part, q_part)
comm_row.Allreduce([ScalP_temp, 1, MPI.DOUBLE],
                   [ScalP, 1, MPI.DOUBLE],
                   op=MPI.SUM)
```

替换为以下等效的 (在结果的意义上) 程序代码:

```
ScalP_temp[0] = dot(p_part, q_part)
ScalP = ScalP_temp.copy()
for n in range(num_col-1) :
    comm_cart.Sendrecv_replace(
                   [ScalP_temp, 1, MPI.DOUBLE],
                   dest=neighbour_right, sendtag=0,
```

```
                    source=neighbour_left, recvtag=0,
                    status=None)
    ScalP = ScalP + ScalP_temp
```

现在, 使用延迟交互请求, 必要的延迟交互请求必须事先生成 (在 “大” 周期之外).

```
ScalP_temp = empty(1, dtype=float64)
requests[4] = comm_cart.Send_init([ScalP_temp,
                                   1, MPI.DOUBLE],
                                  dest=neighbour_right, tag=0)

ScalP_temp_recv = empty(1, dtype=float64)
requests[5] = comm_cart.Recv_init([ScalP_temp_recv,
                                   1, MPI.DOUBLE],
                                  source=neighbour_left,tag=0)
```

然后, 在 “大” 循环中, 将指定的程序代码替换为

```
ScalP_temp[0] = dot(p_part, q_part)
ScalP = ScalP_temp.copy()
for n in range(num_col-1) :
    MPI.Prequest.Startall(requests[4:6])
    MPI.Request.Waitall(requests[4:6], statuses=None)
    ScalP_temp[0] = ScalP_temp_recv
    ScalP = ScalP + ScalP_temp
```

由于这些变化, 当在具有相对少量计算节点的计算系统上进行计算时, 可以显著降低用于在不同 MPI 进程之间接收/传输消息的消耗.

12.5 标准 MPI-4 的功能: 集体延迟的交互请求

本章的主要内容由作者在 2015—2021 年开发, 其中部分结果被本书的第二位作者用于制作讲座[9] (2021 年) 的视频. 然而, 在 2021 年底, 负责 MPI 标准化的国际 MPI Forum[13], 通过了 MPI-4 标准. 在这个新版本的 MPI 功能中, 我们实现了近几年流行的进程集体同步操作的延迟交互请求功能. 例如, `Bcast_init()`, `Gather_init()`, `Reduce_init()` 函数等.

例如, 5.4.2 小节中考虑到的共轭梯度法的并行实现, 可以通过 MPI 函数将 `Allreduce()` 替换为 `Allreduce_init()` + `Start()` + `Wait()` 来显著改进. 相关的软件实现和详细的讨论可以在文献 [14] (2023 年) 中找到.

第 13 章　混合并行编程技术

在本章中, 我们将讨论混合并行编程技术的基础知识.

13.1　现代计算系统的典型配置

到目前为止, 在编写所有的并行程序时, 我们都没有涉及多处理系统的技术细节, 而这些系统正是我们进行并行计算所使用的工具. 我们仅假设每个计算进程在独立的计算节点上运行, 并通过 MPI 技术进行消息传递, 以实现进程间的相互通信 (图 13.1).

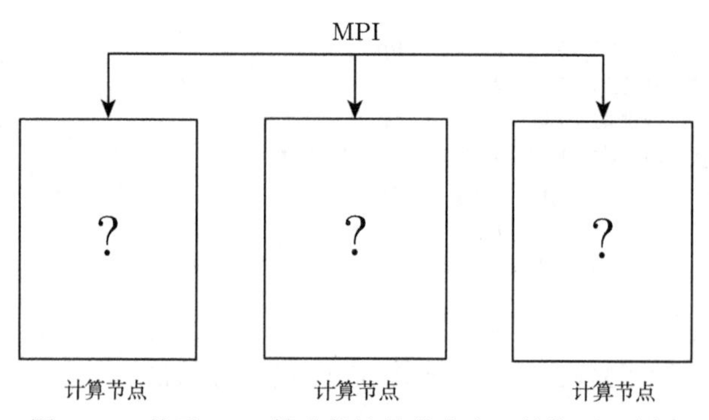

图 13.1　基于 MPI 技术的计算节点交互的简要示意图

假设每个计算节点包含一个中央处理器 (CPU) 和 RAM. 这样一来, 整个节点组就是一个分布式的内存系统 (图 13.2).

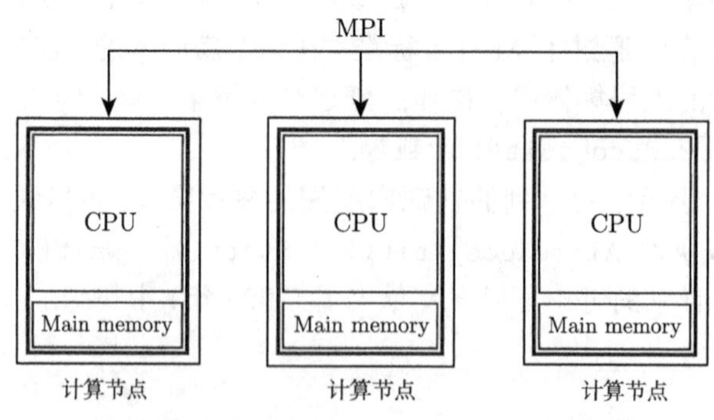

图 13.2　分布式内存计算系统的最简单结构

在现实生活中, 一切都要复杂得多. 目前, 每个 CPU 很可能是一个多核系统, 它由相对大量的计算内核组成 (图 13.3).

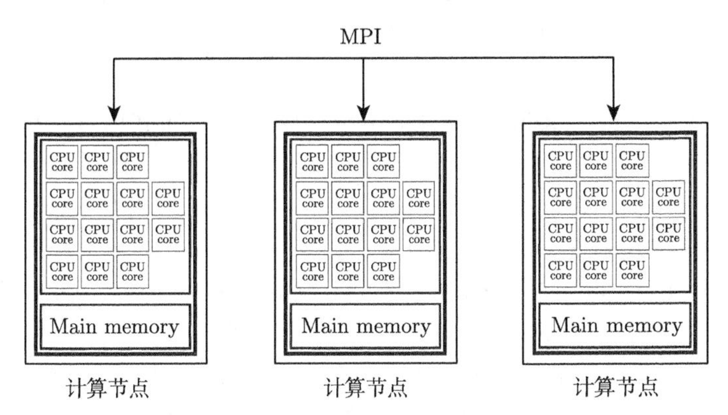

图 13.3 多核处理器的情况下具有分布式存储器的计算系统的结构

因此, 我们可以将每个这样的计算节点视为具有共享内存的本地计算系统. 此外, 每个计算节点还可能包含一个图形显卡, 它由足够多的图形内核组成, 并包含这些内核的共同视频存储器. 因此, 在本地, 我们可以把显卡看作是一个具有共享内存的多处理器系统 (图 13.4).

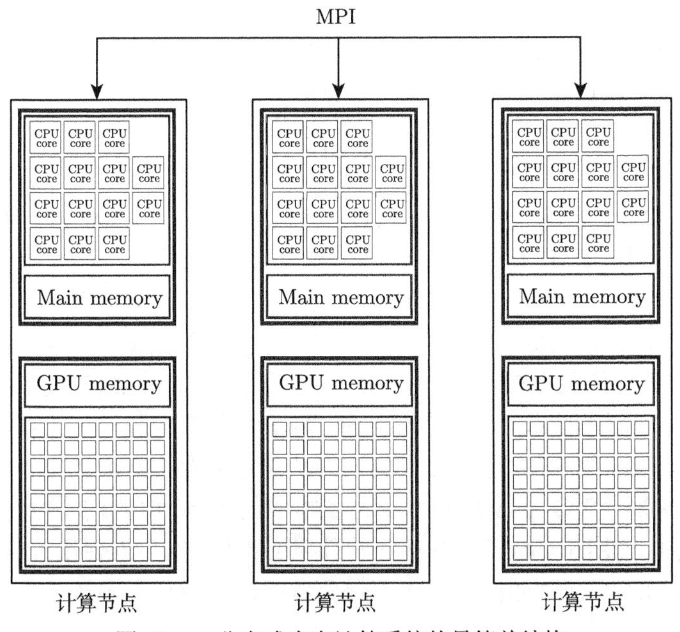

图 13.4 分布式内存计算系统的最简单结构

复杂的计算系统的一个例子是 “罗蒙诺索夫-2”[7] 超级计算机. 它的主要计算部分包含 1504 个 K40 型节点, 每个节点包含一个 14 核 Intel Xeon E5-2697 v3 2.6GHz 的处理器和 64GB 内存和一个拥有 11.56GB 显存的 Tesla K40s 显卡.

问题来了, 如何有效利用所有这些计算资源? 要做到这一点, 我们需要以下技术.

• MPI (Message Passing Interface) 是一种用于分布式内存系统的并行编程技术.

• OpenMP (Open Multi-Processing) 是一种用于共享内存系统的并行编程技术, 用于为多核处理器编写并行程序.

• CUDA (Compute Unified Device Architecture) 是一种用于共享内存的系统的编程技术, 用于编写 Nvidia 显卡 (共享内存的系统) 上的计算的并行程序.

如果只有一个计算节点, 其中包含一个多核处理器和显卡, 我们可以限制自己使用 OpenMP 技术, 让多核处理器的所有内核参与进来, 和/或 CUDA 技术, 让显卡的所有计算内核参与进来. 而如果有很多这样的节点, 那么可以组织这些计算节点之间的交互, 并通过使用本书给出的 MPI 技术来完成. 因此, 可以编写使用所有可用计算资源的程序. 但是要做到这一点, 需要使用混合并行编程技术 MPI + CUDA + OpenMP, 这些技术可以实现这一目的 (MPI, CUDA, OpenMP). 因此, 计算将在使用 MPI 技术的计算节点之间并行化, 而每个节点将再次使用 OpenMP 技术在 CPU 的内核之间和/或使用 CUDA 技术在显卡的内核之间并行化其部分计算.

当我们调查各种算法的程序实现的效率时, 经常将效率与用于计算的内核数量作对比. 在这种情况下, 每个 MPI 进程被绑定到 CPU 的一个单独的内核上. 这种方法的缺点是, MPI 是一种用于分布式内存系统的编程技术. 因此, 例如, 如果我们使用具有单个多核处理器的个人计算机进行计算, 尽管与串行版本相比, 我们将获得程序的加速, 但与使用 OpenMP 技术相比, MPI 技术在某种意义上将是 “重量级” 的. 在使用 MPI 技术时, 将创建独立的 MPI 进程, 每个进程将被分配到一个独立的内核, 并为每个进程分配总 RAM 的一部分. 当进程相互作用时, 将发生 “寄生” 开销, 即把数据从共享内存的一个位置 (分配给某个 MPI 进程) 复制到另一个位置 (分配给另一个 MPI 进程). 换句话说, 与 OpenMP 技术相比, 会有更多的消耗, OpenMP 技术产生了许多线程, 每个线程都附属于其计算内核, 但几乎没有任何时间花在线程的交互上, 因为它们从共享内存中获取数据.

学习 CUDA 和 OpenMP 技术超出了本书的范围, 但我们将概述如何在本书的知识框架内, 使用 Python 及其某些软件包的特性, 简单地使用混合并行编程技术. 此外, 我们还将探讨如何在程序中合理考虑计算节点上多核处理器和/或显卡的存在.

13.2 测 试 示 例

作为一个例子, 我们考虑共轭梯度法的简化并行实现, 以解决一个具有密集矩阵的超定线性代数方程组 $Ax = b$. 第 3 章考虑的这个并行程序的特点是, 我们只并行化了一部分计算以减少消耗, 并使用了基于一维矩阵划分块的并行算法. 尽管如此, 相应的程序代码相当紧凑, 这将使我们有可能讨论本章的主要内容, 而不必花太多时间重复已经学习过的相当烦琐的材料.

```
1  def conjugate_gradient_method(A_part, b_part, x, comm, N) :
2
3      r = empty(N, dtype=float64)
4      p = empty(N, dtype=float64)
5      q = empty(N, dtype=float64)
6
7      s = 1
8      p[:] = zeros(N, dtype=float64)
9
10     while s <= N :
11
12         if s == 1 :
13             r_temp = dot(A_part.T, dot(A_part, x) - b_part)
14             comm.Allreduce([r_temp, N, MPI.DOUBLE],
15                            [r, N, MPI.DOUBLE], op=MPI.SUM)
16         else :
17             r = r - q/dot(p, q)
18
19         p = p + r/dot(r, r)
20
21         q_temp = dot(A_part.T, dot(A_part, p))
22         comm.Allreduce([q_temp, N, MPI.DOUBLE],
23                        [q, N, MPI.DOUBLE], op=MPI.SUM)
24
25         x = x - p/dot(p, q)
26
27         s = s + 1
28
29     return x
```

这个函数的输入, 由每个 MPI 进程调用, 是 ① 包含在数组 `A_part` 中的矩阵 A 的自身部分; ② 包含在数组 `b_part` 中的向量 b 的自身部分; ③ 包含在数组 `x` 中的长度 N 的向量 x, 这是迭代求解方法的初始近似. 这个函数对每个过程的结果返回一个数组 `x`, 其中包含方程 $Ax = b$ 的解.

13.3 使用 OpenMP 技术修改示例

首先, 注意到使用多核处理器的个人计算机进行测试的一个特殊性. 如果计算 conjugate_gradient_method() 的运行时间, 那么突然发现它的运行时间实际上并不取决于用于计算的 MPI 进程数 (前提是启动时使用的 MPI 进程数量不超过多核处理器的内核数量).

这是由于 numpy 包中的 dot() 函数的一个特点, 我们在相关版本的 conjugate_gradient_method() 函数中使用了所有计算量最大的操作. 这个函数自动使用多线程 (并使用 OpenMP 技术), 让多核处理器的所有内核参与计算. 因此, 如果 MPI 进程的数量不够多, 程序的串行版本和并行版本之间的运行时间几乎没有差别.

如果 MPI 进程的数量大大超过了可用于计算的内核数量, 那么并行程序的运行时间甚至可能超过该程序的串行版本的运行时间. 这是由于除了直接计算外, 时间还将花在 MPI 进程之间的交互上. 因此, 使用带有单个多核处理器的个人计算机来测试所考虑的功能的效率是没有效果的, 我们将暗示相应的程序在复杂的计算机系统上运行, 其结构如上所述.

在带有多核处理器的多处理器计算机系统上启动程序时, 总是有可能将每个 MPI 进程绑定到一个计算节点 (通常包含一个处理器) 和一个内核. 例如, 在 "罗蒙诺索夫-2" 超级计算机上启动所考虑的并行程序时, 使用的脚本文件包含以下命令:

```
#!/bin/bash --login

#SBATCH --partition=test
#SBATCH --time=0-00:15:00
#SBATCH --nodes=15
#SBATCH --ntasks-per-node=14

srun mpi=pmi2 python ./program.py
```

这一行

```
#SBATCH --ntasks-per-node=14
```

考虑到 "罗蒙诺索夫-2" 超级计算机的每个节点都包含一个有 14 个内核的多核处理器, 这意味着每个 MPI 处理器将被绑定到一个单独的内核上. 将这一行替换为以下内容可以得到相同的结果.

```
#SBATCH --cpus-per-task=1
```

然而, 如果我们想让一个 MPI 进程只绑定一个计算节点, 我们需要设置:

```
#SBATCH --ntasks-per-node=1
```

因此, 每一个执行 `conjugate_gradient_method()` 的 MPI 进程在使用 `numpy` 包的 `dot()` 函数进行矩阵运算时, 都会自动调用 OpenMP 技术. 原因是当运行 `dot()` 函数时, 它会自动检测到程序是在多核处理器上执行的, 并且会使用该函数的 OpenMP 版本. 因此, 多核处理器的资源将被充分使用.

注意 1. 许多来自 `numpy` 包的函数在执行矩阵运算时, 会自动检测是否运行在多核处理器上. 如果检测结果为真, 它们将调用基于 C/C++/Fortran 编写的多线程版本, 并利用 OpenMP 技术进行加速.

2. 如果现有的 Python 包中没有使用 OpenMP 技术的函数, 可以考虑使用 C/C++/Fortran 自行编写相应的函数, 并将其集成到 Python 调用中. 不过, 这需要首先学习 OpenMP 并行编程技术 (例如, 见文献 [4]).

13.4 使用 CUDA 技术修改示例

有几个流行的 Python 包允许使用 CUDA 技术, 如 `numba` 和 `cupy`. `numba` 包允许我们在低水平上编写程序, 也就是说, 与我们使用 MPI 技术编写程序的风格相同. 作为课程的一部分, 仅在概述中考虑使用 CUDA 技术, 因此我们将使用软件包解决方案, 即 `cupy` 软件包, 它包含了许多使用显卡进行矩阵运算的函数. 我们将用以下命令来加载这个包:

```
import cupy as cp
```

首先, 我们来介绍一下在显卡上编写程序时使用的术语.

- 主机 (host)——中央处理器 (CPU) 及其 RAM(也称为系统内存).
- 设备 (device)——视频卡, 即图形处理单元 (GPU) 和它的视频存储器.

一个节点收到的所有数据, 例如从文件中读取或从其他计算节点接收消息时, 都存储在主机的 RAM 中. 为了在显卡上进行计算, 这些数据必须被转移到显卡的内存中, 为此, 我们可以使用 `cupy` 软件包中的函数 `cp.asarray()`. 它的一个使用例子如下:

```
x_d = cp.asarray(x)
```

这个函数通过系统总线程将 `x` 矩阵从主机内存转移到设备的视频内存. 这将创建一个位于视频卡内存中的数组 `x_d`. 为了方便理解程序代码, 我们在显存相关的变量的名字中放置后缀 `_d` (来自单词 “device”).

`cupy` 包中有一个类似于 `dot()` 的函数. 它是用 `cp.dot()` 调用的, 这个函数里面使用了 CUDA 技术. 在这种情况下, 这个函数的参数必须是存储在显卡内存中的数组! 其结果是一个同样存储在显卡 (设备) 内存中的数组. 如果这个数组需要移动到主机内存中, 可以使用 `cp.asnumpy()` 函数来完成. 例如:

```
x = cp.asnumpy(x_d)
```

或者, 也可以使用 Python 中的 get() 函数来完成:

```
x = x_d.get()
```

也就是说, 你应该始终确保显卡处理的数据在设备的显存中, 使用 cupy 包中的函数来处理这些数据, 如果你需要在主机上进行计算, 或者需要使用 MPI 技术在不同的计算节点之间进行数据交换, 别忘了将相应的数据返回到主机内存中.

现在, 利用这些知识, 我们修改 conjugate_gradient_method() 函数.

```
1  def conjugate_gradient_method(A_part , b_part , x, comm , N) :
2
3      import cupy as cp
4
5      A_part_d = cp.asarray(A_part)
6
7      r = empty(N, dtype=float64)
8      p = empty(N, dtype=float64)
9      q = empty(N, dtype=float64)
10
11     s = 1
12     p[:] = zeros(N, dtype=float64)
13
14     while s <= N :
15
16         if s == 1 :
17             x_d = cp.asarray(x)
18             b_part_d = cp.asarray(b_part)
19             r_temp = cp.dot(A_part_d.T,
20                             cp.dot(A_part_d , x_d) -
21                             b_part_d).get()
22             comm.Allreduce([r_temp , N, MPI.DOUBLE],
23                            [r, N, MPI.DOUBLE], op=MPI.SUM)
24         else :
25             r = r - q/dot(p, q)
26
27         p = p + r/dot(r, r)
28
29         p_d = cp.asarray(p)
30         q_temp = cp.dot(A_part_d.T,
31                         cp.dot(A_part_d , p_d)).get()
32         comm.Allreduce([q_temp , N, MPI.DOUBLE],
33                        [q, N, MPI.DOUBLE], op=MPI.SUM)
34
35         x = x - p/dot(p, q)
36
```

```
37          s = s + 1
38
39      return x
```

在这里, 在第 3 行, 我们插入 cupy 包, 并立即在第 5 行, 将 A_part 数组从主机内存转移到设备内存. 注意, 这个数组是计算中使用的最大的数组, 只被转移到主机内存一次. 然后, 在主循环中, 主机和设备之间的数据交换将通过传输体积小得多的数组来完成.

在第 17—18 行, x 和 b_part 数组被从主机内存转移到设备内存. 在设备内存中, 相应的数据将被存储在数组 x_d 和 b_part_d 中.

在第 19—21 行, 执行 $A_{\text{part}}^{\mathrm{T}} \cdot \left(A_{\text{part}}\, x - b_{\text{part}}\right)$ 操作. 这些操作是在显卡上使用 cupy 软件包中的 cp.dot() 函数进行的. 这个操作的结果 (数组 r_temp_d) 必须与其他计算节点上使用 Allreduce() 函数获得的类似数组相加. 但是 Allreduce() 只能与主机内存交互. 因此, 这个数组使用 Python 中 get() 方法被转移到主机内存, 其中的数据被存储在主机的 r_temp 数组中.

请注意 CUDA 技术使用中的一个“瓶颈”: 主机与设备之间的数据传输可能是一个相对耗时的操作. 因此, 应尽量避免主机与设备之间的数据传输. 然而, 在这里这种传输是必要的. 正因如此, 在第 27 行中, 向量 p 的计算 (存储在数组 p 中) 是在主机上执行的. 这是因为标量积、向量乘法以及向量加法等操作在中央处理器 (主机) 上执行速度较快, 比将数据传输到 GPU 再进行计算更高效. 此外, 由于计算标量积使用的是 numpy 包中的 dot() 函数, 该函数内部也采用了 OpenMP 技术进行加速.

类似的调整也应用于第 29—35 行.

因此, 该示例展示了混合并行编程技术 MPI+CUDA+OpenMP 的实际应用.

注意 如果在 cupy 包中没有提供基于 CUDA 技术的现成函数, 可以考虑使用 numba 包自行实现相应的函数, 并将其集成到 Python 调用中. 但需要注意的是, 这要求学习 CUDA 编程技术, 这通常是一个相对专业的研究主题, 很难在较短的篇幅内讲清楚.

13.5 本章程序实现的效率和可扩展性评估

我们将使用第 4 章中描述的相同方案来评估前两节中提出的函数的程序实现的效率和可扩展性, 唯一的区别是把所考虑的函数在单个节点上的运行时间作为程序的“串行”版本的运行时间.

让我们把 $N = 10\,000$, $M = 25\,000$ 作为测试参数. 在这种情况下, 需要 $N \times M \times 8\ \text{bit} = 1.86\ \text{GB}$ 来存储系统矩阵 A. 对于指定的参数, OpenMP 版

本的 conjugate_gradient_method() 函数在一个计算节点上工作了 769 秒, 而 CUDA+OpenMP 版本工作了 245 秒. 因此, 我们可以立即看到显卡对计算速度提高的重大贡献. 该程序的并行版本启动时, 每个 MPI 进程正好与一个计算节点绑定. 图中显示了并行版本程序的运行时间和加速比, 取决于用于计算的节点数以及用于计算的节点数的并行化效率, 请参阅图 13.5 和图 13.6.

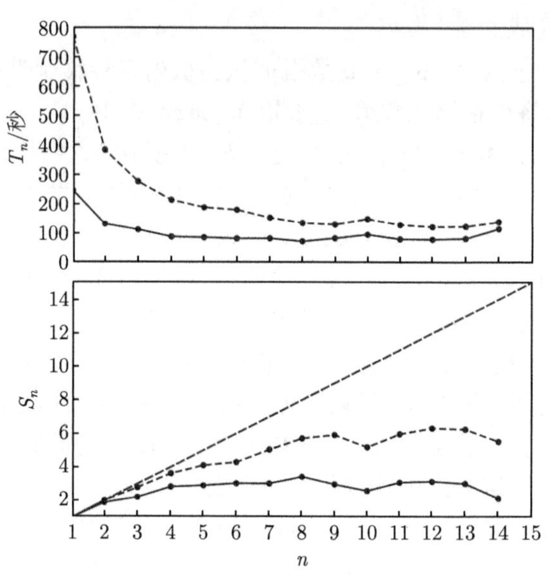

图 13.5 conjugate_gradient_method() 函数的运行时间和加速比图, 取决于计算用的节点数. 实线对应的是基于使用 CUDA+OpenMP 技术的程序实现图; 虚线对应的是仅使用 OpenMP 技术的图

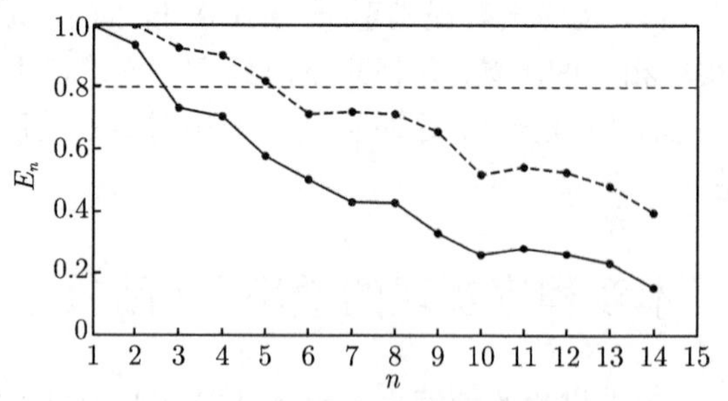

图 13.6 conjugate_gradient_method() 函数的程序实现的效率图, 取决于用于计算的节点数. 实线对应的是基于使用 CUDA+OpenMP 技术的程序实现的图表; 虚线对应的是仅使用 OpenMP 技术的情况

我们可以从这些图中得出以下结论.

首先, 运行时间图清楚地表明了显卡对计算的贡献: 运行时间明显减少$\left(\text{在用于测试的计算系统中, 减少了大约 } \frac{1}{3} \text{ 到 } \frac{1}{2}\right)$.

其次, 加速图表明, 在使用 CUDA 技术时, 接收/发送数据 (注意, 我们在这里故意使用 "数据" 而不是 "消息" 这个词) 的消耗较大. 这是由于已经提到的 CUDA 技术的瓶颈之一: 主机和设备之间通过系统总线程传输数据. 这导致了额外的计算开销随着参与计算的节点数量的增加而增加. 在本章介绍的简化版本 `conjugate_gradient_method()` 函数中, 通过系统总线程传输的数据量没有变化, 与 N 成正比, 每个节点执行的计算量与 $\frac{M\,N}{\text{numprocs}}$ 成正比减少. 在将矩阵二维划分为块的情况下 (参见第 5 章和第 6 章), 通过系统总线传输的数据量将与 $\frac{N}{\sqrt{\text{numprocs}}}$ 成比例地减少, 并且计算量将与 $\frac{M\,N}{\text{numprocs}}$ 成比例地减少. 也就是说, 与使用 CUDA 技术相关的额外开销成本可以减少, 但其比例仍将随着用于计算的节点的增加而增长. 因此, 与那些不使用 CUDA 技术的实现相比, 程序实现的可扩展性将更差. 但是这些程序实现仍然会更快! 这是最重要的一点.

第 14 章　对并行程序可扩展性差的分析与建议

在本书的最后一章中, 我们将总结使用 MPI 技术进行并行编程时的一些常见错误.

本书的主要目标是介绍一种加速计算任务的方法, 即将大型任务分解为小型子任务, 利用大量计算节点进行计算. 我们期望在使用 n 个计算节点时, 计算速度能提高 n 倍. 但这是一种理想化的情况, 在实际中几乎不可能实现. 实际上, 使用并行算法的程序实现的加速的倍数可能远低于 n, 并且随着用于计算的计算节点数量的增加而降低 (图 14.1).

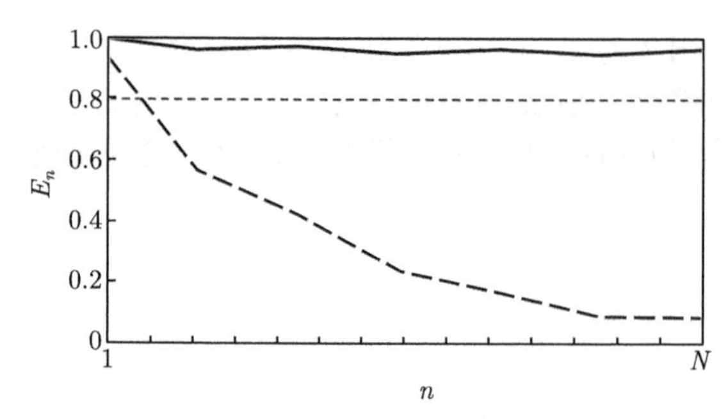

图 14.1　某个并行算法程序实现加速的倍数的示意图

14.1 节我们将总结出本书探讨的一些导致并行算法程序可扩展性变差的常见原因.

14.1　并行程序可扩展性差的主要原因

在讨论最常见的导致并行程序可扩展性不佳的原因时, 为了清楚起见, 我们将使用简化的 `mpi4py`MPI 函数语法来说明. 这是因为相关示例仅仅是说明性的示意图, 与本书之前章节中的代码完全类似, 在这一章, 我们将不重复性地展示可执行的程序代码.

那么, 让我们从第一个最常见的可扩展性较差的原因开始, 这与数据接收/传输严格的顺序有关. 在这种情况下, 经常出现额外的计算开销, 这是由等待数据传输的时间过长导致的.

14.1.1 接收数据的确切顺序

示例 1

在第 1 章中, 我们考虑了以下示例. 假设有一个控制进程, 该进程从其他进程中聚合了一些数据, 这些进程在计算过程中获得相应的数据.

```
if rank == 0 :
    for k in range(1, numprocs) :
        comm.Recv(buf, source=k)
        ...
else :
    ...
    comm.Send(buf, dest=0)
```

这个消息传递实现并不是最优的, 因为进程 `rank = 0` 按照固定的顺序从其他进程接收消息, 从进程 `rank = 1` 开始, 直到进程 `rank = numprocs-1` 结束. 但是, 在 `rank >= 1` 的不同进程上调用 `Send()` 可能会在不同的时间发生. 这通常是由计算负载不均衡造成的. 因此, 可能会出现这样的情况, 例如, 进程 `rank = 7` 准备先发送数据, 但是由于进程 `rank = 0` 正在等待来自进程 `rank = 1` 的消息, 因此来自进程 `rank = 7` 的消息不会被发送. 这导致控制进程 `rank = 0` 产生额外空闲时间, 而这会增加计算开销, 进而降低并行算法的可扩展性.

在第 1 章中, 我们通过以下方法来解决这一问题. 控制进程 (`rank = 0`) 应该按照其他进程准备好的顺序而不是严格的顺序接收其他进程的消息. 为此, 我们使用了 `Probe()` 函数来确定第一个准备好接收消息的进程的参数. 然后可以使用这些参数通过 `Recv()` 函数接收该消息.

```
if rank == 0 :
    for k in range(1, numprocs) :
        comm.Probe(source=MPI.ANY_SOURCE, status=status)
        source=status.Get_source()
        comm.Recv(buf, source=source)
        ...
else :
    ...
    comm.Send(buf, dest=0, tag=0)
```

通过这种小的优化, 我们可以按照 "先完成, 先发送" 的原则来接收消息, 而不是按照严格规定的顺序.

总之, 我们应该尽量避免在消息接收中出现按照严格规定的顺序.

示例 2

现在考虑另一种情况. 在实现第 10 章中讨论的并行算法时, 我们需要在由

“线性” 拓扑结构连接的进程之间交换数据. 每个进程应与其在该拓扑结构中相邻的两个进程交换数据. 数据交换的组织方式如下:

```
if rank > 0 :
    comm.Sendrecv(sendbuf_1,    dest=rank-1,
                  recvbuf_1, source=rank-1)
if rank < numprocs-1 :
    comm.Sendrecv(sendbuf_2,    dest=rank+1,
                  recvbuf_2, source=rank+1)
```

在第 10 章中, 我们注意到这种数据交换不是 “最佳” 的, 本章将详细讨论其原因. 那么, 这个示例到底有什么问题呢?

首先, 在本例中, 所有的进程 `rank > 0` 首先调用 `Sendrecv()` 函数, 通过该函数与其左侧的进程进行数据交换. 但是 `Sendrecv()` 函数是块捆绑的. 为了开始数据交换, 这些邻居进程必须调用相应的函数以与其右侧的进程进行通信. 但只有进程 `rank = 0` 调用了这样的函数. 因此, 仅在进程 `rank = 0` 和进程 `rank = 1` 之间进行通信, 其余进程等待. 当消息交换完成时, 进程 `rank = 1` 退出第一个 `Sendrecv()` 函数, 并开始调用第二个 `Sendrecv()` 函数, 以与其右侧的进程 (即进程 `rank = 2`) 进行数据交换. 以此往复. 因此, 每对相邻进程之间的数据交换在时间上形成了一个链式结构. 这导致随着参与计算的进程数量的增加, 消息交换时间与 `numprocs` 的数量也成比例增加. 同时, 计算开销的比例也大大增加, 导致程序实现的可扩展性变得非常差.

为了解决这种情况, 首先需要将该伪代码转换为等效的编码形式.

```
if rank == 0 :
    comm.Sendrecv(sendbuf,    dest=rank+1,
                  recvbuf, source=rank+1)
if rank in range(1, numprocs-1) :
    comm.Sendrecv(sendbuf_1,    dest=rank-1,
                  recvbuf_1, source=rank-1)
    comm.Sendrecv(sendbuf_2,    dest=rank+1,
                  recvbuf_2, source=rank+1)
if rank == numprocs-1 :
    comm.Sendrecv(sendbuf,    dest=rank-1,
                  recvbuf, source=rank-1)
```

为了解决上述问题, 我们需要按照以下方式交换部分参数.

```
if rank == 0 :
    comm.Sendrecv(sendbuf,    dest=rank+1,
                  recvbuf, source=rank+1)
if rank in range(1, numprocs-1) :
    comm.Sendrecv(sendbuf_1,    dest=rank-1,
                  recvbuf_2, source=rank+1)
```

```
    comm.Sendrecv(sendbuf_2,    dest=rank+1,
                  recvbuf_1, source=rank-1)
if rank == numprocs-1 :
    comm.Sendrecv(sendbuf,    dest=rank-1,
                  recvbuf, source=rank-1)
```

每对相邻进程之间的消息交换与其他进程对之间的消息交换同时进行. 首先向左侧相邻进程发送数据并从右侧相邻进程接收数据, 然后, 向其右侧相邻进程发送数据并从其左侧相邻进程接收数据.

随着参与计算的进程数量的增加, 数据交换的时间将保持不变. 但前提是每对进程之间传输的数据量保持不变. 如果随着参与计算的进程数量增加, 数据量减少 (我们曾多次遇到这种情况), 则数据交换时间也会相应减少. 在理想情况下, 这可能会间接降低开销比例.

14.1.2 大量数据的同时传输

让我们回到示例 2:

```
if rank > 0 :
    comm.Sendrecv(sendbuf_1,    dest=rank-1,
                  recvbuf_1, source=rank-1)
if rank < numprocs-1 :
    comm.Sendrecv(sendbuf_2,    dest=rank+1,
                  recvbuf_2, source=rank+1)
```

在使用异步操作时, 也可能会出现上述问题, 例如, 延迟的交互请求.

```
if rank > 0 :
    MPI.Prequest.Startall([requests[0], requests[1]])
    MPI.Request.Waitall([requests[0], requests[1]])

if rank < numprocs-1 :
    MPI.Prequest.Startall([requests[2], requests[3]])
    MPI.Request.Waitall([requests[2], requests[3]])
```

其中,

- requests[0] 标识一个延迟请求, 用于将缓冲区 `sendbuf_1` 中的数组发送到 `rank-1` 进程;
- requests[1] 标识一个延迟请求, 用于接收来自 `rank-1` 进程的消息, 并将其存储到缓冲区 `recvbuf_1` 中;
- requests[2] 标识一个延迟请求, 用于将缓冲区 `sendbuf_2` 中的数组发送到 `rank+1` 进程;
- requests[3] 标识一个延迟请求, 用于接收来自 `rank+1` 进程的消息, 并将其存储到缓冲区 `recvbuf_2` 中.

因此, 两种软件实现在功能方面是等效的. 在这两种情况下, 都会出现这样一种情况, 即每对相邻进程之间的消息交换按时间序列进行排列.

一方面, 如果使用延迟请求来进行交互, 则可以通过简单地交换参数来与 14.1.1 节相同的方式解决问题.

```
if rank > 0 :
    MPI.Prequest.Startall([requests[0], requests[3]])
    MPI.Request.Waitall([requests[0], requests[3]])

if rank < numprocs-1 :
    MPI.Prequest.Startall([requests[2], requests[1]])
    MPI.Request.Waitall([requests[2], requests[1]])
```

另一方面, 可以利用异步操作的优势, 通过在同一时间初始化所有已生成的延迟请求来解决问题, 如下列代码所示.

```
if rank > 0 :
    MPI.Prequest.Startall([requests[0], requests[1]])

if rank < numprocs-1 :
    MPI.Prequest.Startall([requests[2], requests[3]])

MPI.Request.Waitall(requests[:])
```

或者

```
MPI.Prequest.Startall(requests[:])
MPI.Request.Waitall(requests[:])
```

但在这种方式下, 可能会出现这样一种情况: 实际物理通信介质中的某些节点 (交换机) 同时传递的不仅仅是 4 个消息, 而是更多的消息, 而且产生的 "瓶颈" 问题, 可能仅仅出现在一个随机的节点上 (交换机). 这将导致通信介质过载, 并增加接收/发送消息的开销, 因为额外的时间花费在了中间节点的消息传递上. 随着参与计算的进程数量的增加, 通过通信介质中的单个节点同时传递大量消息的可能性增加. 这将增加开销, 从而导致程序实现的可扩展性变差.

因此, 在某些情况下, 之前以分段的方式分发消息可能是更可取的选择.

14.1.3 计数和消息传递阶段的分离

在第 10 章的结尾, 我们注意到, 在所讨论的算法的程序实现中, 存在着对计算和消息传递阶段的严格分离, 虽然在算法逻辑上有可能在计算过程中隐藏消息传递操作.

如果使用非块捆绑操作 (参见第 11 章和第 12 章) 以一种非最优的方式修改第 10 章中的程序实现, 容易出现其中一种最常见的错误, 其模式如下所示.

```
if my_col > 0 :
```

```
    MPI.Prequest.Startall([requests[0], requests[1]])
if my_col < num_col-1 :
    MPI.Prequest.Startall([requests[2], requests[3]])
if my_row > 0 :
    MPI.Prequest.Startall([requests[4], requests[5]])
if my_row < num_row-1 :
    MPI.Prequest.Startall([requests[6], requests[7]])

MPI.Request.Waitall(requests, statuses=None)

...
...
...
...
...
```

这里, 数据交换发生在计算之前.

然而, 通过启动异步数据交换操作, 可以立即开始主要的计算过程, 然后在完成这些计算后, 确保接收剩余计算所需的数据, 并完成剩余计算.

优化后的算法可以用以下方式来进行表示.

```
if my_col > 0 :
    MPI.Prequest.Startall([requests[0], requests[1]])
if my_col < num_col-1 :
    MPI.Prequest.Startall([requests[2], requests[3]])
if my_row > 0 :
    MPI.Prequest.Startall([requests[4], requests[5]])
if my_row < num_row-1 :
    MPI.Prequest.Startall([requests[6], requests[7]])

...
...
...
...

MPI.Request.Waitall(requests, statuses=None)

...
```

因此, 将消息传递操作隐藏在计算过程中, 只需要将 `Waitall()` 函数的调用移到程序的适当位置即可.

14.1.4 计算拓扑和网络拓扑之间的不匹配

在第 6 章的结尾, 我们提到了在大型计算系统上运行程序的一个特点. 如果没有计算中心管理员进行额外的配置, 每次运行程序时, 用户可能会被分配到相对随意的一组计算节点, 这些节点可能会任意地分布在超级计算机的所有计算节点之间. 因此, 可能会出现这样一种情况, 即强耦合程序的进程在网络拓扑结构中被分配在相对“远离”的计算节点上. 这会导致接收/发送消息的开销比例增加, 因为额外的时间被浪费在通过计算系统的中间节点传递消息上, 从而, 导致并行算法实现的可扩展性变差.

图 14.2 显示了第 6 章中的程序的并行版本在两种情况下的运行时间: ① 计算节点具有良好局部化特性; ② 计算节点随机分配, 使用超级计算机“罗蒙诺索夫-2”进行计算. 从中可以看出, 同一程序在不同的启动设置下, 在实际复杂的计算系统中的效率可能会大不相同.

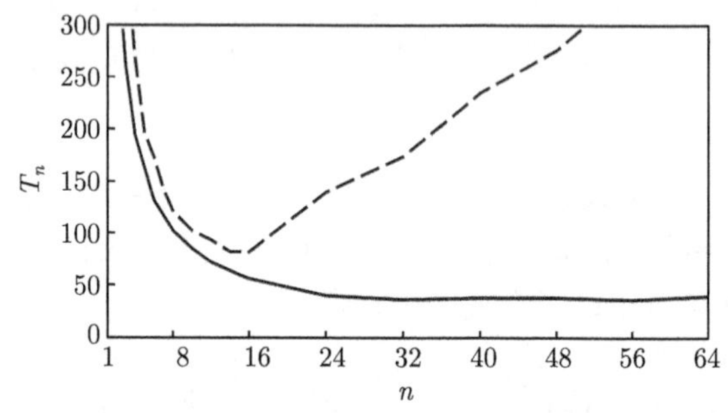

图 14.2 关于第 6 章中的并行程序的运行时间与计算节点数量的关系图. 实线对应于程序在超级计算机“罗蒙诺索夫-2”上“精心挑选”的计算节点上运行时的运行情况, 虚线表示程序在随机选择的计算节点上运行时的运行情况

因此, 这表明在使用大规模计算系统进行计算时, 正确配置计算节点的选择和分配非常重要, 以确保获得最佳性能.

14.1.5 PCI 带宽不足, 无法与 GPU 配合使用

在第 13 章中, 我们提到了一个与系统总线带宽不足有关的问题, 即链接 CPU 的系统内存与 GPU 的显存. 在实现共轭梯度并行计算时, 每个显卡都会获得整个矩阵的二维分解中的一部分, 因此可能会出现以下情况: 随着参与计算的节点数量的增加, 每个显卡上的计算量将呈二次减少, 而在 CPU 和 GPU 之间传输的数据量则是线性减少的, 反之亦然. 我们会发现, 当用于计算的节点数量达到一定数量时, 通过系统总线传输数据的时间将与计算时间相当甚至超过计算时间. 因此, 一些计算可以直接在 CPU 上进行, 而不是在 GPU 和中央处理器之间“跑”数据.

换句话说, 即使并行程序编写得很好, 但由于这个技术特性, 效率可能会大大降低, 从而导致可扩展性变差.

14.1.6 运行混合程序时的错误系统设置

在多处理器计算系统中, 对于多核处理器, 启动程序时始终存在将每个 MPI 进程绑定到单个计算节点 (通常包含一个处理器) 或单个内核的可能性. 在第 13 章中, 我们提到了, 对于使用 MPI + OpenMP 混合技术编写的并行程序, 重要的是将一个 MPI 进程绑定到一个计算节点而不是一个内核. 如果在每个内核上启动一个单独的 MPI 进程, 那么这会导致每个 MPI 进程在启动程序代码的 OpenMP 部分时, 系统将认为它正在多核处理器上运行, 并将尝试使用多核处理器的所有内核进行计算. 同时, 该计算节点上运行的所有 MPI 进程都会这样运行. 因此, 系统会在这些 MPI 进程之间分配所有内核的处理器资源, 从而产生额外的计算开销.

14.2 综 合 建 议

一般来说, 我们将按照 "从简单到复杂" 的原则, 逐步学习使用 MPI 进行并行编程:

(1) 在 comm ≡ MPI.COMM_WORLD 通信器中使用进程间通信:

(a) MPI "点对点" 通信函数;

(b) MPI 集体通信函数.

(2) 使用额外的通信器, 包括虚拟拓扑.

(3) 使用非块捆绑 (异步) MPI 函数.

(4) 使用 C/C++/FORTRAN 编写计算部分.

(5) 使用混合并行编程技术 MPI +:

$$+\text{OpenMP};$$
$$+\text{CUDA}(\text{Python}: \text{Cupy}, \text{Numba}).$$

(6) 使用分析器确定并行程序实现中的 "瓶颈".

掌握每个步骤的知识可以显著提高使用可用计算资源的效率.

值得注意的是, 关于并行数据处理的问题有大量文献. 然而, 我们想推荐一些文献, 这些文献在过去使它能够亲自参与高性能计算领域. 作为 MPI 和 OpenMP 编程技术的参考文献, 我们推荐文献 [3] 和文献 [4]. 这两本书详细描述了这些技术的主要功能, 并提供了大量的示例. "超级计算机和并行数据处理" 课程是一门关于并行计算系统结构、并行编程技术以及程序和算法的信息结构的课程. 本章的视频可在文献 [8] 链接上获得, 本章基于文献 [6] 编写. 在文献 [5] 中可以找到来自计算数学不同部分的足够多的并行数值算法, 它也可以用作课后作业的问题集.

参 考 文 献

[1] https://rcc.msu.ru/.

[2] https://mpi4py.readthedocs.io.

[3] Антонов А С. Параллельное программирование с использованием технологии MPI. Учебное пособие. Издательство МГУ, 2004.

[4] Антонов А С. Параллельное программирование с использованием технологии OpenMP. Учебное пособие. Издательство МГУ, 2009.

[5] Баркалов К А. Методы параллельных вычислений. Н. Новгород: Изд-во НГУ им. Н.И. Лобачевского, 2011.

[6] Воеводин В В, Воеводин Вл В. Параллельные вычисления. БХВ-Петербург СПб, 2002.

[7] Voevodin V, Antonov A, Nikitenko D, et al. Supercomputer Lomonosov-2: Large scale, deep monitoring and fine analytics for the user community. Supercomputing frontiers and innovations, 2019, 6(2): 4–11.

[8] Воеводин В В, Антонов С А, Стефанов К С, Жуматий С А. Суперкомпьютеры и параллельная обработка данных. Видеозаписи лекционного курса. Teach-in, 2020. URL: https://teach-in.ru/course/supercomputers-and-parallel-data-processing/about.

[9] Лукьяненко Д В. Параллельные вычисления. Видеозаписи лекционного курса. Teach-in, 2022. URL: https://teach-in.ru/course/parallel-computing-lukyanenko/about.

[10] Лукьяненко Д В. Численные методы. Видеозаписи лекционного курса. Teach-in, 2021. URL: https://teach-in.ru/course/numerical-methods-lukyanenko/about.

[11] Лукьяненко Д В, Панин А А. Численные методы диагностики разрушения решений уравнений математической физики (с примерами на языке MatLab). Типография Филиала МГУ им. М.В. Ломоносова в г. Баку Баку, 2018.

[12] 张晔, 卢基扬年科 D V. 数学物理方程爆破解的数值诊断方法. 北京: 科学出版社, 2022.

[13] https://www.mpi-forum.org.

[14] Lukyanenko D V. Parallel algorithm for solving overdetermined systems of linear equations, taking into account round-off errors. Algorithms, 2023, 16(5): 242.